Dieter B. Herrmann
Das Sternguckerbuch

Dieter B. Herrmann

Das Sternguckerbuch

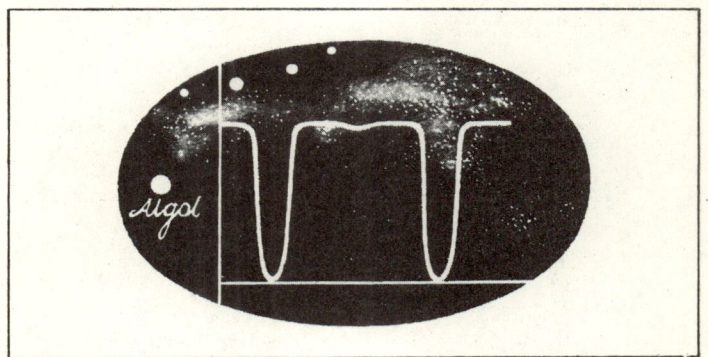

WELTBILD-VERLAG

Zeichnungen von Karl-Heinz Wieland

ISBN 3-926187-19-0

© Verlag Neues Leben, Berlin 1981
Lizenzausgabe für den Weltbild-Verlag, Augsburg 1988
Einbandfoto: Peter Grabe, Berlin
Abbildungen: ADN-ZB / Löwe: 34 / MTI: 97, 254 / Sindermann: 151 / Stark: 265; Archiv Archenhold-Sternwarte: 170, 187; Bode, Uranographie, Berlin 1801: 19; VEB Carl Zeiss JENA: 156, 168, 237; ČTK: 260; Hamel, Berlin: 251; Herrmann, Berlin: 161; Mallwitz, Potsdam: 164; Meyer, Das Weltgebäude, Leipzig u. Wien 1908: 78; Olbers-Gesellschaft, Bremen: 179; PdR/Gueffroy: 75; Porträtsammlung Archenhold-Sternwarte: 87; Rothenberg, Berlin: 99, 101, 115, 119; Sammlung Karger-Decker: 94; „Die Sterne", 1921/22: 248; Werkmeister, Das neunzehnte Jahrhundert in Bildnissen, Berlin 1898: 82, 91
Das Titelbild zeigt eine Plastik von Walter Howard in der Volkssternwarte „Adolph Diesterweg" Radebeul.
Alle in diesem Buch veröffentlichten Fotos astronomischer Objekte wurden von Amateuren aufgenommen.
Printed in the German Democratic Republic

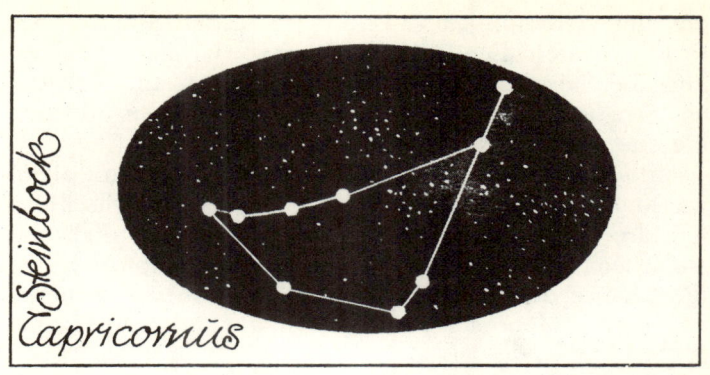

Steinbock
Capricornus

Ein Abend am Fernrohr

Draußen vor der Stadt glänzt ein merkwürdiges Gebäude auf den Anhöhen. Wer sich mit dem Auto oder der Eisenbahn von Süden her nähert, kann das domartige Metallgewölbe über dem langgestreckten Flachbau nicht übersehen. Aber noch sonderbarer als der Anblick der architektonischen Schöpfung ist die Tatsache, daß dort tagsüber meistens Ruhe herrscht. Wenn sich hingegen der lichterfüllte Tag seinem Ende zuneigt und anderswo die Türen geschlossen werden, beginnt auf der Anhöhe bei schönem Wetter die Arbeit.

Soeben hält ein Auto, aus dem einige junge Leute steigen; andere sind schon vorher mit Mopeds und Fahrrädern gekommen. Der Autobus, der sich gerade die Straße emporquält, entläßt eine weitere Gruppe erwartungsvoller Menschen, die dem Portal des Flachbaus zustreben. Sonst sind es nicht so viele, die gleichzeitig kommen; denn die Arbeit, die hier in wolkenlosen Nächten verrichtet wird, geht still und einsam vonstatten. Wir befinden uns auf einer Sternwarte. Die üblichen Beobachtungsprogramme fallen heute aus; der Himmel hat ein Sonderprogramm angekündigt: Der natürliche Begleiter unseres Heimatplane-

5

ten, der vielbesungene Mond, wird in den Schatten der Erde eintreten. Die Zeitungen haben darüber berichtet, und die Sternwarte hat alle Interessenten aufgefordert, das Schauspiel an den Fernrohren zu verfolgen und sich die einzelnen Phasen erläutern zu lassen.

Mondfinsternisse finden nicht allzu selten statt; allein im 20. Jahrhundert ereignen sich 148, also durchschnittlich drei in zwei Jahren. Doch nicht alle sind total, und außerdem verdirbt die Ungunst der Witterung oft genug die Chance der Beobachtung. Deshalb haben sich heute abend viele Menschen entschlossen, die Sternwarte zu besuchen.

Der Mond hat soeben die Szenerie des Himmels betreten: Blutrot und scheinbar viel größer als sonst steht er tief am Horizont. Es ist Vollmond. Bis zum Beginn der Finsternis bleibt noch genügend Zeit. Die Besucher begeben sich daher in den Vortragssaal der Sternwarte, um etwas über die Entstehung von Mondfinsternissen und über die Bedeutung dieser Ereignisse in der Vorstellung der alten Völker und für die heutige wissenschaftliche Forschung zu erfahren.

Dort wird ihnen erklärt, daß Mondfinsternisse ausschließlich bei Vollmond möglich sind, weil der Mond nur dann, wenn er sich am Himmel genau gegenüber der Sonne befindet, in den Erdschatten eintreten kann. Doch die Vollmondphase genügt nicht, um eine Mondfinsternis entstehen zu lassen; sonst müßten wir jeden Monat eine Finsternis beobachten, und das Verschwinden des Mondes im Schatten der Erde würde zu den gewöhnlichsten Himmelserscheinungen gehören. Meist jedoch bewegt sich der Vollmond oberhalb oder unterhalb des Schattens der Erde; denn seine Bahn am Himmel ist gegen die scheinbare Sonnenbahn geneigt. Nur wenn er als Vollmond in einem Punkt seiner Bahn steht, der in unmittelbarer Nähe der scheinbaren Sonnenbahn liegt, kann er teilweise oder ganz in den Erdschatten gelangen. Dieser Punkt ist einer der Schnittpunkte zwischen der Mond-

und der Sonnenbahn. Er heißt Drachenpunkt, weil die Menschen früherer Jahrtausende in Unkenntnis der Entstehung einer Mondfinsternis glaubten, ein Drachen wolle die milde „Lampe der Nacht" verschlingen. Damit ist der Vortragende schon bei Merkwürdigkeiten aus der Frühzeit der Himmelsbeobachtung.

In den Kuppeln der Sternwarte bereiten sich inzwischen die Mitglieder der Arbeitsgemeinschaften auf die Beobachtung des Ereignisses vor. Am Ende eines größeren Linsenfernrohrs wird eine Spezialkamera angebracht, um den Eintritt des Mondes in den Erdschatten auf die fotografische Platte bannen zu können. Eine andere Gruppe von „Mondfans" beabsichtigt, das Ereignis im Film festzuhalten. Sie haben eine Filmkamera am Teleskop befestigt und ein Zeitschaltwerk gebaut. Es sorgt dafür, daß jeweils im Abstand von 1 Sekunde ein Bildchen belichtet wird. Bei der Filmvorführung laufen dann 24 Bilder in der Sekunde über die Leinwand, und das gesamte Ereignis, das in Wirklichkeit zwei Stunden dauert, schmilzt auf 5 Minuten zusammen. Ein solcher Zeitrafferfilm stellt ein sehenswertes Dokument dar, das die Sternfreunde später zeigen werden, zum Beispiel dann, wenn wiederum eine Finsternis angekündigt ist, die sich aber hinter einer dichten Wolkenwand abspielt.

An einem Schulfernrohr wird eine Kleinbildkamera befestigt. Ein Farbfilm ist eingelegt. Dem jungen Hobbyastronomen kommt es darauf an, die Färbung des verfinsterten Mondes zu studieren. Dieser verschwindet nämlich auch bei einer totalen Finsternis keineswegs vollständig, wie die Bezeichnung der Naturerscheinung vermuten lassen könnte. Würde die Erde keine Atmosphäre besitzen, so wäre der verfinsterte Mond tatsächlich nicht mehr zu sehen, da im Innern des Kernschattens – des Bereichs, in dem die Lichtquelle völlig abgeschattet ist – pechschwarze „Weltraumnacht" herrscht. Durch das Luftband des Planeten aber gelangen Lichtstrahlen von der Sonne in das Innere des Kernschattengebiets und geben dem Mond eine tiefkupferrote Färbung, die sich je nach seiner Stellung in diesem Gebiet verändert.

Schließlich hat sich noch eine Gruppe von jungen Leuten um eine merkwürdige Vorrichtung geschart, die nichts mit einem Fernrohr gemein hat: Auf einer zwei Meter hohen Stange ist eine von innen versilberte Weihnachtsbaumkugel befestigt, auf die alle Umstehenden gebannt blicken. Die Kugel dient als Helligkeitsmeßgerät – eine ebenso verblüffende wie einfache Methode, um die abnehmende Helligkeit des Mondes während seiner Wanderung durch den Erdschatten festzustellen.

Am Horizont ziehen ein paar Wölkchen herauf, die bei den Beobachtern Sorgenfalten hervorrufen.

Die Besucher im Hörsaal, deren Zahl sich noch vergrößert hat, merken davon natürlich nichts. Sie vernehmen gerade mit Heiterkeit die Geschichte der beiden chinesischen Astronomen Hi und Ho, die vor rund 5000 Jahren ihre Unkenntnis der Wissenschaft mit dem Leben bezahlten. Im Auftrag des Kaisers hatten sie eine Sonnenfinsternis vorhergesagt. Der Kaiser war zum Zeitpunkt des Ereignisses auf die Spitze eines hohen Tempels gestiegen und hatte der Sonne vor aller Ohren den Befehl erteilt, sich zu verdunkeln. Damit beabsichtigte er, seine Macht über die Untertanen zu vergrößern. Einem Kaiser, dem sogar die Sonne gehorchte, konnte man sich nicht gut widersetzen. Doch selbst nachdem er den Befehl zum sechstenmal wiederholt hatte, strahlte die Sonne unbeeindruckt vom Himmel herab. Die beiden „Verantwortlichen" wurden zum Tode verurteilt. Sie wußten in Wahrheit gar nicht, wie man eine Finsternis im voraus berechnet. Das mußte vielmehr ein kluger Gelehrter für sie tun, den sie auf hinterhältige Weise in ihre Gefangenschaft gebracht hatten. Er rächte sich mit einer unzutreffenden Prognose. Ob die Geschichte sich nun tatsächlich so zugetragen hat oder nicht, sie zeigt doch recht eindrucksvoll, wie die Herrscher in alten Zeiten wissenschaftliche Kenntnisse und den Aberglauben der unwissenden Massen dazu benutzten, ihre Macht gegen jeden Widerstand aufrechtzuerhalten. Die eigentliche Ursache für das Entstehen einer Finsternis wurde erst später erkannt, nachdem man viele solcher Naturerscheinungen beobachtet und ihre periodische Wiederkehr festgestellt hatte.

Der Redner beendet seinen Streifzug durch die Welt der Finsternisse und nennt zum Abschluß die Daten des bevorstehenden Ereignisses. Die Besucher haben noch manche Frage, doch die Zeit drängt. Man wird sich draußen bei den Kuppeln weiter unterhalten, verspricht der Dozent. Die Schar der Schaulustigen strömt aus dem Hörsaal ins Freie.

Der Himmel ist völlig wolkenlos. Dort steht der hellstrahlende Jupiter. Nicht weit von ihm der Mars. Doch diesen Planeten gilt heute keine Aufmerksamkeit. Die Blicke aller heften sich an die inzwischen hoch über dem Horizont schwebende Mondkugel. Drei kleine Fernrohre sind parallel auf den „Star des Abends" ausgerichtet. In der Kuppel steht außerdem für alle ein größeres Instrument bereit. An den übrigen Geräten herrscht emsige Betriebsamkeit; denn die Finsternis hat bereits begonnen. Doch davon kann man mit dem bloßen Auge noch nichts bemerken. Der Mond, so hören die Gäste, ist in den Halbschatten der Erde eingetreten. Der dadurch hervorgerufene Verfinsterungseffekt ist so gering, daß er dem ohne Hilfsmittel arbeitenden Beobachter verborgen bleibt. Aber nur noch wenige Minuten trennen den Erdbegleiter jetzt vom Kernschattengebiet. Man drängt sich um die aufgestellten Teleskope. Und nun ist es soweit: Die ersten Zuschauer nehmen die verfinsternde Wirkung des Erdschattens wahr.

Während sich unter ihnen eine leichte Unruhe bemerkbar macht, bleibt es in den Kuppeln unter den Mitgliedern der Arbeitsgemeinschaften ruhig. Sie arbeiten konzentriert. Besonders die Filmgruppe muß sich sehr anstrengen, um den rasch weiterlaufenden Mond stets an derselben Stelle der Bildebene ihrer Apparatur zu halten; denn die automatische Nachführung des Fernrohrs, deren leises Ticken bis nach draußen hörbar wird, gleicht nur die Erddrehung aus, berücksichtigt aber nicht die zusätzliche rasche Bewegung des Mondes. Die Filmemacher folgen „per Hand" ihrem Star, was höchste Aufmerksamkeit erfordert.

10

Totale Mondfinsternis vom 9. Januar 1982 (Aufnahme: Kurt Thiemann, Archenhold-Sternwarte Berlin-Treptow)

Immer tiefer rückt der vertraute Himmelskörper in den Kernschatten der Erde hinein. Deutlich ist der kreisförmige Ausschnitt des Schattens zu erkennen. Vor Jahrtausenden hatte diese einfache Beobachtung einmal grundlegende Bedeutung: Aus dem kreisförmigen Aussehen der Licht-Schatten-Front auf dem Mond schlossen die Gelehrten, daß die Erde eine Kugel sein müsse. Nur eine Kugel – so argumentierten sie – kann in jeder beliebigen Lage stets einen kreisrunden Schatten werfen.

Viele der Gäste äußern ihr Erstaunen darüber, daß der Schatten keine gestochen scharfe Grenze aufweist. Doch auch diese Erscheinung findet eine einfache Erklärung, wenn man an die Erdatmosphäre denkt, durch die das Licht der Sonne zum Teil ins Innere des Kernschattens gelangt. Hierdurch wird eine scharfe Begrenzung des Schattens vermieden. Gute Beobachter an Fernrohren haben aus dem Studium des Übergangsgebiets vom beleuchteten Mond zu dem schon im Schatten stehenden Teil bemerkenswerte Erkenntnisse ableiten können. Geradezu berühmt wurde ein grüner Farbsaum an der Schattengrenze, der von einer Ozonschicht in der Erdatmosphäre herrührt.

Unterdessen ist die Mondscheibe fast vollständig in das Kernschattengebiet der Erde hineingewandert. Mit Spannung erwarten alle den Eintritt der Totalität. Jetzt ist es soweit. Der Mond schwebt als tiefkupferrote Scheibe hoch am Himmel. Ein direkt gespenstischer Anblick. Man kann sich gut vorstellen, daß dieses Schauspiel zu früheren Zeiten bange Befürchtungen auslöste: Die schwarze Katze hatte ihre Riesenpfote auf die Leuchte der Nacht gelegt. Nur von Lärm begleitete Tänze vermochten sie aufzuscheuchen. Und tatsächlich: Nach geraumer Weile des mit zahlreichen Musikinstrumenten ausgeführten Höllenlärms gab die Katzenpfote den Mond Zug um Zug frei.

Die Farbfotoexperten haben inzwischen die Belichtungszeit an ihren Kameras verlängert; denn die Helligkeit des total verfinsterten Mondes ist beträchtlich geringer als zuvor. Vor allem sollen die Bilder die charakteristische Färbung des Kernschattens wiedergeben, die von Finsternis zu Finsternis verschieden ausfällt, je nach den atmosphärischen Bedingungen in der Dämmerungszone der Erde zur Zeit des Himmelsereignisses.

Bewegt sich der Mond durch das Zentrum des Erdschattens, so hat man die größtmögliche Dauer der Verfinsterung zu erwarten. Sie beträgt dann insgesamt rund $3\frac{1}{2}$ Stunden, wobei der Aufenthalt des Mondes im Kernschatten der Erde 100 Minuten währt. Ein solcher Fall liegt aber heute nicht vor. Die Astronomen haben ausgerechnet, daß die Totalität nur knapp 30 Minuten dauern wird. Der Mond durchquert den südlichen Teil des Erdschattens. Schon mit dem bloßen Auge ist zu erkennen, daß die Mondoberfläche ungleichmäßig verdunkelt bleibt. Ihre dem Zentrum des Schattens näheren Teile erscheinen deutlich dunkler als die am Schattenrand.

Die Mitarbeiter der Sternwarte nutzen die Zeit der Totalität, um ein Lichtbild an eine im Freien aufgestellte Leinwand zu projizieren, das die Aufmerksamkeit auf sich zieht: Inmitten einer zerklüfteten, gespenstisch anmutenden Berglandschaft sieht man ein achträdriges technisches Gerät, das die Besucher sofort als das sowjetische Mondauto „Lunochod" identifizieren. Am schwarzen Himmel, der sich über der bizarren Bergwelt wölbt, hebt sich eine große dunkle Scheibe vom Hintergrund ab, die ein farbiger Lichtsaum umgibt. Einige Gäste finden schnell die richtige Erklärung: Dies ist eine Szene auf der Oberfläche des Mondes, wo die Sowjetunion 1970 und noch einmal 1973 ein automatisches Mondauto abgesetzt hatte.

Auch die umkränzte Scheibe am Himmel des Mondes wird von den Besuchern enträtselt: Die dunkle Kreisscheibe ist die Erde, und der farbige Saum rührt vom Licht der Sonne, die sich hinter der Erde verborgen hält. Mit anderen Worten: Das Bild zeigt eine Sonnenfinsternis auf dem Mond – ein Ereignis, bei dem die Erde die Lichtquelle des Sonnensystems abdeckt. Ein auf dem Mond stehender Beobachter erlebt eine solche von der Erde hervorgerufene Sonnenfinsternis gerade dann, wenn sich für den irdischen Beobachter eine totale Mondfinsternis ereignet. Natürlich hat noch nie ein Mensch ein solches Schauspiel gesehen, aber das sowjetische Mondmobil „Lunochod I" war während der totalen Mondfinsternisse vom 10. Februar und vom 6. August 1971 auf dem Erdtrabanten voll funktionstüchtig und wurde so zum von Menschenhand geschaffenen Zeugen einer ungewöhnlichen Erscheinung.

Das Bild hat den Besuchern der Sternwarte Gesprächsstoff geliefert und neue Fragen auftauchen lassen. Unterdessen bewegt sich der Erdtrabant zügig auf die Grenze des Kernschattens zu, was bereits an einer deutlichen Aufhellung des östlichen Mondrandes zu erkennen ist. Die letzte Phase des Ereignisses beginnt: Die ersten Sonnenstrahlen tauchen die Gebirgswelt des Mondes wieder in ihr strahlendes Gelb.

Doch den Schaulustigen wird noch ein weiteres Sehvergnügen angekündigt: Kurz vor dem Ende der Finsternis soll der östliche Rand des Mondes einen hellen Stern bedecken. Solche Ereignisse werden nicht allein bis zum heutigen Tag für wissenschaftliche Zwecke beobachtet, sie stellen auch ein interessantes Himmelsereignis dar. Da der Mond keine Atmosphäre besitzt, schwächt sich die

Helligkeit des betreffenden Sterns nicht allmählich ab. Er verschwindet vielmehr schlagartig, als wenn man eine Lampe ausschaltete.

Unaufhörlich entrückt der Mond dem Erdschatten und nähert sich jenem Stern, welcher noch heute abend für einige Zeit unsichtbar werden soll. In einer der Kuppeln wird umgerüstet. Der Mond hat sein blendendhelles Vollmondlicht zurück. Die letzten Phasenaufnahmen sind abgeschlossen. Ein junger Hobbyastronom wechselt die Beobachtungsgläser aus und nimmt am Ende des Fernrohrs Platz. Im Gesichtsfeld des Teleskops befindet sich bereits in einigem Abstand vom Mondrand der Kandidat, dem jetzt alle Aufmerksamkeit gilt.

Draußen frösteln die Gäste. Es ist inzwischen fast Mitternacht, und ein weißer Nebelschleier hat sich zu Füßen des Sternwartenbergs ausgebreitet. Doch bis zur Bedeckung des hellen Sterns verbleiben nur noch wenige Minuten, und niemand will auf diese „Zugabe" zur Mondfinsternis verzichten. Schneller als erwartet ist der Stern hinter dem Mondrand verschwunden. Einer der Besucher reibt sich ungläubig die Augen. Aber der Lichtpunkt bleibt verschwunden – wer zur unrechten Zeit seine Lider für einen Moment geschlossen hat, dem ist das Entscheidende entgangen.

Nun verlassen die Besucher in kleinen Gruppen das Gebäude der Sternwarte. Die nächste totale Mondfinsternis findet erst in zwei Jahren statt, und niemand vermag zu sagen, ob auch sie unter so günstigen Witterungsbedingungen ablaufen wird. Ein erfolgreicher, interessanter Beobachtungsabend ist zu Ende. Die Kuppelspalte schließt sich geräuschvoll, die tickenden Uhrwerke der Fernrohrantriebe werden abgeschaltet. Nur in einer der Kuppeln bleiben noch zwei Beobachter zurück. Sie warten das Wiedererscheinen des hinter dem Mond stehenden Sterns ab.

Vor der Sternwarte knattern die letzten Motorräder mit ihren Besitzern heimwärts. Der Nachtwagen des Linienbusses brummt den Hang entlang. Im Osten dämmert bald der Morgen. Der Mond neigt sich zum Untergang.

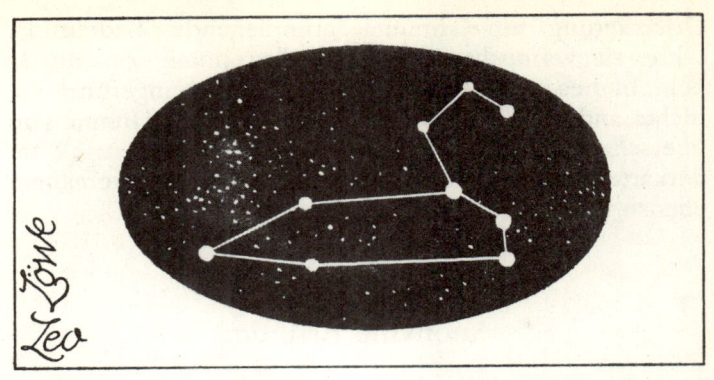

Wanderkarten des Himmels

Weißt du, wieviel Sternlein stehen? Jedenfalls genug, um den Uneingeweihten zu verwirren. Immer wieder ist der Laie beeindruckt, wenn ihm ein Sternkundiger erklärt: Dort in den Zwillingen steht der Mars, im Stier strahlt der Jupiter, und im Löwen hat Saturn Position bezogen. Woran kann man denn erkennen, daß dies die Zwillinge sind? Und wie läßt sich Jupiter von Saturn unterscheiden, wenn man ohne Fernrohr zum Himmel blickt?

Jeder Sternfreund, der den Erscheinungen am Firmament seine Aufmerksamkeit zuwenden möchte, muß zuerst das Abc der Orientierung lernen, sonst bleibt der gestirnte Himmel für ihn ein Gewimmel von Lichtpünktchen, an dem er sich zwar erfreuen, aber in dem er sich nicht zurechtfinden kann. Was nützt die Mitteilung, im Sternbild Wassermann sei ein Komet entdeckt worden, den schon der Feldstecher zeigt, wenn „Wassermann" eine nichtssagende Hieroglyphe ist?

Vor vielen Jahrtausenden stellte für die Menschen alles, was sie am Himmel sahen, ein tiefes Geheimnis dar. Sie wußten weder, was die Sterne sind, noch konnten sie die anderen Naturerscheinungen erklären. Damals hatte die

Orientierung am Himmel grundlegende Bedeutung. Ohne sie vermochte sich keine Astronomie zu entwikkeln. In dieser Zeit wurden die Sternbilder eingeführt, die nichts anderes sind als eine Einteilung des Himmels in überschaubare und wiedererkennbare Einheiten, „Wanderkarten" des Himmels, für den optischen Spaziergänger ebenso wie für den Sternforscher.

Anonyme Erfinder

In dem ältesten uns direkt überlieferten „Sternguckerbuch", dem „Almagest" des Claudius Ptolemäus (nach 83 bis nach 161), finden wir das erste Inventurverzeichnis des nördlichen und des südlichen Sternhimmels. Die einzelnen Sterne sind insgesamt 48 verschiedenen Bildern zugeordnet. Die Anzahl der Sterne beträgt 1022.

Daß die Bilder zur Orientierung am Himmel und zum Wiedererkennen von Objekten dienen, ersehen wir aus der Lagebeschreibung der einzelnen Sterne in diesem alten Katalog: In dem bekannten Sternbild Großer Bär werden zum Beispiel 27 verschiedene Sterne angeführt. Damit der Benutzer des Katalogs genau weiß, welcher Stern jeweils gemeint ist, schreibt der Autor unter der Nummer 1: „Der am Ende der Schnauze", unter der Nummer 22: „Der an der linken Kniekehle"*. Man benötigt also eine bildliche Darstellung, um die einzelnen Objekte identifizieren und damit am Himmel wiedererkennen zu können. Daß hierin die eigentliche Bedeutung der Sternbilder zu suchen ist, verraten auch die weiteren Beschreibungen in dem berühmten Buch des Ptolemäus. Die Lage der Milchstraße, des zartschimmernden Lichtbands, das sich um den gesamten Himmel schlingt, kennzeichnet Ptolemäus durch Bezugnahme auf die verschiedenen Sternbilder, so etwa, wenn er von den „Zusammenschlußstellen" der Milchstraße schreibt, daß sich „die eine bei dem Räucher-

---

* Ptolemäus, Handbuch der Astronomie, Bd. II, B. G. Teubner Verlagsgesellschaft, Leipzig 1963, S. 33

16

altar, die andere bei dem Schwan" befindet und die südlichsten Teile des Milchstraßengürtels „durch die Füße des Zentauren"* verlaufen.

Wer hat diese flimmernden Bilder aus Lichtpünktchen erfunden? Die Frage läßt sich nicht mit einem Namen beantworten. Hingegen können wir uns recht gut in die Gedankenwelt der Erfinder dieser Markierungshilfen hineinversetzen, wenn wir die Bezeichnung der uns überlieferten Bilder mit den Gestalten der alten Sagen und Mythen in Verbindung bringen, denen sie entlehnt sind. Eine der berühmtesten Dichtungen, in denen die ältesten Sternbilder des Himmels besungen wurden, stammt aus dem Jahre 270 v. u. Z. Es sind die „Phainomena und Diosemeia", die „Himmelserscheinungen und Wetterzeichen" des hellenistischen Autors Aratos (um 310–um 245 v. u. Z.). Der Dichter glaubte zweifellos, daß alle Sternbilder griechischen Ursprungs seien, meinte wohl auch – wie andere ebenfalls –, daß Thales von Milet (um 624–546 v. u. Z.) die Sterne geordnet habe. Dies ist aber schon deswegen unwahrscheinlich, weil die Astronomie bereits bei den Babyloniern einen hohen Entwicklungsstand besaß, was ohne die Existenz von „Wanderkarten" des Himmels nicht möglich gewesen wäre. Tatsächlich hat die historische Forschung inzwischen nachgewiesen, daß ein großer Teil der Bilder des griechischen Himmels von den Vorvätern übernommen und nur geringfügig abgewandelt wurde. Die Griechen fügten weitere Bilder hinzu, und so entstand der klassische Sternbildhimmel. Alle diese Bilder sind mit Geschichten verbunden, die entweder ohnehin schon existierten oder zum Schmuck bereits vorhandener Bilder später erfunden wurden.

Die Siege des Menschen in der Auseinandersetzung mit der Natur ergeben dabei das wichtigste Motiv, das sowohl den Sagen als auch den Bildern ihre kulturgeschichtliche Bedeutung verleiht. In den alten Bildern finden wir nämlich meist Tiere oder Fabelwesen in unmittelbarer Nachbarschaft zu menschlichen Gestalten, die oft als Helden auftre-

* ebenda, S. 65

ten. Orion, der Jäger aus der griechischen Sage, setzt seinen Fuß auf den Hasen, der Fuhrmann trägt das Zicklein usw.

Wer allerdings von den Sternbildern große Anschaulichkeit erwartet, wird enttäuscht sein. Aus den meisten läßt sich nicht ohne weiteres die Gestalt ablesen, die der Figur den Namen gab. Dies ist nicht verwunderlich; denn die Verteilung der Sterne am Himmel hat mit der unmittelbaren Erfahrungswelt des Menschen nichts zu tun. Die Bilder können also nur „hineinkonstruiert" werden.

Die Mehrzahl der Gruppierungen sind sogenannte Konturensternbilder. Dabei denkt man sich einzelne Sterne durch Linien miteinander verbunden und erhält dann die Umrisse der jeweiligen Figur.

Plänkeleien um Himmelsbilder

Nicht alle Sternbilder, die wir kennen und benutzen, stammen aus der Antike. Die Hälfte der heute gebräuchlichen Sternbilder ist späteren Datums. So wurden die Bilder des südlichen Himmels zumeist von den Seefahrern benannt, die sie bei ihren Kreuzfahrten durch die Gewässer der Südhalbkugel zur Orientierung benötigten. Deshalb entstammen zahlreiche Sternbildnamen des Südhimmels dem Wortschatz der Seefahrer oder wurzeln in ihren Begegnungen mit der Tierwelt südlicher Länder. Beispiele hierfür sind die Sternbilder Sextant, Schiffskompaß, Segel oder Schwertfisch und Paradiesvogel.

Kuriose Geschichten ranken sich auch um die Entstehung der nichtklassischen Bilder des Nordhimmels. Die meisten neueren Sternbilder stammen aus dem 17. bis 19. Jahrhundert. Anfangs waren die Sternforscher bestrebt, ihre Geldgeber zu erfreuen, indem sie sie durch ein ihnen gewidmetes Sternbild verewigten. Sogar Galileo Galilei (1564–1642), der große italienische Naturforscher, nannte die von ihm entdeckten vier Jupitermonde die „Mediceischen Gestirne" zu Ehren des Großherzogs Cosimo II. von Toskana (1590–1621) aus dem Hause der Medici. Die

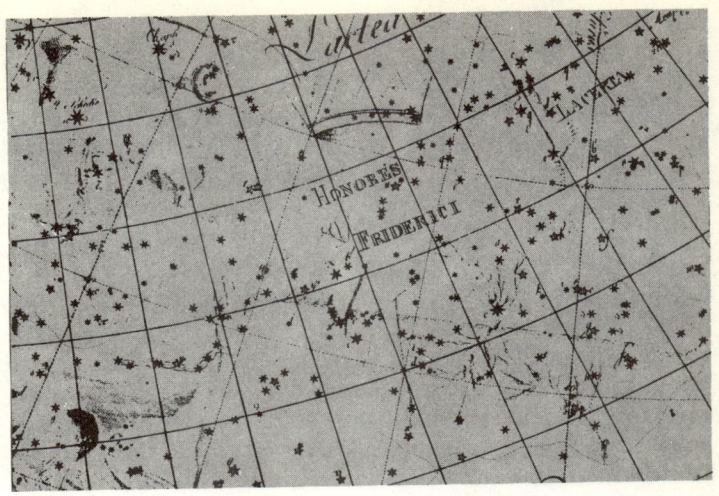

Sternkarte von Bode mit dem Bild „Friedrichsehre"

Schaffung neuer Sternbilder wurde bald zu einer Unsitte, die zwar dem Ansehen der Astronomen bei ihren Mäzenen, aber nicht dem Ansehen der Astronomie zugute kam. Der englische Königliche Astronom Edmond Halley (1656–1742) verewigte das „Herz Karls II." (1630–1685), der Danziger Ratsherr und Astronom Johann Hevelius (1611–1687) schuf den „Sobieskischen Schild" zu Ehren des polnischen Königs Johann III. Sobieski (1624–1696). Der Direktor der Berliner Sternwarte, Johann Elert Bode (1747–1826), setzte in seinen kleinen Sternbilderatlas von 1782 die „Friedrichsehre", um dem Preußenkönig Friedrich II. (1712–1786) zu huldigen. Auch das „Brandenburgische Zepter" war eine Schöpfung Bodes.

Daß diese Betriebsamkeit mancher Astronomen letztlich viel Kritik hervorrief, ist verständlich. Der Himmel wurde dadurch einerseits immer unübersichtlicher, zum anderen erschienen auf den Sternkarten in verschiedenen Ländern Bilder, die international nicht anerkannt waren. Infolgedessen mußte es zu Verständigungsschwierigkeiten unter

19

den Fachleuten kommen. Es mutet uns heute geradezu grotesk an, wenn wir beispielsweise hören, daß der Astronom Joseph Jérôme Lalande (1732–1807) aus Paris, der das Sternbild „Erntehüter" eingeführt hatte, seinem Kollegen Bode in Berlin die Aufnahme der „Friedrichsehre" in die französischen Sternkarten versprach, falls Bode bereit wäre, den „Erntehüter" zu akzeptieren. Dieses gegenseitige Abkommen war um so ärgerlicher, als deshalb die klassische Figur der antiken Königstochter Andromeda ihren Arm von der Stelle entfernen mußte, wo er seit Jahrtausenden geruht hatte.

Der Protest gegen die Verschandelung des Himmels mit solchen Bildern wie „Chemischer Ofen", „Luftpumpe" und anderen, die ebenfalls vorgeschlagen wurden, setzte bald ein. Der deutsche Astronom Wilhelm Olbers (1758–1840) nannte die Erfindung neuer Sternbilder eine Eitelkeit, durch die so unpassende Schöpfungen entstanden, daß man die Himmelskarten nicht ohne Widerwillen betrachten könne. „Ich berufe mich auf das Urtheil eines jeden", schrieb Olbers, „der eine gute ältere Abbildung des Himmels und seiner Gestirne mit den neuern Sternkarten vergleicht, ob ihm nicht in den letztern die Ueberfüllung und die ganz unschickliche Vermischung so durchaus heterogener, gar nicht zu einander passender Sternbilder, höchst unangenehm auffällt. Da nun durch diese übermäßige Menge von Sternbildern gar nichts gewonnen, die Astrognosie* erschwert und der Geschmack beleidigt wird, so möchte ich die Astronomen dringend auffordern, den Sternhimmel wieder von dieser unnützen und mißzierenden Ueberladung zu befreien, und alle Sternbilder auszumerzen und abzuschaffen, die man seit Hevels und Flamsteeds Zeiten eingeführt oder einzuführen versucht hat."**

* Kenntnis der Sterne und Sternbilder, deren gegenseitiger Lage und Benennung

** Olbers, Über die neuern Sternbilder, in: Jahrbuch für 1840, Stuttgart und Tübingen 1840, S. 246 f.

Ausschnitt des Sternhimmels um das Sternbild Cassiopeia mit Sternbildgrenzen (gestrichelt)

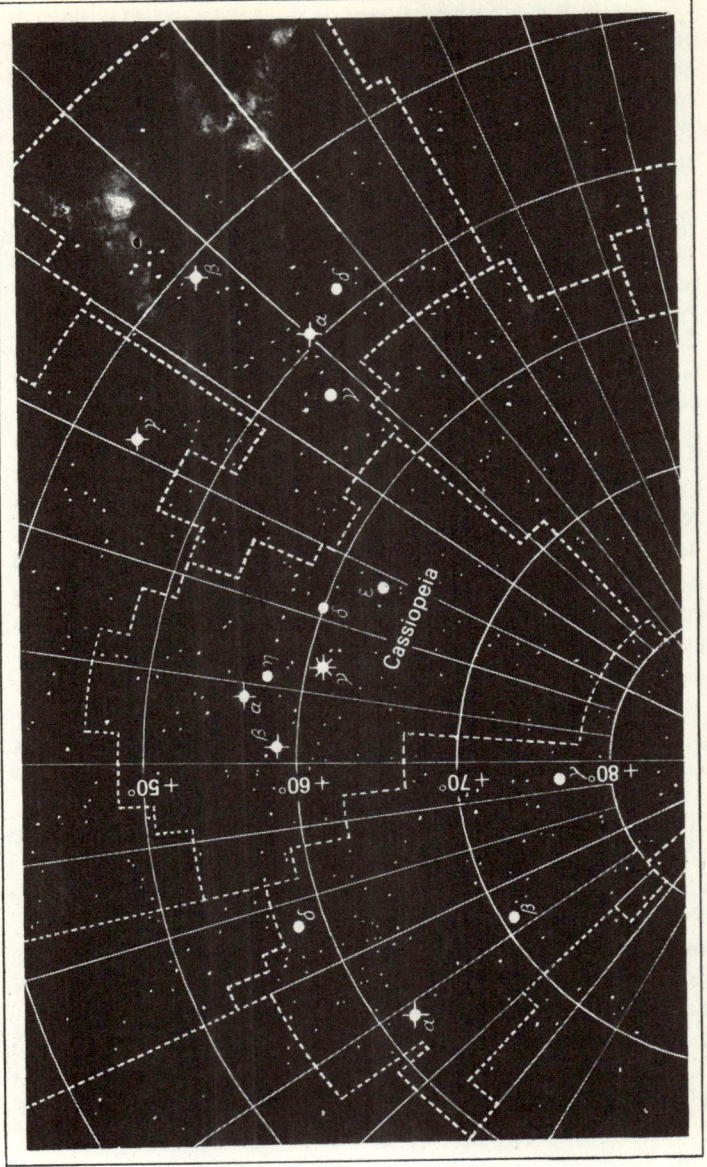

Bedauerlicherweise ist man diesem klugen Ratschlag erst viel später gefolgt und auch das nur gegen zahlreiche Widerstände. Im Jahre 1875 nahm zum Beispiel der ansonsten wenig bekannte W. Pitschner in eine von ihm herausgegebene Sternkarte das allgemein bereits ausgelassene Sternbild „Brandenburgisches Zepter" wieder auf und beschwerte sich in einer Eingabe bei Kaiser Wilhelm I. (1797–1888) über die Astronomen der Berliner Sternwarte, die er „der Vernachlässigung der preußischen Interessen am Sternhimmel beschuldigte"*. Es bedurfte der ganzen diplomatischen Kunst des damaligen Direktors der Sternwarte, Wilhelm Foerster (1832–1921), um den Kaiser von der Unhaltbarkeit der Beschuldigung zu überzeugen. Erst in unserem Jahrhundert, in den Jahren 1925 und 1928, erfolgte durch Beschluß der Internationalen Astronomischen Union (IAU) eine endgültige Übereinkunft über die Einteilung des Himmels in Sternbilder. Nach dieser international gültigen Festlegung wurde jedem der insgesamt 88 Sternbilder des nördlichen und südlichen Himmels ein genau bestimmtes Gebiet zugewiesen. Die Schaffung weiterer Sternbilder ist dadurch ausgeschlossen.

Kreise und Winkel –
die Adressen der Sterne

In der Sternwarte ist ein Telegramm eingetroffen. Verschlüsselt. Es wurde von einer internationalen Zentralstelle an alle Observatorien der Erde geschickt. Der Astronom liest den Klartext vor: „Ein neuer Komet der Helligkeit 9^m mit der Position $\alpha = 8^h 22^{min}$ und $\delta = +21°15'20''$ ist am Soundsovielten vom Astronomen X an der Sternwarte in Y entdeckt worden." Mancher mag nun denken: Das soll Klartext sein? Gewiß, so ohne weiteres kann der Laie mit diesen Zahlen noch nichts anfangen. Anders der Astronom. Er gibt Weisung, das Objekt am kommenden Abend zu fo-

* Professor Wilhelm Foerster, Lebenserinnerungen und Lebenshoffnungen, Berlin 1911, S.195

tografieren, falls das Wetter gut wird. Der Fachmann hat aus den merkwürdigen Angaben in Stunden (h), Minuten (min), Grad (°), Bogenminuten (′) und -sekunden (″) sofort erkannt, daß dieser Komet im Februar für den Beobachtungsort des Telegrammempfängers in den frühen Abendstunden über den Horizont steigen wird.

So schwierig, wie dies alles klingt, ist es in Wirklichkeit nicht. Im Grunde verfahren wir ganz ähnlich, wenn wir die Lage eines Ortes auf der Erdoberfläche beschreiben. Die Erdoberfläche ist eingeteilt in Kontinente und Staaten mit bestimmten Grenzen. Ein Staat wie zum Beispiel die DDR gliedert sich in Bezirke, Kreise und Gemeinden. Wollen wir einer bestimmten Person einen Brief senden, so geben wir die Position des Wohnsitzes durch den Ortsnamen an, dem wir entweder eine Postleitzahl oder eine Bezeichnung wie Bezirk, Kreis oder Entsprechendes sowie Staat, Straße und Hausnummer hinzufügen. Außerdem aber ist die Erde – wie wohl jeder weiß – von einem Gradnetz überzogen, das der Mensch geschaffen hat. Auf der Erdkugel unterscheiden wir Längenkreise und Breitenkreise. Die Breitenkreise verlaufen parallel zu dem „nullten Breitenkreis", dem Erdäquator, wie Bauchbinden um den Planeten herum. Befindet sich ein Ort auf der südlichen Erdhalbkugel, so gibt man seine Breite durch den Zusatz „südlich" an. Vom Erdäquator bis zum Südpol der Erde finden wir alle Orte der geographischen Breite 0 bis 90° südlicher Breite und entsprechend vom Erdäquator bis zum Nordpol alle Orte der geographischen Breite 0 bis 90° nördlicher Breite. Die Zählung der Länge beginnt bei einem Längenkreis, der vom Südpol bis zum Nordpol der Erde genau durch die alte englische Sternwarte in Greenwich verläuft. Alle Orte, die westlich davon liegen, haben westliche Länge, die anderen östliche Länge, wobei man jeweils bis zu 180° zählt.

In einem solchen genau definierten Netz läßt sich nun jeder Punkt der Erdoberfläche präzise festlegen. Die Archenhold-Sternwarte in Berlin-Treptow hat beispielsweise folgende Koordinaten: geographische Breite $+52°29′07″$, geographische Länge $13°28′36″$. Ein Postbeamter würde sicherlich einen Schreck bekommen, wenn er solche Angaben statt der üblichen Adresse auf einem Briefumschlag fände. Wer aber in die üblichen Bezeichnungen nicht eingeweiht ist, dem wird ein gewöhnlich adressierter Briefumschlag genauso unverständlich erscheinen.

Wie die Erde, so wurde auch der Himmel mit einem Koordinatennetz überzogen. Wir brauchen uns die Linien des irdischen Netzes nur auf den Himmel übertragen zu denken, dann haben wir bereits das „himmlische" Koordinatensystem.

Hauptbezugskreis dieses Systems ist der auf den Himmel projizierte Erdäquator, der Himmelsäquator. Das Koordinatensystem wird deshalb auch sinnvollerweise Äquatorsystem genannt. Der Himmelsäquator unterteilt den Himmel in eine nördliche und eine südliche Hälfte, genau wie der Erdäquator die Erde. Die beiden der irdischen Länge und Breite entsprechenden Koordinaten heißen Deklination (δ) und Rektaszension (α).

Die Deklination gibt an, welchen Winkelabstand ein Stern zum Himmelsäquator aufweist. Um die Lage des Sterns am Nord- und Südhimmel zu kennzeichnen, verwendet man die Vorzeichen plus (nördliche Deklination) und minus (südliche Deklination).

Die Rektaszension wird – genau wie die irdische Länge – von einem bestimmten senkrecht zum Himmelsäquator verlaufenden Großkreis aus gezählt. Er geht durch einen Punkt, den man als Frühlingspunkt bezeichnet. Hierbei handelt es sich um einen der beiden Schnittpunkte zwischen dem Himmelsäquator und dem Tierkreis, auch Ekliptik genannt. Damit haben wir einen weiteren für die Beschreibung von Sternörtern wichtigen Großkreis kennengelernt. Der Tierkreis ist nämlich jener Großkreis am Himmel, auf dem die Sonne scheinbar während eines Jahres entlangläuft. Das Wörtchen „scheinbar" müssen wir verwenden, weil sich natürlich in Wirklichkeit die Erde um die Sonne bewegt und nicht die Sonne um die Erde. Die Bewegung der Erde um die Sonne läßt uns den Eindruck gewinnen, als liefe die Sonne während eines Jahres um den ganzen Himmel. Dabei steht sie im-

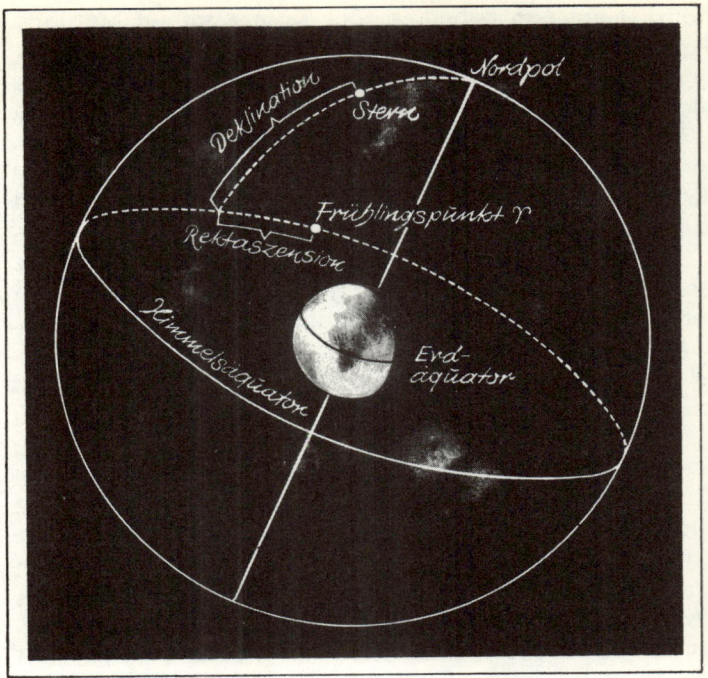

Äquatoriales Koordinatensystem

mer auf der Ekliptik. Die Rektaszension wird üblicherweise in Stunden, Minuten und Sekunden gemessen. Der Himmelsäquator ist demgemäß eingeteilt. Einem Winkel von 15° entspricht jeweils eine Stunde der Rektaszension, folglich einem Winkel von 1° jeweils 4 Minuten usw.

Jetzt ist eigentlich die Bedeutung des astronomischen Telegramms schon klar. Die Zahlenangaben sagen uns, an welcher Stelle des Himmels der neuentdeckte Komet zum Zeitpunkt seiner Entdeckung gestanden hat. Nehmen wir nun eine Sternkarte zur Hand, in der dieses Koordinatennetz am Himmel eingezeichnet ist, so finden wir nach kurzem Suchen den Ort des Kometen. Die dort stehenden Sterne gehören zum Sternbild Krebs. Hätte es aber in dem Telegramm geheißen, der Komet sei im Sternbild Krebs entdeckt worden, so wäre diese Mitteilung viel zuwenig genau gewesen, um ihn zu finden. Nur wenn es sich um sehr helle Objekte handelt, die bereits mit dem bloßen Auge zu sehen sind, reicht eine solche Angabe aus. Für die lichtschwächeren Objekte benötigen wir die Koordinaten, die wir dann mit Hilfe eines entsprechend ausgerüsteten Fernrohrs einstellen können.

Dies heißt nun aber nicht, daß die Sternbilder heute gar keine Bedeutung mehr besitzen. Im Gegenteil: Wer sich am Himmel zurechtfinden möchte, muß diese Bilder und ihre Stellung zueinander gut kennen. Er muß auch wissen, zu welchen Jahres- und Uhrzeiten bestimmte Sternbilder am Himmel des Heimatorts zu beobachten sind.

Will man sich eine Vorstellung von der Lage eines Objekts am Himmel des Beobachtungsorts machen, so ist die Angabe von Koordinaten des Äquatorsystems unzweckmäßig. In der praktischen Beobachtung bezieht man sich stets auf den Horizont des Beobachtungsorts. Der Winkelabstand eines Sterns vom Horizont heißt Höhe. Als Azimut wird der Winkel zwischen dem Südpunkt des Horizonts und dem Schnittpunkt des Vertikalkreises durch den Stern mit dem Horizont bezeichnet. Unter dem Vertikalkreis versteht man einen Großkreis, der senkrecht zum Horizont steht. Die Zählung erfolgt hierbei von Süd über West. Während die Höhe eines Sterns zwischen 0 und 90°, das heißt zwischen Horizont und Zenit des Himmels, liegen kann, sind für den Azimut Werte zwischen 0 und 360° möglich.

Natürlich darf uns diese Exkursion in das wichtigste Gebiet der Orientierung am Himmel nicht zu der Ansicht verleiten, die Sterne stünden alle an einem einheitlich weit von uns entfernten „Himmelszelt". Diese noch bei Nicolaus Copernicus (1473–1543) und seinen Zeitgenossen anzutreffende Vorstellung ist durch die messende Astronomie des 17. und 18. Jahrhunderts widerlegt worden. Die Sterne befinden sich unterschiedlich weit in den Tiefen des Raums. Allerdings sind ihre Entfernungen voneinander derart groß, daß die Messung lange Zeit allen Versuchen der Astronomen trotzte.

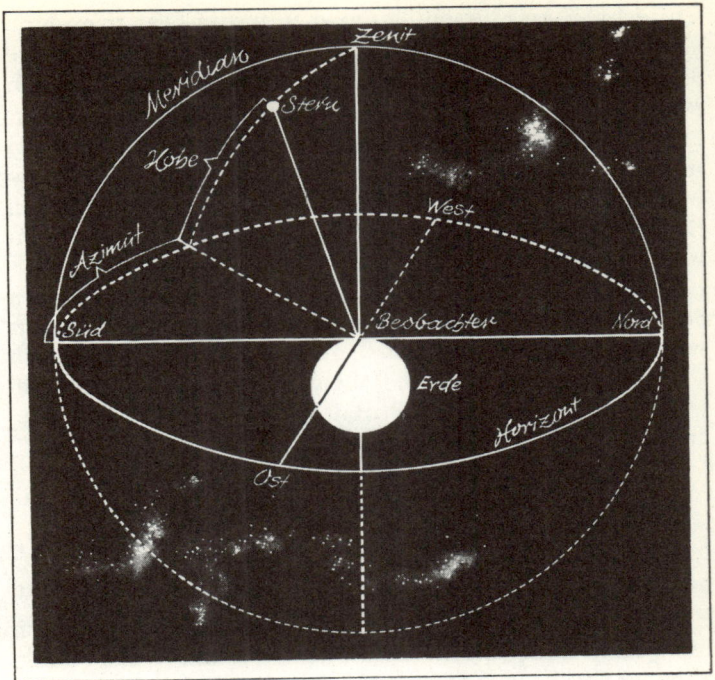

Horizontales Koordinatensystem

Das heutige Bild des Kosmos stellt sich, grob skizziert, folgendermaßen dar: Unsere Erde, von der aus wir das Weltall beobachten und erforschen, bewegt sich mit den anderen Planeten Merkur, Venus, Mars, Jupiter, Saturn, Uranus, Neptun, Pluto und mit den Kleinkörpern wie Kometen, Meteore, Kleine Planeten, Staub usw. um die Sonne. Die Erde ist von der Sonne im Mittel 150 Millionen km entfernt. Diese himmelskundliche „Elle" wird auch die astronomische Einheit (AE) genannt. Die mittleren Abstände der Planeten erstrecken sich von 0,39 AE (Merkur) bis 39,7 AE (Pluto). Die übrigen Sterne sind ferne Sonnen. Der nächste von ihnen befindet sich rund 270 000 AE von uns entfernt. Um nicht mit unverhältnismäßig großen Zah-

27

len rechnen zu müssen, hat man für diese Distanzen eine neue „Elle" eingeführt – das Lichtjahr (Lj). Es ist die Strecke, die ein Lichtstrahl mit seiner Geschwindigkeit von 300 000 km/s in einem Jahr zurücklegt. Einem Lichtjahr entsprechen rund 9,5 Billionen km. Der nächste Fixstern steht etwa 4,3 Lj von uns entfernt. Das gesamte Sternsystem mit seinen rund 100 Milliarden Sonnen weist einen Durchmesser von ungefähr 100 000 Lj auf. Von dem nächsten Sternsystem trennen uns rund 2,2 Millionen Lj.

Wollen wir aber einen fernen Stern, einen Planeten, ein Sternsystem am Himmel *finden*, so interessiert uns nur seine Lage am Firmament. Und deshalb tun wir einfach so, als käme jedem Objekt ein Platz am „Himmelsgewölbe" zu. Damit ist im Prinzip jedoch nur die Richtung angezeigt, aus der sein Licht zu uns gelangt.

Helligkeiten nach Maß

Eine andere wichtige Kenngröße, mit der wir gleichsam die Quantität des Sternenlichts beschreiben, ist die Helligkeit der Sterne. Schon der Katalog des Ptolemäus enthält solche Informationen. Die Skale der Helligkeiten in der Astronomie ist also sehr alt, und sie ist, was manchen überraschen wird, im wesentlichen unverändert geblieben.

Die Helligkeiten der Sterne von den hellsten Himmelskörpern bis zu den mit dem bloßen Auge gerade noch erkennbaren wurden im Altertum in 6 Größenklassen eingeteilt. Sie unterscheiden sich jeweils durch gleiche Helligkeitsstufen. Die hellsten Sterne wurden der ersten Größenklasse, die schwächsten der sechsten zugewiesen. Später hat man diese Helligkeitsskale zu helleren und schwächeren Sternen erweitert, so daß auch negative Zahlen zur Kennzeichnung von Sternen sehr großer Helligkeit benutzt werden. Dabei schreibt man den Helligkeitswert in der Form 6^m. Die Angabe „9^m" in unserem astronomischen Telegramm informiert also über die Helligkeit des Kometen. Das hochgestellte m ist von dem lateinischen Wort magnitudo (Größe) abgeleitet. Für die Angabe von Größen-klassen*differenzen* verwendet man das Kurzzeichen mag.

Die Helligkeitsdifferenzen sind nirgendwo so groß wie in der Astronomie. Der hellste Himmelskörper, unsere Sonne, strahlt mit einer Helligkeit von $-26^{\mathrm{m}}86$. Die mit den größten Instrumenten unter Verwendung technischer Hilfsmittel gegenwärtig gerade noch erfaßbaren Sterne des Himmels haben eine Helligkeit von 23^{m} bis 24^{m}. Somit erstrecken sich die Forschungsobjekte des Astronomen über den weiten Bereich von etwa 50 Größenklassen!

In der Astrophysik ist jedoch nicht der vom Auge wahrgenommene Helligkeits*eindruck* maßgebend, sondern die zu diesem Eindruck gehörige *Intensität* des Sternenlichts. Rücken wir in Gedanken einen Stern aus einem gegebenen Abstand in die doppelte Entfernung, so verringert sich seine Intensität auf ein Viertel des Ausgangswerts. Es gilt nämlich das Gesetz $I \sim \dfrac{1}{r^2}$.

In dieser Formel bedeutet I die Intensität einer Lichtquelle und r die Entfernung der Lichtquelle vom Beobachter.

Um mit den Helligkeiten der astronomischen Objekte für physikalische Betrachtungen überhaupt etwas anfangen zu können, muß man Aussagen über ihre Intensität machen. Auch stellen alle Helligkeitsmeßgeräte, die Fotometer, Intensitäten fest und keine Eindrücke. Es fragt sich daher, welcher Zusammenhang zwischen den seit alters gebräuchlichen Größenklassen und den Intensitäten besteht. Umfangreiche Forschungen während des 19. Jahrhunderts haben ergeben, daß diese beiden Kenngrößen des Lichts durch dieselbe Beziehung beschrieben werden können, die auch für den Zusammenhang zwischen Reiz und Empfindung beim Tast- und beim Hörsinn Gültigkeit hat. Diese Beziehung ist durch das psychophysische Grundgesetz festgelegt. Die Empfindungen sind nach diesem Gesetz proportional den Logarithmen der sie auslösenden Reize. Das bedeutet, daß jeweils gleichen Helligkeits*differenzen* gleiche Intensitäts*verhältnisse* entsprechen. Die Skale der Größenklassen ist durch die Gleichung $m_1 - m_2 = -2,5 \log \dfrac{I_1}{I_2}$ gegeben. Hierin bedeuten m_1 und m_2 die Helligkeiten zweier Sterne in Größenklassen sowie I_1 und I_2 die dazugehörigen Intensitäten. Der Index 1 nach m und I kennzeichnet den jeweils helleren der beiden Sterne.

Nun lassen sich mit den Größenklassenangaben auch sinnvoll Vorstellungen über die Intensitäten des Sternenlichts verbinden: In der durch die obige Gleichung beschriebenen Größenskale bedeutet eine Helligkeitsdifferenz zweier Sterne von einer Größenklasse jeweils ein Intensitätsverhältnis von 1:2,512. Ein Stern der Helligkeit 2^m ist also um diesen Faktor heller als ein Stern der Größenklasse 3^m. Für eine Differenz von 5 Größenklassen ergibt sich gerade ein Intensitätsverhältnis von 1:100. Der vorhin erwähnte Größenklassenunterschied zwischen der Helligkeit der Sonne und der Helligkeit von eben noch nachweisbaren schwächsten Sternen entspricht daher einem Intensitätsverhältnis von $1:10^{20}$!

Zur einfachen Umrechnung von Größenklassendifferenzen in Intensitätsverhältnisse und umgekehrt dienen die im Anhang (S. 272/273) enthaltenen Tabellen. Größere als die in den Tabellen angegebenen Differenzen von Größenklassen und Verhältnisse von Intensitäten können folgendermaßen berechnet werden:

Bei Größenklassendifferenzen über 5 mag zieht man von der jeweiligen Differenz das nächstliegende Vielfache von 5 (5, 10, 15 usw.) ab und sucht das zu dem sich ergebenden Wert gehörige Intensitätsverhältnis in der Tabelle. Dieses wird für jeden vollen Fünfer mit 100 multipliziert. Nehmen wir als Beispiel die Bestimmung des Intensitätsverhältnisses zweier Objekte der Helligkeitsdifferenz von 12,5 mag. Das nächstliegende Vielfache von 5 ist 10, folglich bilden wir 12,5 − 10,0 = 2,5. In der Tabelle finden wir hierfür das Intensitätsverhältnis von 10. Dieser Wert ist nun mit 100·100 zu multiplizieren, da der abgezogene Betrag von 10 mag gerade zwei volle Fünfer um-

Unterer Teil des Sternbilds Orion mit Orionnebel (Aufnahme: Martin Müller, Eilenburg)

faßt. Als Intensitätsverhältnis ergibt sich also $10 \cdot 100 \cdot 100 = 100\,000 = 1 \cdot 10^5$.

Entsprechend verfahren wir bei der Bestimmung von Größenklassendifferenzen für Intensitätsverhältnisse größer als $1\,000\,000$. Das betreffende Intensitätsverhältnis wird durch 100, 10000, 1000000 usw. dividiert, so daß sich ein Wert zwischen 1 und 100 ergibt. Für diesen Wert entnehmen wir aus der Tabelle die zugehörige Größenklassendifferenz. Zu dem Resultat werden je nach dem zuvor verwendeten Divisor 5, 10, 15 usw. Größenklassen addiert. Betrachten wir diesmal zwei Sterne, deren Lichtintensitäten sich wie 1:10000000 verhalten. Um auf ein zwischen 1 und 100 liegendes Intensitätsverhältnis zu kommen, dividieren wir durch 1000000 und erhalten 10000000:1000000 = 10. Hierfür lesen wir aus der Tabelle eine Größenklassendifferenz von 2,5 mag ab. Da wir durch $100 \cdot 100 \cdot 100 = 1000000$ dividiert hatten, müssen wir zu diesem Ergebnis noch $5 + 5 + 5 = 15$ Größenklassen addieren und erhalten als Endergebnis eine Größenklassendifferenz von 17,5 mag. Damit haben wir das Verfahren von vorhin jetzt rückwärts angewendet.

Die Angaben der Sternhelligkeiten in Größenklassen stellen natürlich keine physikalische Aussage über die betreffenden Objekte dar. Es handelt sich nämlich um *scheinbare* Helligkeiten. Der Vergleich der scheinbaren Helligkeiten verschiedener Sterne gestattet uns keine Rückschlüsse auf die von den jeweiligen Sternen tatsächlich ausgestrahlte Energie. Daß ein Stern mit einer bestimmten scheinbaren Helligkeit strahlt, liegt nur zum Teil an der von ihm tatsächlich ausgestrahlten Energie. Außerdem spielt die Entfernung des Sterns vom Beobachter eine entscheidende Rolle für den Helligkeitseindruck, den wir von ihm empfangen. Nehmen wir als Beispiel zwei Objekte des Himmels: die scheinbare Helligkeit unserer Sonne und die des Sterns Deneb im Sternbild Schwan. Sie unterscheiden sich um 18,2 Größenklassen. Das Intensitätsverhältnis vom Sonnenlicht zum Licht des Deneb beträgt demnach etwa 100 Milliarden:1. Berücksichtigen wir nun aber, daß sich die Sonne nur rund 150 Millionen km von uns entfernt befindet, während der Stern Deneb etwa 900 Lj tief im Raum steht, so läßt sich leicht ausrechnen, daß Deneb in Wirklichkeit ein viel hellerer Stern ist als unsere Sonne. Von seiner Oberfläche geht insgesamt etwa 25000mal mehr Energie aus als von unserem Taggestirn.

Eine fotometrische Größe, die es uns gestattet, aus Sternhelligkeiten physikalische Aussagen über die Sterne abzuleiten, ist die *absolute Helligkeit*. Unter der absoluten Helligkeit M eines Sterns versteht man die scheinbare Helligkeit m, die man messen würde, wenn man sich gerade 10 Parsec (pc) von dem Stern entfernt befände. Ein Parsec ist der Abstand, aus dem der Radius der Erdbahn unter einem Winkel von 1″ erscheint; er beträgt etwa 30,8 Billionen km. Die absolute Helligkeit wird ebenfalls in Größenklassen angegeben. Für sie gilt also die gleiche Skale wie für die scheinbare Helligkeit. Als Symbol für die absolute Helligkeit wird M benutzt. Die zur absoluten Helligkeit gehörige Intensität des Sternenlichts drückt die tatsächliche Strahlungsleistung des Objekts aus, da sie – ebenso wie die absolute Helligkeit selbst – nicht von der Entfernung abhängig ist. Die auf die Entfernung von 10 pc bezogene Intensität des Sternenlichts wird als Leuchtkraft L bezeichnet. Zwischen den absoluten Helligkeiten M_1 und M_2 zweier Sterne und den dazugehörigen Leuchtkräften L_1 und L_2 besteht – entsprechend der Definition der scheinbaren Helligkeiten – die Beziehung

$$M_1 - M_2 = -2,5 \lg \frac{L_1}{L_2}.$$

Kennt man die scheinbare Helligkeit eines Sterns, so läßt sich die absolute Helligkeit berechnen, wenn die Entfernung des Objekts bekannt ist. Die Aufgabe besteht dann darin, die Helligkeit in der gegebenen Entfernung auf die Helligkeit in der Einheitsentfernung 10 pc umzurechnen. Da die Intensität einer Lichtquelle mit dem reziproken Wert des Quadrats der Entfernung abnimmt, ist diese Umrechnung leicht möglich. Die Intensität des Sternenlichts I in der Entfernung r, gemessen in pc, verhält sich nämlich zur Intensität des Sternenlichts I_{10} in der Entfernung 10 pc $\frac{I}{I_{10}} = \frac{10^2}{r^2}$. Die Differenz zwischen der scheinbaren Helligkeit und der absoluten Helligkeit des Sterns beträgt folglich nach der Definitionsgleichung der

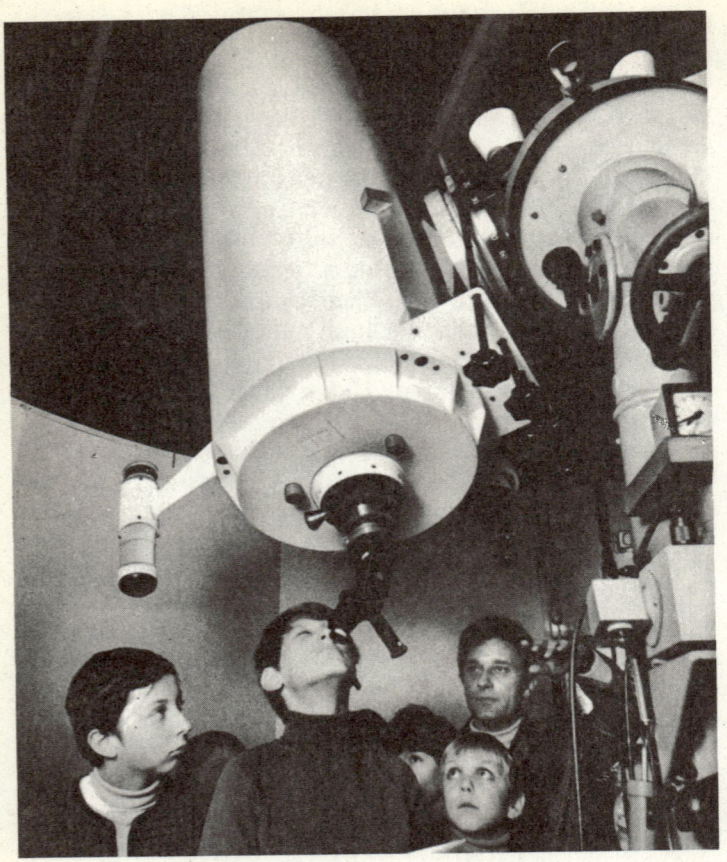

Junge Sternfreunde am 400-mm-Cassegrain-Spiegelteleskop der Schulsternwarte Bautzen

Größenklasse $m - M = -2,5 \lg \dfrac{I}{I_{10}}$. Daraus läßt sich ableiten, daß $m = M - 5 + 5 \lg r$ ist.

Diese Gleichung drückt den Zusammenhang zwischen der scheinbaren Helligkeit, der absoluten Helligkeit und der Entfernung eines Sterns aus. Die Differenz zwischen scheinbarer und absoluter Helligkeit eines Sterns m − M hängt nur von seiner Entfernung ab und wird daher auch als Entfernungsmodul (Modul = Verhältniszahl) bezeichnet. Kennt man den Entfernungsmodul eines Sterns, so läßt sich die dazugehörige Entfernung angeben. Die im Anhang enthaltene Tabelle (S. 274) gestattet, für Entfernungsmoduln zwischen − 5$\overset{m}{.}$0 und + 34$\overset{m}{.}$0 die zugehörigen Entfernungen in pc sowie in Lj abzulesen.

Reigen der Bilder

Die Grenzen der Sternbilder muten mitunter etwas willkürlich an. Sie verlaufen längs von Stundenkreisen und Deklinationskreisen des äquatorialen Koordinatensystems. Im Grunde bleibt es natürlich gleichgültig, wo die Grenzen der einzelnen Bilder liegen. Hauptsache, es herrscht Einigkeit unter den Astronomen der Welt, und für jeden ist die Zuordnung bestimmter Objekte zu einem der definierten Sternbilder klar. Bei der Abgrenzung der Sternbilder gegeneinander hat man sich von ihren historisch gewachsenen „Territorialansprüchen" leiten lassen. Damit erhielt sich auch der alte Brauch, die Namen der Bilder in lateinischer Sprache anzugeben, so daß für den Sternfreund ein kleiner Vorrat an lateinischen Vokabeln sehr nützlich ist. Die hellsten Sterne der Bilder wurden ebenfalls mit Namen versehen. So trägt der hellste Stern im Sternbild Schwan den Namen Deneb. Ansonsten besteht die Gepflogenheit, die einzelnen Sterne eines Bildes mit kleinen Buchstaben des griechischen Alphabets, etwa in der Reihenfolge ihrer Helligkeit, zu benennen, wobei der Genitiv des lateinischen Sternbildnamens angefügt wird. Deneb wird danach zum Beispiel als α Cygni (Cygnus = Schwan), auch abgekürzt α Cyg, bezeichnet.

Im folgenden sind alle 88 Sternbilder des Himmels in alphabetischer Ordnung aufgeführt.

Lateinischer Name	Genitiv	Abkürzung	Deutscher Name
Andromeda	Andromedae	And	Andromeda
Antlia	Antliae	Ant	Luftpumpe
Apus	Apodis	Aps	Paradiesvogel
Aquarius	Aquarii	Aqr	Wassermann
Aquila	Aquilae	Aql	Adler
Ara	Arae	Ara	Altar
Aries	Arietis	Ari	Widder
Auriga	Aurigae	Aur	Fuhrmann
Bootes	Bootis	Boo	Bärenhüter
Caelum	Caeli	Cae	Grabstichel
Camelopardalis	Camelopardalis	Cam	Giraffe
Cancer	Cancri	Cnc	Krebs
Canes Venatici	Canum Venaticorum	CVn	Jagdhunde
Canis Major	Canis Majoris	CMa	Großer Hund
Canis Minor	Canis Minoris	CMi	Kleiner Hund
Capricornus	Capricorni	Cap	Steinbock
Carina	Carinae	Car	Schiffskiel
Cassiopeia	Cassiopeiae	Cas	Kassiopeia
Centaurus	Centauri	Cen	Zentaur
Cepheus	Cephei	Cep	Kepheus
Cetus	Ceti	Cet	Walfisch
Chamaeleon	Chamaeleonis	Cha	Chamäleon
Circinus	Circini	Cir	Zirkel
Columba	Columbae	Col	Taube
Coma Berenices	Comae Berenicis	Com	Haar der Berenike
Corona Australis	Coronae Australis	CrA	Südliche Krone
Corona Borealis	Coronae Borealis	CrB	Nördliche Krone
Corvus	Corvi	Crv	Rabe
Crater	Crateris	Crt	Becher
Crux	Crucis	Cru	Kreuz (des Südens)
Cygnus	Cygni	Cyg	Schwan

Lateinischer Name	Genitiv	Abkürzung	Deutscher Name
Delphinus	Delphini	Del	Delphin
Dorado	Doradus	Dor	Goldfisch
Draco	Draconis	Dra	Drache
Equuleus	Equulei	Equ	Kleines Pferd
Eridanus	Eridani	Eri	Eridanus
Fornax	Fornacis	For	(Chemischer) Ofen
Gemini	Geminorum	Gem	Zwillinge
Grus	Gruis	Gru	Kranich
Hercules	Herculis	Her	Herkules
Horologium	Horologii	Hor	Penduhr
Hydra	Hydrae	Hya	Wasserschlange
Hydrus	Hydri	Hyi	Kleine Wasserschlange
Indus	Indi	Ind	Inder
Lacerta	Lacertae	Lac	Eidechse
Leo	Leonis	Leo	Löwe
Leo Minor	Leonis Minoris	LMi	Kleiner Löwe
Lepus	Leporis	Lep	Hase
Libra	Librae	Lib	Waage
Lupus	Lupi	Lup	Wolf
Lynx	Lyncis	Lyn	Luchs
Lyra	Lyrae	Lyr	Leier
Mensa	Mensae	Men	Tafelberg
Microscopium	Microscopii	Mic	Mikroskop
Monoceros	Monocerotis	Mon	Einhorn
Musca	Muscae	Mus	Fliege
Norma	Normae	Nor	Lineal

Lateinischer Name	Genitiv	Abkürzung	Deutscher Name
Octans	Octantis	Oct	Oktant
Ophiuchus	Ophiuchi	Oph	Schlangenträger
Orion	Orionis	Ori	Orion
Pavo	Pavonis	Pav	Pfau
Pegasus	Pegasi	Peg	Pegasus
Perseus	Persei	Per	Perseus
Phoenix	Phoenicis	Phe	Phönix
Pictor	Pictoris	Pic	Maler (staffelei)
Pisces	Piscium	Psc	Fische
Piscis Austrinus	Piscis Austrini	PsA	Südlicher Fisch
Puppis	Puppis	Pup	Achterschiff
Pyxis	Pyxidis	Pyx	Schiffskompaß
Reticulum	Reticuli	Ret	Netz
Sagitta	Sagittae	Sge	Pfeil
Sagittarius	Sagittarii	Sgr	Schütze
Scorpius	Scorpii	Sco	Skorpion
Sculptor	Sculptoris	Scl	Bildhauer (werkstatt)
Scutum	Scuti	Sct	Schild
Serpens*	Serpentis	Ser	Schlange
Sextans	Sextantis	Sex	Sextant
Taurus	Tauri	Tau	Stier
Telescopium	Telescopii	Tel	Teleskop
Triangulum	Trianguli	Tri	Dreieck
Triangulum Australe	Trianguli Australis	TrA	Südliches Dreieck

* Dieses Sternbild wird durch das Sternbild Ophiuchus in die beiden Teile Serpens Caput und Serpens Cauda (Schlangenkopf und Schlangenschwanz) geteilt. Beiden entsprechen separate, nicht zusammenhängende Himmelsareale.

Lateinischer Name	Genitiv	Abkürzung	Deutscher Name
Tucana	Tucanae	Tuc	Tukan (Pfeffervogel)
Ursa Major	Ursae Majoris	UMa	Großer Bär
Ursa Minor	Ursae Minoris	UMi	Kleiner Bär
Vela	Velorum	Vel	Segel (des Schiffes)
Virgo	Virginis	Vir	Jungfrau
Volans	Volantis	Vol	Fliegender Fisch
Vulpecula	Vulpeculae	Vul	Fuchs

Wenn auch die alten Sternbilder nach wie vor gebräuchlich sind, darf uns dies natürlich nicht darüber hinwegtäuschen, daß wir heute mit dem gestirnten Himmel ganz andere Vorstellungen verbinden, als man sie zur Zeit der Entstehung der Figuren besaß. Damals wußten die Menschen weder etwas über die eigentliche Natur der Sterne, noch hatten sie Kenntnis von den Entfernungen der Objekte. Mochte man die Sterne als die Kuppen metallisch glänzender Nägel betrachten oder nicht – soviel schien gewiß: daß sie alle gleichweit entfernt waren. Der Himmel galt als eine über die Erde gestülpte Glocke, an deren Innenfläche die Sterne befestigt waren und die gleichzeitig die Begrenzung der Welt bildete. Diese Auffassung erhielt sich außerordentlich lange. Zwar entdeckte man schon im Altertum, daß die Wandelsterne oder Planeten, zu denen außer Merkur, Venus, Mars, Jupiter und Saturn auch Sonne und Mond gerechnet wurden, in einer bestimmten Abstandsfolge im Weltgebäude kreisten; die restlichen Himmelskörper aber, die Fixsterne, die ihre Stellung am Himmel scheinbar nicht verändern, blieben für die menschliche Vorstellungswelt an einer Sphäre (griech. = Kugel) fixiert.

Der Himmelskalender

Die Einteilung in die vier Jahreszeiten wird in der Astronomie aus dem scheinbaren Jahreslauf der Sonne abgeleitet. Infolge der tatsächlichen Bewegung der Erde um die Sonne scheint es nämlich, als bewege sich das Zentralgestirn des Planetensystems während eines Jahres einmal um den ganzen Himmel. Dabei durchmißt die Sonne nacheinander die 12 Sternbilder des Tierkreises: Widder, Stier, Zwillinge, Krebs, Löwe, Jungfrau, Waage, Skorpion, Schütze, Steinbock, Wassermann und Fische.

Von diesen *Bildern* des Tierkreises sind die Tierkreis*zeichen* zu unterscheiden. Ein Tierkreiszeichen umfaßt einen Abschnitt von 30° der Ekliptikzone, so daß die Sonne mit recht großer Genauigkeit jeweils im Abstand von einem Monat in ein anderes Tierkreiszeichen eintritt. Den einzelnen Monaten sind folgende Tierkreiszeichen zugeordnet:

Daten*	Tierkreiszeichen
22.12.–20. 1.	Steinbock
20. 1.–18. 2.	Wassermann
18. 2.–20. 3.	Fische
20. 3.–20. 4.	Widder
20. 4.–21. 5.	Stier
21. 5.–21. 6.	Zwillinge
21. 6.–22. 7.	Krebs
22. 7.–23. 8.	Löwe
23. 8.–23. 9.	Jungfrau
23. 9.–23.10.	Waage
23.10.–22.11.	Skorpion
22.11.–22.12.	Schütze

Vor rund 2000 Jahren stimmten die Zeichen mit den Bildern überein. Wenn sich die Sonne im Sternbild Fische befand, hatte sie damit zugleich Position im Zeichen der Fische bezogen. Die Erdachse führt nun aber eine taumelartige Bewegung aus, die man als Präzessionsbewegung

---

* Die Daten können leicht variieren.

bezeichnet. Infolge dieser Bewegung verschiebt sich der Schnittpunkt zwischen dem Himmelsäquator und der Ekliptik im Laufe von 25 800 Jahren einmal um die gesamte Ekliptik. Dies bedeutet natürlich, daß die Sonne nicht für alle Zeiten in einem bestimmten Monat in demselben Sternbild stehen kann. Sie durchmißt vielmehr – bezogen auf ein festes Datum – innerhalb von 25 000 Jahren sämtliche Sternbilder des Tierkreises.

Die Bilder des Tierkreises vor 2 000 Jahren besaßen im Glauben der Menschen astrologische Bedeutung, das heißt, ihnen wurde Einfluß auf das Leben von Völkern und einzelnen Menschen zugeschrieben. Ein „Widder-Geborener" war nach Ansicht der Astrologen mit ganz bestimmten Anlagen und Eigenschaften ausgestattet. Dieser astrologischen Deutungen wegen blieb die Einteilung des Jahres nach der Stellung der Sonne in den Bildern vor 2 000 Jahren erhalten, ungeachtet dessen, daß ihre tatsächliche Stellung heute um rund 30° gegenüber den alten Bildern verschoben ist. Daher tritt die Sonne definitionsgemäß am 22. Dezember eines jeden Jahres in das Tierkreis*zeichen* des Steinbocks ein, obwohl sie das Tierkreis*sternbild* des Steinbocks derzeit erst am 20. Januar erreicht.

Die „Lehre" von der Wirkung der Gestirne auf das irdische Geschehen erklärt sich aus dem gesellschaftlichen und wissenschaftlichen Entwicklungsstand der Menschheit jener Zeit. Das immer wiederkehrende Zusammentreffen von Ereignissen des Landwirtschaftsjahres mit der Sichtbarkeit bestimmter Sterne und Sterngruppen führte zu der Überzeugung von einem in Wirklichkeit nicht vorhandenen ursächlichen Zusammenhang zwischen beiden. Im alten Ägypten traf beispielsweise die lebenswichtige Überschwemmung des Nilufers mit der ersten Sichtbarkeit des Sterns Sirius am Morgenhimmel zusammen. Sirius wurde daher als „Bringer des fruchtbaren Nilwassers" verehrt, obwohl die Überschwemmung des Nils ganz andere Ursachen hatte als das Erscheinen dieses Sterns am Morgenhimmel.

Dies alles wurde erst viel später mit der Erkenntnis der tatsächlichen Zusammenhänge der verschiedenen Natur-

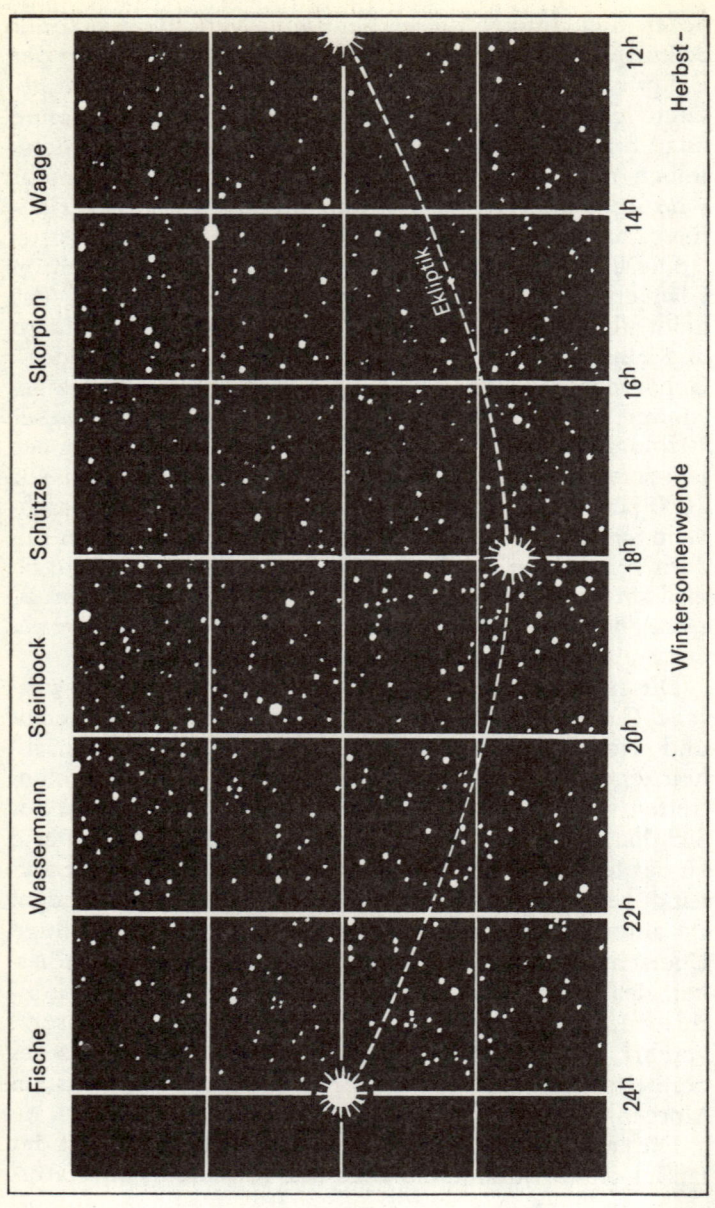

Scheinbare Jahresbahn der Sonne durch die Sternbilder des Tierkreises

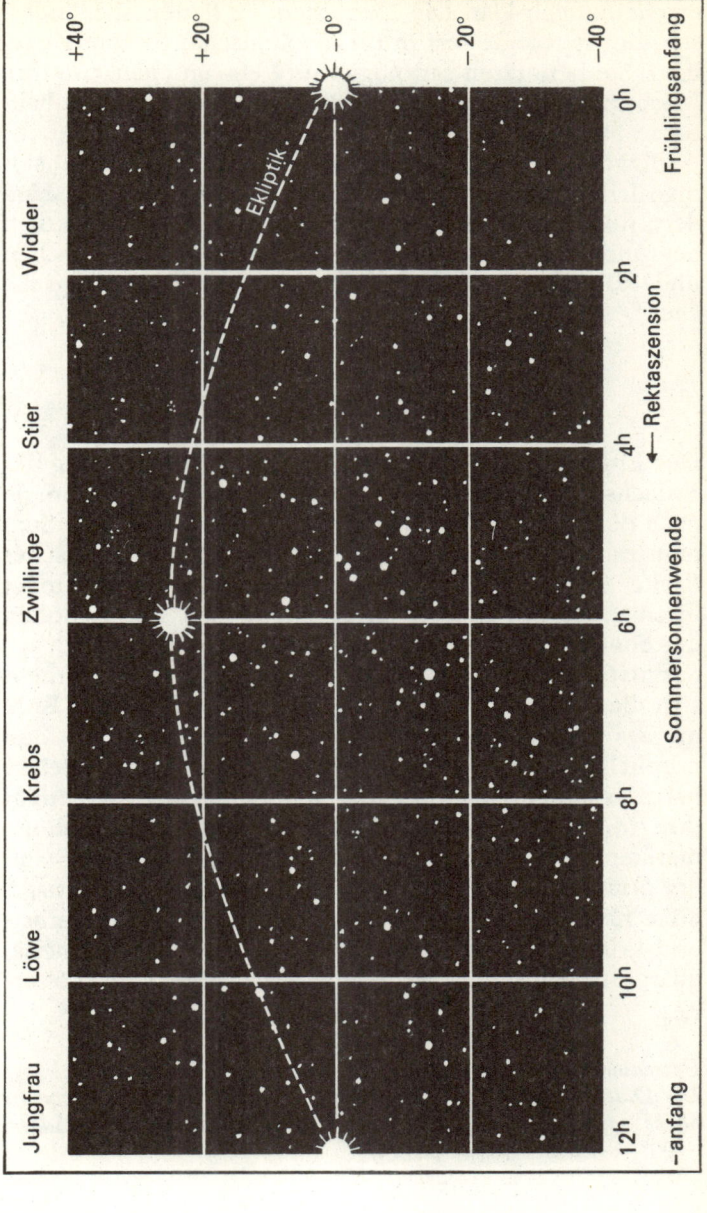

erscheinungen klar. Die Herrschenden hatten aber indessen die Astrologie fest in ihr ideologisches System eingebaut. Sie benutzten astrologische Weissagungen, um ihre Macht zu sichern. Am Abbau des wissenschaftlich unhaltbaren Sternglaubens waren sie daher nicht interessiert.

Obwohl die Astrologie heute eindeutig als eine unsinnige Irrlehre entlarvt ist, lebt sie in kapitalistischen Ländern noch immer fort, treibt ihr Spiel mit gesellschaftlich begründeten Unsicherheiten und Ängsten der Menschen und füllt die Taschen von Verlegern und Zeitungsmachern.

Wechselspiel der Tageslänge

Der Erdumlauf um die Sonne und die Schrägstellung der Erdachse bedingen die Entstehung der Jahreszeiten. Je nach der Stellung der Erde auf ihrer Bahn fallen die Sonnenstrahlen an einem Ort gegebener geographischer Breite unterschiedlich steil ein. Diese Tatsache findet ihren Ausdruck in den unterschiedlichen Mittagshöhen der Sonne zu den verschiedenen Jahreszeiten.

Entsprechend der Definition der Jahreszeiten erhebt sich die Sonne für jeden Ort der Nordhalbkugel der Erde mittags am höchsten über den Horizont, wenn sie den nördlichsten Punkt ihrer scheinbaren Jahresbahn erreicht hat, das heißt zum Sommersanfang. Für Berlin beträgt ihre Mittagshöhe dann 61°. Die geringste Mittagshöhe markiert den Wintersanfang mit dem südlichsten Stand der Sonne in ihrer scheinbaren Jahresbahn. Die Mittagshöhe für Berlin mißt zu dieser Zeit nur 14°. Zum Herbst- und Frühlingsanfang steht die Sonne auf dem Himmelsäquator, so daß sie in Berlin eine Mittagshöhe von 37,5° er-

Unterschiedliche Tagbögen der Sonne zu den verschiedenen Jahreszeiten Die Daten beziehen sich auf die jeweiligen Auf- und Untergänge der Sonne in den verschiedenen Himmelsrichtungen (0° = Süden; − 90° = Osten; + 90° = Westen).

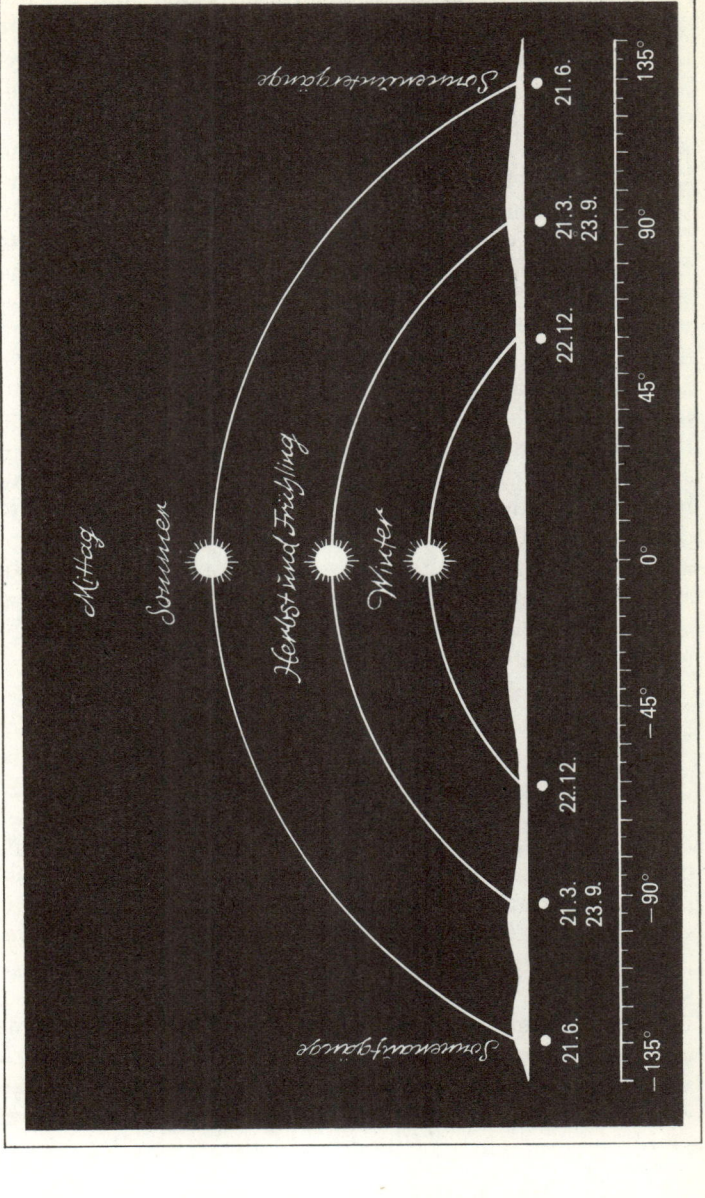

reicht. Mit den verschiedenen Mittagshöhen sind ein unterschiedlich großer Tagbogen und eine unterschiedliche Dauer des Tages verbunden. Als Tagbogen bezeichnet man den über dem Horizont liegenden Teil des von einem Himmelskörper bei der täglichen scheinbaren Bewegung beschriebenen Kreisbogens. Lediglich zum Herbst- und Frühlingsanfang geht die Sonne genau im Osten auf beziehungsweise im Westen unter. Tag und Nacht haben dann für alle Orte der Erde die gleiche Länge. Zum Sommersanfang beschreibt die Sonne einen viel größeren Tagbogen. Sie erscheint im Nordosten und versinkt erst im Nordwesten. Der längste Tag des Jahres dauert für Berlin 16 Stunden 50 Minuten. Zum Wintersanfang steigt die Sonne im Südosten über den Horizont und versinkt bereits im Südwesten, die Tagesdauer beträgt für Berlin nur 7 Stunden 38 Minuten.

Prinzipiell spielen sich dieselben Vorgänge auf der Südhalbkugel in derselben Weise ab. Dort haben alle Orte den längsten Tag des Jahres zum Datum unseres Wintersanfangs und entsprechend den kürzesten zum Datum unseres Sommersanfangs, das heißt, die jahreszeitlichen Erscheinungen sind gegenüber denen auf der Nordhalbkugel der Erde jeweils um 6 Monate verschoben.

Das Sternbilderjahr

Selbst dem flüchtigen Betrachter des Himmels fällt auf, daß man im Sommer andere Sternbilder erblicken kann als im Winter oder daß die Figur des Großen Wagens an verschiedenen Stellen steht, wenn wir sie zu den verschiedenen Jahreszeiten jeweils um die gleiche Abendstunde anschauen.

Strenggenommen, gibt es nur zwei Orte auf der Erdoberfläche, von denen aus jederzeit dieselben Sternbilder zu sehen sind: den Nordpol und den Südpol unseres Planeten.

Die Ursache für die unterschiedliche Sichtbarkeit der Sternbilder zu den verschiedenen Jahreszeiten liegt einerseits in der Bewegung der Erde um ihre eigene Achse und um die Sonne, andererseits in der Schrägstellung der Erdachse. Die Bewegung der Erde um ihre Achse führt zum Wechsel von Tag und Nacht. Der Beobachter auf der Erdoberfläche kann deshalb die Sterne nur sehen, wenn er sich auf der Nachtseite des Planeten befindet. Nun bewegt sich aber die Erde zugleich um die Sonne. Die Nachtseite der Erde zeigt folglich im Laufe des Jahres in verschiedene Himmelsrichtungen. Darin kommt der schon erläuterte Sachverhalt zum Ausdruck, daß die Sonne scheinbar während eines Jahres einmal die Sternbilder des Tierkreises durchmißt. Die Bilder, in denen sie sich jeweils aufhält, sind nicht zu beobachten; die Gruppe von Bildern, die sich um eine gedachte „Gegensonne" schart, ist zu beobachten. Die tägliche scheinbare Drehung des Sternhimmels verläuft dabei ebenso wie die jährliche scheinbare Bewegung des Sternhimmels um eine gedachte „Weltachse" durch den Himmelsnordpol und den Himmelssüdpol. Denken wir uns vom Himmelsnordpol irgendeines Ortes auf der Nordhalbkugel der Erde einen Kreis mit dem Radius gezogen, welcher der Höhe des Pols über dem Horizont dieses Ortes entspricht, so finden wir innerhalb dieses Kreises alle Sterne, die unabhängig von der Jahreszeit ständig über dem Horizont stehen. Sie tragen die Bezeichnung Zirkumpolarsterne (lat. circum = ringsum).

Die Sterne erreichen bei ihrer täglichen scheinbaren Bewegung um die Erde den höchsten Punkt über dem Horizont im Süden und den tiefsten Punkt im Norden. Liegt nun dieser tiefste Punkt nicht unter dem Horizont, dann kann der betreffende Stern auch zu keiner anderen Zeit unter dem Horizont versinken. Er ist also immer sichtbar. Alle außerhalb dieses Kreises stehenden Sternbilder lassen sich nur zu bestimmten Jahreszeiten beobachten.

Für einen Ort auf dem Nord- oder Südpol der Erde beträgt die Höhe des Himmelspols 90°. Ein Kreis mit diesem Radius, innerhalb dessen also die Zirkumpolarsterne stehen, ist der Horizont selbst. Er ist mit dem Himmelsäquator identisch. Da sich oberhalb des Himmelsäquators gerade

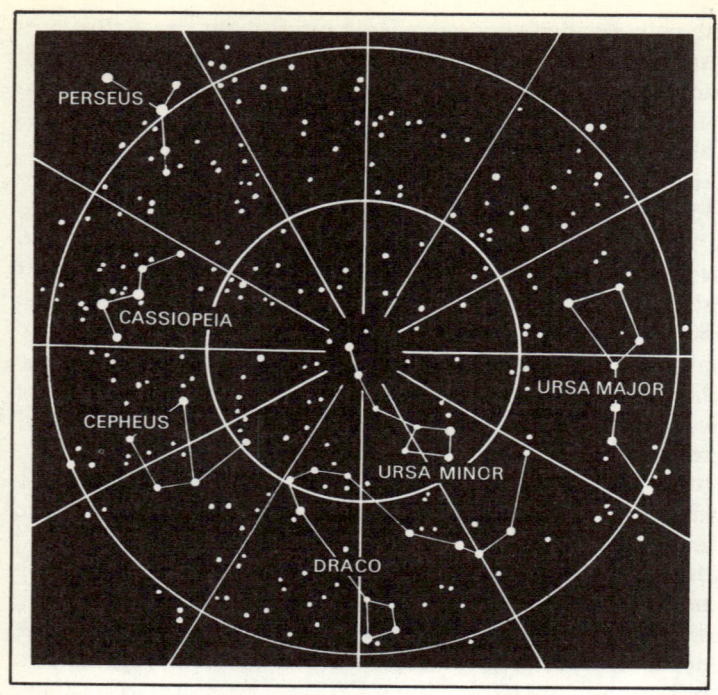

Bekannteste Zirkumpolarsternbilder für das Gebiet unserer geographischen Breite

die Sterne des nördlichen Sternhimmels befinden, bedeutet dies, daß für einen Beobachter am Nordpol zu jeder Jahres- und Tageszeit alle Sterne des nördlichen Himmels über dem Horizont stehen. Sterne des südlichen Himmels sind jedoch dort niemals sichtbar. Für einen Beobachter auf dem Südpol der Erde gilt entsprechend, daß stets alle Sterne des südlichen Sternhimmels, aber niemals Sterne des nördlichen Sternhimmels über dem Horizont stehen.

Bewegen wir uns nun in Gedanken von den Polen der Erde in Richtung auf den Äquator, so wird der Radius des Kreises, innerhalb dessen die Zirkumpolarsterne liegen, immer kleiner. Für Berlin beträgt er noch 52,5°, gemäß der geographischen Breite der Stadt. Für einen Ort am Äquator ist der Kreis hingegen auf einen Punkt zusammengeschmolzen. Es gibt dort also überhaupt keine Sterne mehr, die ständig beobachtet werden können.

Blicken wir stets um die gleiche Stunde des Abends zum Himmel, so rückt die Gruppe der sichtbaren Sternbilder immer weiter in Richtung auf den Westhorizont. Da eine volle Drehung des Himmels innerhalb von 12 Monaten erfolgt, beträgt die Verschiebung der Bilder von Monat zu Monat 30°. Sie macht also denselben Betrag aus wie die Verschiebung infolge der *täglichen* Drehung der Erde innerhalb von zwei Stunden. Daher gilt eine Sternkarte, die den Anblick des Himmels für einen bestimmten Monat zeigt, immer nur mit Bezug auf ein bestimmtes Datum des Monats und auf eine bestimmte Uhrzeit.

Schauen wir etwa Mitte Januar um 21 Uhr zum Himmel, so gruppieren sich im Süden die Bilder Stier, Orion und Fuhrmann. Ende Januar, das heißt einen halben Monat später, haben wir über dem Südhorizont um 21 Uhr den gleichen Anblick des Sternhimmels wie Mitte des Monats um 22 Uhr. Anfang Januar hingegen ist der Anblick des Himmels um 21 Uhr über dem Südhorizont mit dem Anblick zur Monatsmitte, aber eine Stunde früher, also um 20 Uhr, identisch. Auf diese Weise können wir mitten im Winter die Frühlingssternbilder betrachten, wenn wir nur genügend Ausdauer aufbringen. Der Anblick des Himmels zum Frühlingsanfang um 21 Uhr bietet sich einem Beobachter Mitte Dezember nämlich erst um 3 Uhr 30 Minuten, das heißt am Morgenhimmel.

Diese Zusammenhänge macht uns eine drehbare Sternkarte (siehe S. 69) deutlich. Im Prinzip könnte man durch Auswahl der Uhrzeit jedes überhaupt über dem Horizont eines bestimmten Ortes sichtbare Bild zu jedem Datum beobachten, wenn nicht ein Teil der Sternbilder infolge der scheinbaren Bewegung der Sonne am Tageshimmel stünde und somit nicht wahrzunehmen wäre.

Im Folgenden wollen wir uns deshalb darauf beschränken, die wichtigsten Sternbilder zu betrachten, die wir zu den verschiedenen Jahreszeiten in unseren Breiten um

21 Uhr über dem Südhorizont sehen können und die als typisch für die jeweilige Jahreszeit gelten. Zusätzlich sind natürlich all jene Bilder sichtbar, welche vom Einbruch der Dunkelheit bis zur Morgendämmerung über den Horizont gelangen. Zu diesen gesellen sich noch die Bilder der Zirkumpolarsterne, weil diese definitionsgemäß niemals untergehen. Für unser Gebiet sind dies Großer Bär, Kleiner Bär, Drache, Kepheus, Kassiopeia und Perseus.

Bekannt ist die Bedeutung der immer sichtbaren Bilder Großer und Kleiner Bär für die Orientierung auf der Erde. Dazu betrachten wir die sieben hellsten Sterne des Großen Bären, die auch als Figur des Großen Wagens bekannt sind, der allerdings nicht zu den 88 international vereinbarten Sternbildern gehört. Verlängern wir die Hinterachse des Großen Wagens etwa um das Fünffache, so treffen wir auf ein relativ lichtschwaches Sternchen, das aber in einer recht sternarmen Gegend steht und deshalb nicht verfehlt werden kann. Dieser Stern ist der erste Deichselstern einer im Register der Sternbilder ebenfalls fehlenden Figur, des Kleinen Wagens. Der Stern wird auch als Nordpolarstern bezeichnet. Er befindet sich in unmittelbarer Nähe des Himmelsnordpols, das heißt jener Stelle am Himmel, auf welche die Achse unserer Erde weist. Der Himmelspol steht senkrecht über dem Nordpunkt des Horizonts. Auf der gegenüberliegenden Seite finden wir daher den Südpunkt des Horizonts und – jeweils 90° hiervon entfernt – den Ost- und den Westpunkt.

Sterne des Winterhimmels

Die Sternbilder des Winterhimmels zählen zu den besonders eindrucksvollen Figuren des Firmaments, enthalten zahlreiche helle Sterne und prägen sich leicht ein.

Das beherrschende Bild des Winterhimmels ist die Figur des Orions, die im wesentlichen aus einem Kopfstern,

den beiden Schultersternen, der Reihe schräg stehender Gürtelsterne und den beiden Fuß- oder Kniesternen gebildet wird. Die hellen Sterne des Orions haben ausnahmslos ihre „Taufnamen", von denen der linke Schulterstern Beteigeuze (α Ori) und der rechte Kniestern Rigel (β Ori) die bekanntesten sind. Beteigeuze zählt zu den Überriesensternen, so genannt wegen ihrer gewaltigen Dimensionen. Sein Durchmesser ist etwa 300- bis 400mal so groß wie der Durchmesser unserer Sonne, der 1,4 Millionen km beträgt. Schon mit bloßem Auge erkennen wir die rötliche Färbung von α Orionis, eine Folge seiner relativ niedrigen Oberflächentemperatur. Diese liegt bei etwa 3 000 K und ist damit um rund 3 000 K geringer als die Oberflächentemperatur unserer Sonne. Die riesige Gaskugel befindet sich ungefähr 500 Lj von uns entfernt. Auch β Orionis ist ein Überriese. Seine Oberflächentemperatur beträgt jedoch etwa 15 000 K, so daß dieser Stern bläulich aussieht. Der nördlichste der drei Gürtelsterne, Mintaka (δ Ori), liegt in unmittelbarer Nähe des Himmelsäquators, dessen Verlauf wir uns daher gut vorstellen können. Unterhalb der Gürtelsterne finden wir im Schwertgehänge des antiken Jägers ein schwach leuchtendes Nebelfleckchen. Die astronomische Forschung hat ergeben, daß es sich hierbei um einen in etwa 1 600 Lj Entfernung schwebenden riesigen Gas- und Staubnebel handelt, eine der größten Ansammlungen fein verteilter Materie innerhalb unseres Sternsystems.

Verbinden wir die Sterne Rigel und Beteigeuze in Gedanken miteinander und verfolgen die Verbindungslinie nach oben, so werden wir zum Sternbild Zwillinge geführt, dessen beide fast gleich helle Hauptsterne Castor und Pollux sofort auffallen.

Nach der antiken Sage begleiten den Himmelsjäger zwei Hunde, die dem Orion nordöstlich und südöstlich in

Sternbild Orion
Unten ist die Zuordnung zwischen den geometrischen Größen der gezeichneten Sterne und ihren Helligkeiten in Größenklassen angegeben.

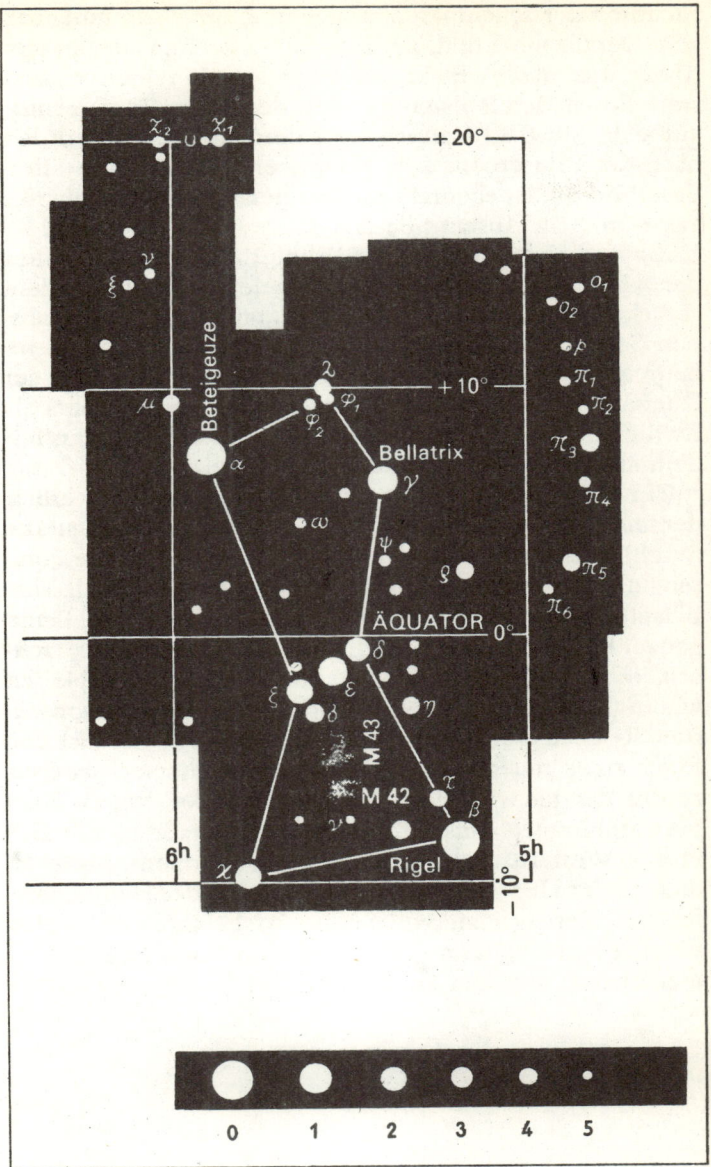

Richtung der scheinbaren täglichen Himmelsdrehung folgen. Der Große Hund, der in unseren Breiten stets in Horizontnähe bleibt, lenkt vor allem durch seinen Hauptstern Sirius, den hellsten Fixstern des Himmels, den Blick auf sich. Mit 9 Lj Entfernung gehört Sirius auch zu den nächsten Fixsternen. Der Hauptstern des Kleinen Hundes, Procyon, ist ebenfalls ein unserer Sonne benachbarter Fixstern. Sein Abstand beträgt 11 Lj.

Zu den charakteristischen Winterbildern zählt weiter der westlich oberhalb von Orion gelegene Stier mit dem rötlichen Riesenstern Aldebaran und dem bekannten offenen Sternhaufen Siebengestirn (Plejaden). Offene Sternhaufen sind Ansammlungen von Sternen mit geringer Konzentration gegen das Haufenzentrum. Noch höher als Zwillinge und Stier thront über Orion der Fuhrmann mit dem auffallend hellen Hauptstern Capella.

Zur Orientierung am winterlichen Sternhimmel verbindet man in Gedanken mehrere der hellen Hauptsterne miteinander und erhält dann typische geometrische Figuren, die sich leicht einprägen und wiederfinden lassen. Beispielsweise bilden die Verbindungslinien von Beteigeuze, Procyon und Sirius ein nahezu gleichseitiges Dreieck, das als Winterdreieck bezeichnet wird. Verbinden wir in Gedanken die Sterne Capella, Castor, Procyon, Sirius, Rigel und Aldebaran miteinander, so ergibt sich die Figur eines riesigen Sechsecks, auch Wintersechseck genannt, das die wichtigsten Sternbilder des winterlichen Fixsternhimmels einschließt. Die Milchstraße erhebt sich in den Winternächten steil über den Horizont. Mitte Januar um 21 Uhr verläuft das Sternenband der Hauptebene unseres Sternsystems von Südost nach Nordwest, wo in unmittelbarer Nähe des Horizonts noch ein „Rest" sommerlicher Sternbilder zu erkennen ist.

Sterne des Frühlingshimmels

Die zweifellos eindrucksvollste Figur des Frühlingshimmels ist das Tierkreis-Sternbild Löwe, das wir um die Mitte des Monats April in halber Höhe über dem Südhorizont finden. Der Löwe zählt zu den wenigen „anschaulichen" Bildern, die ihrem Namen gerecht werden: Ein langer Löwenkörper, bestehend aus fünf helleren Sternen, erstreckt sich unterhalb eines Kopfansatzes mit einer prächtigen Löwenmähne. Der hellste Stern des Löwen, Regulus, liegt unmittelbar an der Ekliptik. Da sich auch die Planeten alle sehr nahe der Ekliptik bewegen, weil ihre Bahnebenen sämtlich fast mit der Bahnebene der Erde identisch sind, kommt es relativ häufig zu eindrucksvollen Begegnungen zwischen Regulus und den Planeten. Bei dem Stern Algieba (γ Leo) handelt es sich nicht um einen Einzelstern, sondern um ein Doppelsternsystem. Dies ist keineswegs etwas Besonderes. Wir haben vielmehr Grund zu der Annahme, daß mindestens die Hälfte der Sterne in Form von Doppel- und Mehrfachsternsystemen auftritt. Nur sind nicht alle mit so einfachen Hilfsmitteln als solche zu erkennen wie Algieba. Im Fall von γ Leo bewegen sich zwei gewaltige Sonnen um einen gemeinsamen Schwerpunkt. Ein voller Umlauf nimmt 619 Jahre in Anspruch. Schon mit Hilfe eines kleinen Fernrohrs gelingt es, die beiden Komponenten zu trennen und Algieba als „Zweigestirn" zu sehen.

In Richtung der scheinbaren Himmelsdrehung läuft dem Löwen unmittelbar der Krebs voraus, der ebenfalls zu den Tierkreis-Sternbildern gehört. Die Sterne dieses Bildes sind durchweg sehr lichtschwach. Jedoch fällt bereits beim Betrachten mit dem bloßen Auge ein Nebelfleckchen nahe der Verbindungslinie von δ Cnc und γ Cnc auf, das sich schon im Feldstecher als eine Ansammlung von Sternen entpuppt, die über einen bestimmten Raum unregelmäßig verstreut scheinen. Der offene Sternhaufen wird als Praesepe (Krippe) bezeichnet. Knapp 100 Sonnen gehören zu dieser „Sternvereinigung", die etwa 520 Lj von uns entfernt steht. Die Krippe ist einer von rund 1000

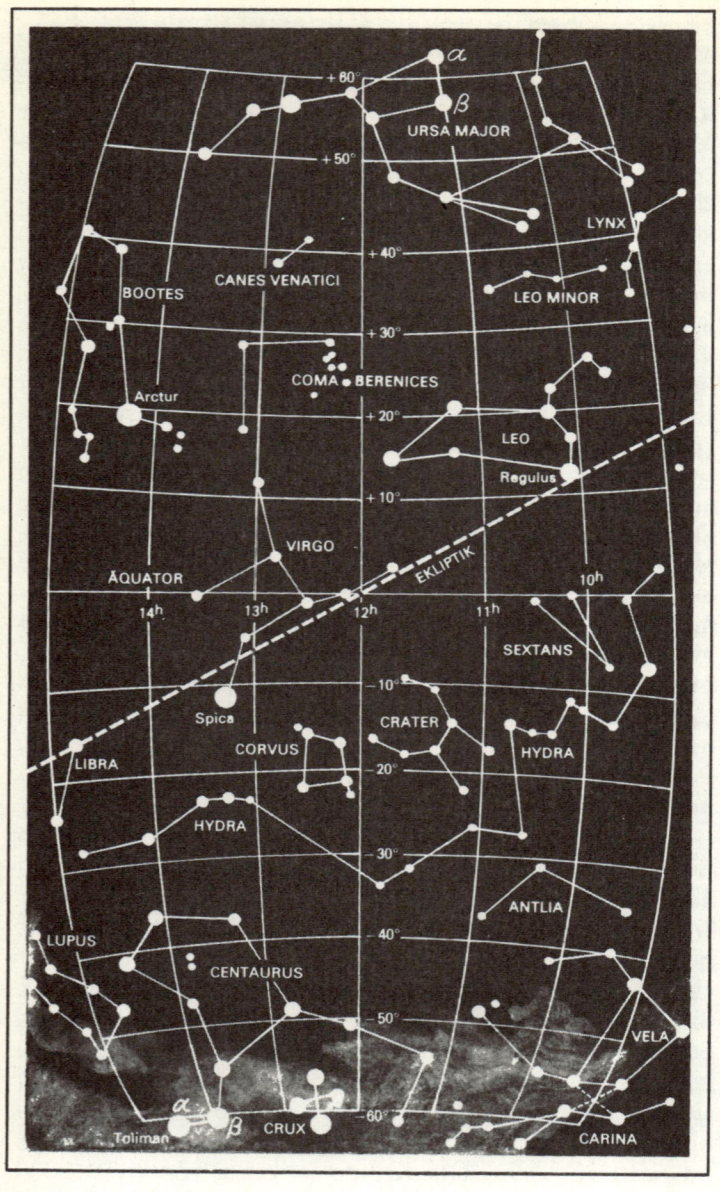

bisher bekannten offenen Sternhaufen. Innerhalb unseres Milchstraßensystems gibt es in Wirklichkeit aber sehr viel mehr Sternansammlungen dieser Art. Man schätzt ihre Zahl auf 15000.

Östlich unterhalb des Löwen folgt in der Richtung der scheinbaren täglichen Drehung des Himmels die Jungfrau. Wie Krebs und Löwe ist auch diese Figur ein Tierkreis-Sternbild. Der hellste Stern des Bildes, Spica, liegt sehr nahe der Ekliptik, so daß wir deren Verlauf am Frühlingshimmel klar übersehen, wenn wir in Gedanken den Regulus mit dem gedachten Halbierungspunkt der Linie von α Vir bis δ Vir verbinden. Die Ekliptik zieht sich von dort direkt weiter zu dem zwar etwas lichtschwächeren, aber doch auffallenden Hauptstern der Waage, Zuben Elgenubi. Spica ist ein sehr helles Objekt, trotz der Entfernung von rund 155 Lj. Es handelt sich um einen äußerst heißen Stern mit einer Oberflächentemperatur um 15000 K. Der an der oberen Grenze des Bildes liegende Stern ε Vir trägt den Namen Vindemiatrix. Dieses lateinische Wort bedeutet soviel wie Weinbäuerin. Der Name weist darauf hin, daß mit dem Auftauchen des Sterns in der Morgendämmerung die Zeit für die Weinlese gekommen war.

Das Sternbild Jungfrau ist den Astronomen auch deshalb wohlbekannt, weil sich dort eine gewaltige Anhäufung ferner Sternsysteme befindet. Man nennt diese Ansammlung wegen ihrer Lage im Sternbild Jungfrau auch den Virgo-Haufen. Bisher sind etwa 3000 Mitglieder des Haufens bekannt. Ein mittelgroßes Fernrohr gestattet, einige Dutzend dieser Systeme als verwaschene Nebelfleckchen zu beobachten. Der Lichtstrahl ist etwa 60 Millionen Jahre im Kosmos unterwegs, bis er von den Sternansammlungen des Virgo-Haufens zu uns gelangt.

In der Nähe des Horizonts schlängelt sich das ausgedehnteste Bild des Himmels, die Wasserschlange. Das größtenteils dem südlichen Sternhimmel zugehörende Sternbild erstreckt sich über einen Rektaszensionsbereich von fast 7 Stunden! Der Kopf der Wasserschlange ragt un-

Sternbilder des Frühlingshimmels

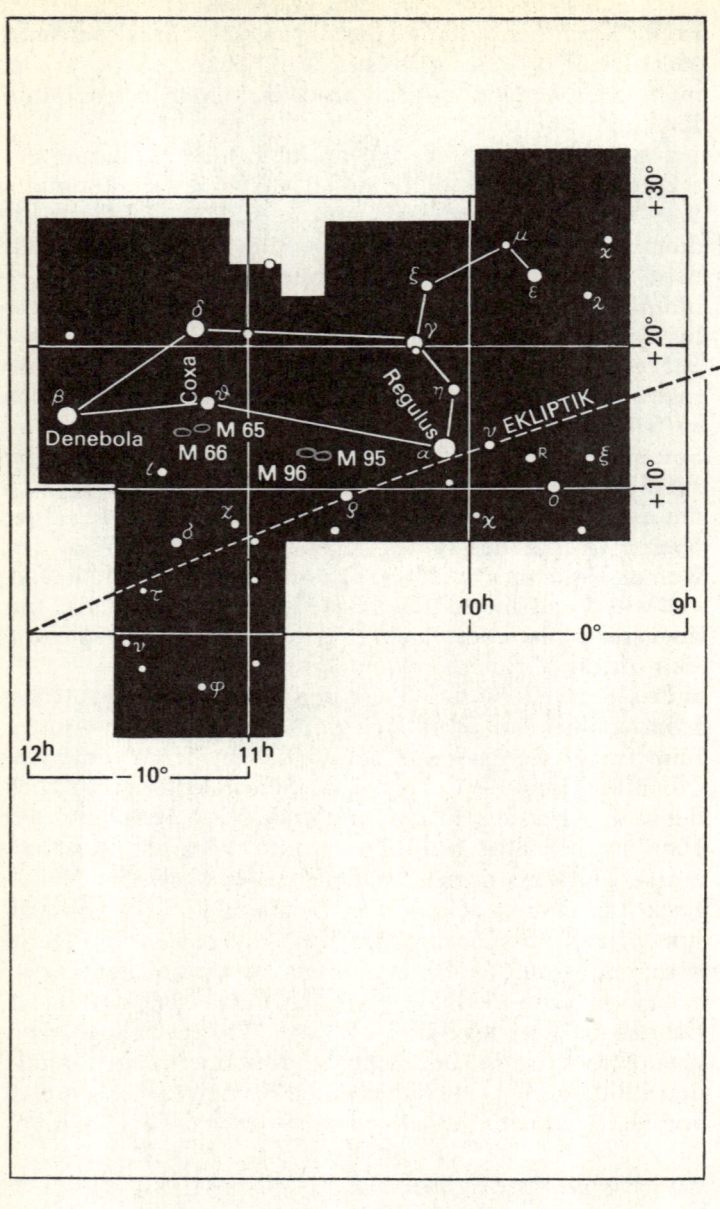

terhalb des Krebses über den Himmelsäquator und erreicht somit den nördlichen Sternhimmel. Der hellste Stern des Bildes, Alphard, zählt zu den Giganten unter den Sonnen des Weltalls. Seine Oberflächentemperatur liegt nur bei etwa 4 000 K.

Zwischen Löwe und Jungfrau, aber ein wenig höher, finden wir das Haar der Berenike, benannt nach der Gattin des Königs Ptolemäus Euergetes (um 284–221 v. u. Z.), die ihre Lockenpracht der Göttin Venus opferte, zum Dank, daß ihr Gemahl gesund vom Schlachtfeld zurückgekehrt war. Im Gebiet des aus sehr lichtschwachen Sternen bestehenden Haars der Berenike liegt ebenfalls ein Haufen von Sternsystemen. Die Entfernung dieses Coma-Haufens beträgt etwa 40 Millionen Lj; er besteht aus rund 1 000 Galaxien.

Sterne des Sommerhimmels

Wer im Sommer den Himmel beobachten möchte, muß sich zwar wegen der spät einsetzenden Dunkelheit etwas länger gedulden, wird dafür aber durch interessante Objekte reichlich entschädigt. Die charakteristischen Sternbilder des Sommerhimmels in unseren Breiten sind Schwan, Adler, Leier, Herkules, Schlangenträger sowie Schütze und Skorpion.

Um die Mitte des Monats Juli prangen die auffälligen Figuren von Schwan, Leier und Adler in großer Höhe über dem Südhorizont.

Die Gestalt des Schwans erinnert unübersehbar an ein gewaltiges Kreuz, weshalb dieses Bild in der Umgangssprache mitunter auch das Kreuz des Nordens genannt wird. Es ist ausgedehnter und eindrucksvoller als das legendäre, bei uns nicht sichtbare Kreuz des Südens. Der Hauptstern des Schwans, Deneb, ist ein Überriese. Obwohl er mehr als 900 Lj von uns entfernt steht, zählt er zu den hellsten Sternen des Himmels. Würden wir unsere Sonne in diese gewaltige Entfernung versetzen, so

Sternbild Leo

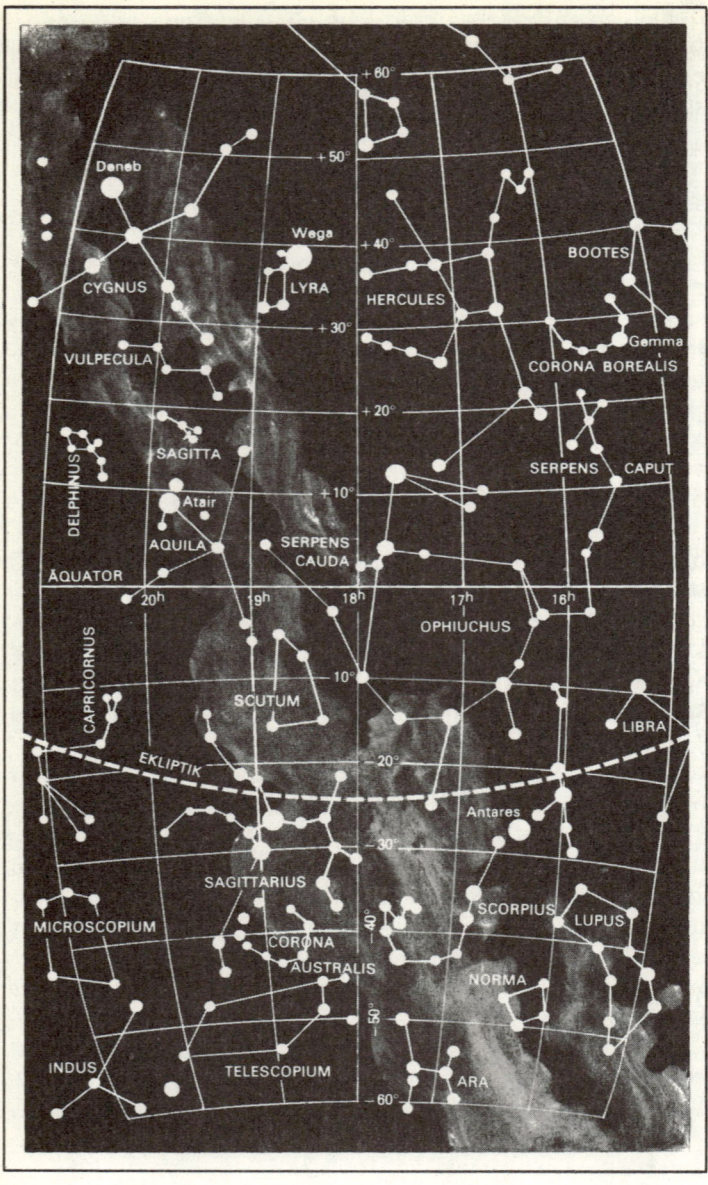

brauchten wir große Teleskope, um sie überhaupt noch wahrzunehmen. Der Stern β Cyg (Albireo) gehört zu einem Doppelsternsystem, dessen Komponenten wir schon in kleinen Fernrohren getrennt sehen können.

Unweit des Hauptsterns α Cyg befindet sich der auf Himmelsfotografien deutlich hervortretende Nordamerikanebel. Den Namen verdankt er der Tatsache, daß seine Umrisse dem Anblick des nordamerikanischen Kontinents auf der Landkarte ähneln. Bei dem Objekt handelt es sich um einen großen Gasnebel innerhalb unseres Sternsystems, der inmitten eines sternreichen Himmelsfeldes liegt. In Wirklichkeit sind die Sterne in dieser Himmelsgegend jedoch ziemlich gleichmäßig verteilt; die zerklüftete Struktur und somit auch die Form des Nordamerikanebels werden durch riesige Wolken nichtleuchtender Materie vorgetäuscht, die den Blick auf die dahinterliegenden Sterne verwehren.

Das Sternbild Schwan beherbergt einen recht unscheinbaren Stern mit der Bezeichnung 61 Cygni, der historisch sehr interessant ist. Er gehört zu den ersten Sternen, deren Entfernung durch Messungen festgestellt werden konnte. Mit relativ hoher Genauigkeit ermittelte der deutsche Astronom Friedrich Wilhelm Bessel (1784–1846) seine Entfernung zu 2,87 pc.

Das Sternbild Leier prangt am Sommerhimmel westlich des Schwans. Sein Hauptstern, Wega, ist nach Arktur im Sternbild Bärenhüter der hellste Stern des nördlichen Himmels. Wega zählt zugleich zu den kosmischen „Nachbarsonnen"; denn ihre Entfernung von uns beträgt nur 26 Lj. Annähernd gleichzeitig mit der Entfernungsbestimmung von 61 Cyg wurde auch die Distanz von Wega durch den russischen Astronomen Friedrich Georg Wilhelm Struve (1793–1864) an der alten russischen Sternwarte in Dorpat (heute Tartu, Estnische SSR) gemessen.

Etwa auf der Mitte der Verbindungslinie zwischen den beiden Sternen Sulaphat und Sheliak finden wir den Ringnebel mit der Katalogbezeichnung NGC 6720

Sternbilder des Sommerhimmels

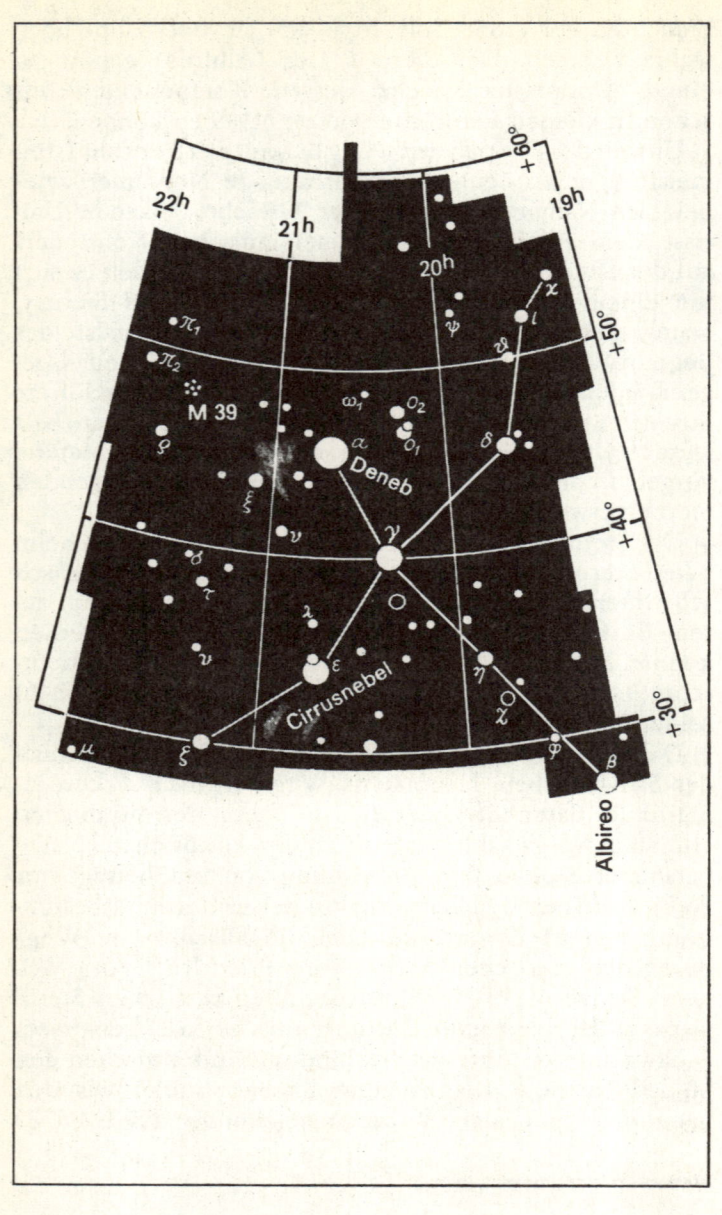

(NGC = New General Catalogue = Neuer allgemeiner Katalog). Um diesen 1779 entdeckten Nebel wahrzunehmen, ist allerdings ein kleines Fernrohr erforderlich. Der Ringnebel zählt zu den wegen ihres Aussehens auch als planetarische Nebel bezeichneten Objekten. Sie bestehen aus Gas, das nach heutigen Vorstellungen von einem im Zentrum des Nebels befindlichen Stern abgestoßen wurde.

Das Sternbild Adler liegt unterhalb des Schwans. Auch sein Hauptstern ist einer der hellsten und nächsten Sterne im Weltraum, er wird sogar schon in der Dämmerung sichtbar. Verbinden wir die drei hellen Hauptsterne der eben genannten Sternbilder miteinander, dann erhalten wir ein großes, nahezu gleichschenkliges Dreieck, das zwar selbst kein Sternbild darstellt, jedoch als Sommerdreieck bekannt ist und die Orientierung unter den Sternen der Sommernacht erleichtert.

Westlich des Sommerdreiecks ist der beliebteste Held der antiken Sage verewigt: Herkules. Im Gegensatz zu der großen Bedeutung dieser Gestalt in der griechischen Mythologie besteht das Sternbild nur aus relativ lichtschwachen Sternen. Ihre Anordnung erinnert an das Winterbild Orion, das ebenfalls eine männliche Figur darstellt.

Der hellste Stern des Herkules, Ras Algethi (Kopf eines knienden Mannes), zählt zu den visuellen Doppelsternen, das heißt, die einzelnen Komponenten sind schon mit Hilfe eines kleineren Fernrohrs zu erkennen. Der englische Astronom Nevil Maskelyne (1732–1811) entdeckte die Doppelsternnatur dieses Objekts bereits im Jahre 1779. Der Hauptstern, ein Roter Riese, ein Stern rötlicher Färbung und gewaltiger Ausdehnung, hat etwa den 800fachen Durchmesser unserer Sonne. Denken wir uns diesen Stern in unser Planetensystem versetzt, so würde er sich vom Zentrum der Sonne bis weit über die Bahn des Planeten Jupiter hinaus erstrecken. Wenn man das Band des zerlegten Lichts von dem Roten Riesen, sein Spektrum, untersucht, bemerkt man darin periodisch wiederkehrende Veränderungen, die darauf hindeuten, daß noch ein

Sternbild Cygnus mit dem Nordamerikanebel (links von Deneb)

dritter Stern zu diesem System gehört, der aber nicht direkt gesehen werden kann.

Zwischen den beiden Sternen η Her und ξ Her finden wir eines der schönsten Beobachtungsobjekte des Sommerhimmels, den Kugelsternhaufen M 13 (M = Messier, nach dem französischen Astronomen Charles Messier, 1730–1817, der einen Katalog nebliger Objekte zusammenstellte). Schon mit bloßem Auge ist die Sternansammlung unter guten Sichtbedingungen als schwaches Nebelfleckchen auszumachen. Ein kleines Fernrohr läßt das Objekt deutlicher erkennen, und auf Fotografien, die mit Hilfe größerer Instrumente gewonnen wurden, entfaltet es seinen prachtvollen Sternenreichtum. Die Kugelsternhaufen zeigen im Gegensatz zu den offenen Sternhaufen eine starke Konzentration der Sterne gegen das Haufenzentrum. Sie sind die ältesten Objekte des Sternsystems.

Sterne des Herbsthimmels

Mit dem Anbruch des Herbstes haben wir wieder günstigere Beobachtungsbedingungen. Die Nächte werden länger, nachdem die Tagundnachtgleiche zum Herbstanfang vorüber ist. Zugleich wird der nächtliche Himmel dunkler, da die Sonne jetzt tiefer unter den Horizont taucht als im Sommer.

Auch am herbstlichen Sternhimmel finden wir einige markante Figuren, die eine Orientierung ermöglichen. Auffallend ist ein großes Sternenviereck aus hellen Objekten, das als Viereck des Pegasus bezeichnet wird, obwohl es nicht nur aus Sternen des Bildes Pegasus besteht. Die linke obere Ecke des Vierecks gibt nämlich der hellste Stern der Andromeda ab, während die drei anderen Sterne tatsächlich dem am Himmel verewigten geflügelten Dichterroß der Antike angehören.

Andromeda präsentiert sich östlich von Pegasus. Das

Sternbilder des Herbsthimmels

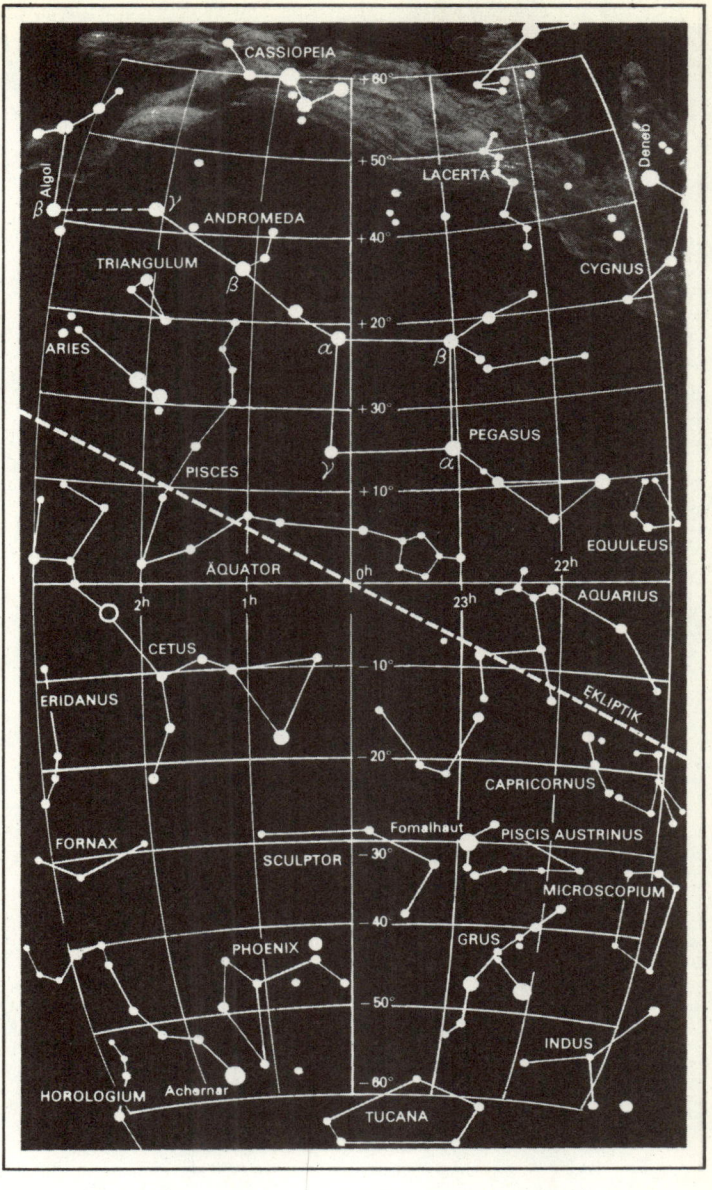

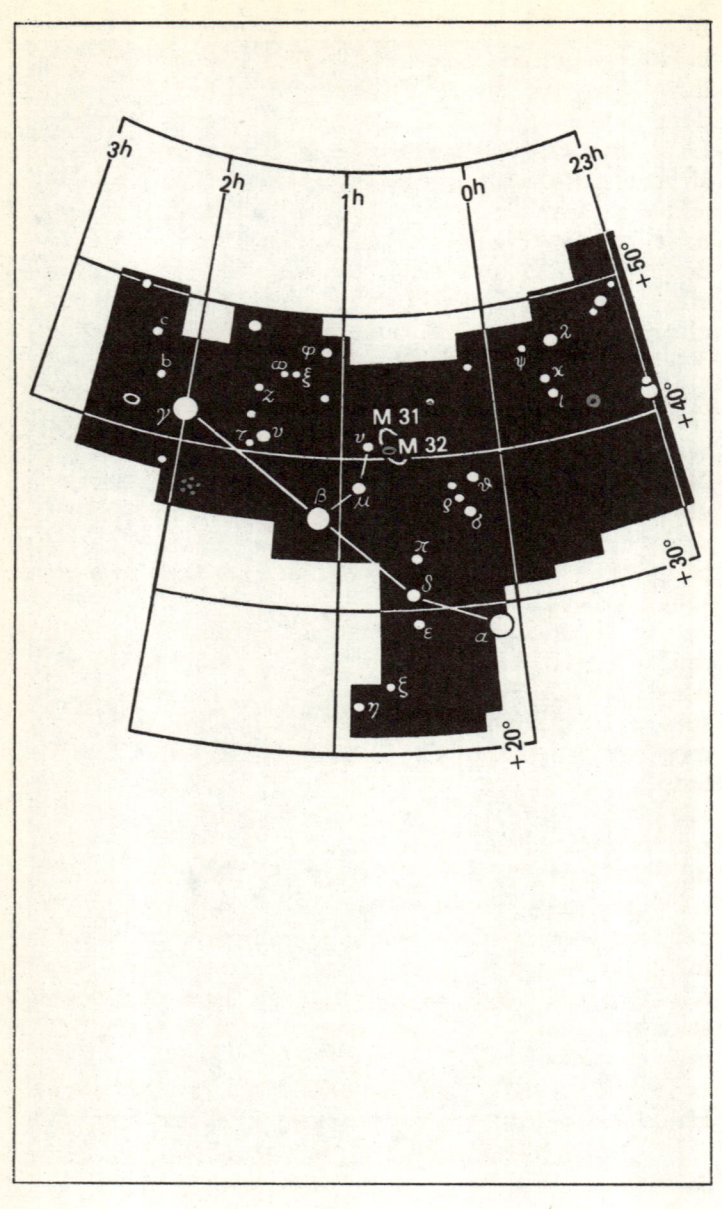

Bild besteht im wesentlichen aus den drei recht hellen Sternen Sirrah (α And), Mirach (β And) und Alamak (γ And). In ihm finden wir das entfernteste Objekt des Weltalls, das dem mit bloßem Auge Beobachtenden noch zugänglich ist. Dabei handelt es sich um ein fernes Sternsystem, das einen ähnlichen Aufbau hat wie unsere eigene Galaxis. Das Objekt liegt oberhalb von δ And und wird als Andromedanebel bezeichnet, weil es sowohl beim Betrachten mit dem bloßen Auge als auch unter Verwendung von Fernrohren wie ein Nebelfleck anmutet. Daß wir es hier in Wirklichkeit mit einem gewaltigen Sternsystem zu tun haben, das aus etwa 300 Milliarden Sonnen besteht, weiß man erst seit dem Jahre 1923. Seine Entfernung beträgt rund 2,2 Millionen Lj. Der Andromedanebel hat zwei erheblich kleinere und lichtschwächere Begleiter, die unter den Katalognummern NGC 205 und NGC 220 (= M 32) registriert sind. Sie stellen gleichsam Anhängsel des großen Systems dar, wie sie unsere eigene Galaxie ebenfalls in Gestalt der beiden Magellanschen Wolken besitzt, die am südlichen Sternhimmel gesehen werden können.

Von Pegasus kommend, wird unser Blick über Andromeda direkt zu dem Sternbild Perseus hinübergeführt, das wie ein umgekehrt stehendes Ypsilon anmutet. Im Perseus erregt besonders der Stern Algol (β Per) unsere Aufmerksamkeit, da er zu den bedeckungsveränderlichen Sternen gehört. Zwei Komponenten eines Doppelsternsystems bewegen sich in einer Ebene um ihren gemeinsamen Schwerpunkt, die annähernd in der Sichtlinie vom irdischen Beobachter zum Stern liegt. Dadurch verdecken sie sich gegenseitig von Zeit zu Zeit, und es kommt – von der Erde aus gesehen – zu einer Sternfinsternis, die regelmäßig wiederkehrt. Algol ist der Prototyp einer ganzen Klasse solcher Bedeckungsveränderlichen, die deshalb auch als Algol-Sterne bezeichnet werden und von denen man gegenwärtig etwa 1630 Exemplare kennt.

Verbinden wir in Gedanken Algol im Perseus, die drei Hauptsterne der Andromeda und die hellsten Sterne des

Sternbild Andromeda

Pegasus miteinander, so entsteht eine ausgedehnte Figur, die dem Großen Wagen auffallend ähnlich sieht. Es ist der Riesenwagen – selbstverständlich kein Sternbild im eigentlichen Sinn, sondern eine „Findhilfe" auf den Pfaden des Himmels.

Unterhalb des Riesenwagens läßt sich ein schwach leuchtendes Sternband erkennen, das an den Buchstaben V erinnert: das Sternbild Fische.

Oberhalb des Riesenwagens hingegen finden wir ebenfalls einen Buchstaben unseres Alphabets: das Himmels-W, das Sternbild Kassiopeia. Die unmittelbare räumliche Nachbarschaft von Andromeda, Kassiopeia und Perseus zeigt dem Kenner der griechischen Sagenwelt bereits, daß hier offenbar eine dramatische Geschichte aus den alten Legenden komplett an den Himmel versetzt wurde. Andromeda war nämlich die Tochter der Königin Kassiopeia, die sich für schöner hielt als die Meeresjungfrauen. Zur Strafe sandte der Meeresgott Poseidon ein Ungeheuer, das nur zu besänftigen sein sollte, wenn es Kassiopeias Tochter als Opfer bekäme. Perseus besiegte das Meeresungeheuer und gewann Andromeda zur Frau.

In gleicher Höhe wie Kassiopeia, ein wenig westlich von ihr, haben die alten Griechen auch den Vater der Andromeda, den Äthiopierkönig Kepheus, als Sternbild verewigt. In diesem Bild finden wir einen berühmten Stern, der – ebenso wie Algol – Prototyp und damit Namenspatron einer ganzen Klasse astronomischer Objekte ist: den Stern δ Cephei. Er zählt zu den veränderlichen Sternen. Im Unterschied zu Algol wird der Lichtwechsel hier jedoch nicht durch einen zweiten Stern, sondern durch Pulsationen, das heißt durch ein Aufblähen und Zusammenziehen des Sterns, herbeigeführt. Die Helligkeitsänderung vollzieht sich mit einer Periode von 5,37 Tagen und ist so beträchtlich, daß sie auch ein ungeübter Beobachter bemerken kann. Die veränderlichen Sterne des Typs δ Cephei haben eine außerordentliche Bedeutung für die astronomische Forschung, weil sich mit ihrer Hilfe die Entfernungen kosmischer Objekte bis weit in die Tiefen des Weltalls hinein bestimmen lassen.

Sternkarten und Sternatlanten

Die hier abgebildeten Kärtchen dienen nur zur ersten Orientierung am Sternhimmel. Wer sich eingehender mit den Erscheinungen am Firmament beschäftigen möchte, wird mit diesen Darstellungen schon bald nicht mehr auskommen; denn sie haben zwei Nachteile. Erstens ist der Anblick des Himmels stets nur für eine bestimmte Beobachtungszeit gezeichnet. Will man ihn zu anderen Zeiten betrachten, etwa nach Mitternacht oder bereits kurz nach Einbruch der Dunkelheit, so sucht man vergebens nach den passenden Kärtchen. Zum anderen sind auf unseren Bildern nur die helleren Sterne zu finden. Schon in einem kleineren Fernrohr können wir viele Sterne beobachten, die auf den Bildchen fehlen. Sehen wir uns also nach weiteren Hilfsmitteln um, die sowohl für den Liebhaber als auch für den Fachmann entwickelt wurden und für alle denkbaren Beobachtungsaufgaben das notwendige Rüstzeug liefern.

Um den Anblick des Himmels zu jeder beliebigen Stunde des Jahres vor Augen zu haben, bedient man sich drehbarer Sternkarten. Diese sind so konstruiert, daß man durch Drehung einer beweglichen Scheibe jeweils die zu einem bestimmten Datum und zu einer bestimmten Uhrzeit sichtbaren Sterne eines Beobachtungsortes mit gegebener geographischer Breite einstellen kann. In der DDR sind zwei drehbare Sternkarten verbreitet: die Schülersternkarte von Arnold Zenkert aus dem Verlag für Lehrmittel Pößneck und die Sternkarte von Siegfried Marx und Werner Pfau, erschienen im Verlag Johann Ambrosius Barth. Im Anhang wurden 12 Sternkarten zusammengestellt, die uns praktisch nahezu dieselben Dienste leisten wie eine drehbare Sternkarte, wenn wir sie mit Überlegung gebrauchen.

Möchte man einen Stern am Himmel auffinden oder die Bahn eines entdeckten Objekts am Himmel verfolgen, so sind Stern- oder Himmelsatlanten das geeignete Hilfsmittel. Sie bestehen aus mehreren zusammengehörenden Sternkarten, die bestimmte größere Teile des Himmels entweder zeichnerisch oder fotografisch wiedergeben. Im günstigsten Fall enthält ein Sternatlas die Topographie des gesamten Himmels. Eine umfassende Inventur des Himmels stellt zum Beispiel der vom Mount-Palomar-Observatorium (USA) erarbeitete „Palomar Observatory Sky Survey" dar. Mit 935 fotografischen Aufnahmen wurde der gesamte Himmel vom Himmelsnordpol (Deklination $+90°$) bis zu einer Deklination von $-30°$ überdeckt. Der Atlas enthält Sterne bis zu der extrem geringen Helligkeit 21^m. Gegenwärtig arbeiten Fachleute an der Weiterführung dieser Bestandsaufnahme des Himmels bis zum Himmelssüdpol (Deklination $-90°$).

Für den Sternfreund ist natürlich ein so informationsträchtiger und teurer Atlas bei weitem nicht erforderlich. Vielmehr wurden für den Amateur spezielle Sternatlanten entwickelt, die seinen Ansprüchen genügen und ihm ausreichende Hilfe bei der Erfüllung seiner Beobachtungsaufgaben leisten.

In der DDR erschien ein solcher Sternatlas der Autoren Siegfried Marx und Werner Pfau vom Observatorium Tautenburg der Akademie der Wissenschaften der DDR und von der Universitätssternwarte Jena.* Er besteht aus Kartenblättern des Formats 24 cm × 32 cm. 14 dieser Blätter zeigen im wesentlichen die bei uns sichtbaren Sterne und erstrecken sich über eine Sphäre, die vom Himmelsnordpol bis zu 35° südlicher Deklination reicht. Die Grenzgröße der enthaltenen Sterne beträgt $6^m{,}0$. Eine besondere Karte bildet den „Rest des Himmels" von $-24°$ Deklination bis zum Himmelssüdpol in kleinerem Maßstab ab. Bei den großen Hauptkarten entsprechen einem Millimeter auf der Karte jeweils $\frac{1}{4}°$ am Himmel, das heißt der Hälfte des Vollmonddurchmessers. Drei weitere Karten zeigen besondere Objekte, die auch für den Sternfreund Bedeutung besitzen, in größerem Maßstab: die Plejaden im Sternbild Stier, die Praesepe im Krebs und eine Gegend im Sternbild Haar der Berenike. Wir finden hier überdies weitaus schwächere Sterne eingezeichnet, zum

* S. Marx/W. Pfau, Sternatlas (1975,0), 18 zweifarbige Kartenblätter, Johann Ambrosius Barth, Leipzig 1983

Andromedanebel (Aufnahme: Wolfgang Roloff, Birkholz)

Teil bis zur Helligkeit $14^m{,}5$, so daß die Anzahl der abgebildeten Objekte recht groß ist. Da ein beigefügtes Verzeichnis die Helligkeiten von vielen dieser Sterne angibt, läßt sich mühelos feststellen, bis zu welcher Grenzhelligkeit man unter bestimmten Bedingungen mit Hilfe eines optischen Geräts vorzudringen vermag oder welche Helligkeit man auf einer belichteten fotografischen Platte noch erreicht.

Für den Sternfreund erweisen sich außerdem die Klarsichtfolien, die über den Karten liegen, auf denen die unmittelbare Umgebung der Ekliptik dargestellt ist, als sehr nützlich. Da die Planeten alle nahezu in der Ekliptik umlaufen, kann man die Bewegungen solcher Objekte unter

71

den Sternen einzeichnen, ohne die Karte zu verschmieren oder zu beschädigen.

Auch der „Atlas Coeli" (lat. coelum = Himmel) des Astronomen Antonín Bečvář von der Sternwarte in Skalnate Pleso (ČSSR), der ebenfalls bis zu einer Grenzgröße von $6^{m}_{.}0$ reicht, wurde für den Amateur entwickelt. Den Atlas ergänzt ein umfassender Katalog, in dem der Sternfreund zahlreiche Daten über die verschiedenen Objekte nachschlagen kann, wie Temperaturen, Entfernungen und Massen.

Schließlich sei noch der „Photographische Sternatlas" von Hans Vehrenberg erwähnt, bekannt als „Falkauer Atlas", der bis zu einer Grenzgröße von 13^{m} vordringt und ein wichtiges Hilfsmittel für den anspruchsvollen, fortgeschrittenen Amateur darstellt.

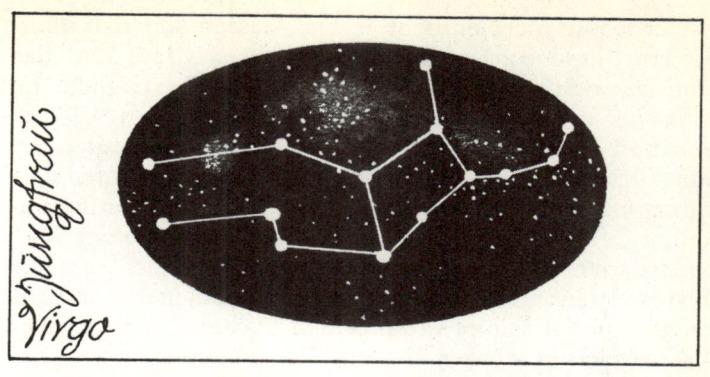

Himmelsforscher ohne Diplom

Chancen für Außenseiter

In der Zeitung steht ein Artikel über die Temperaturen der Sterne. Ein Diplomastronom hat ihn geschrieben. Die Erforscher des Himmels sind „studierte Leute" – wen wundert das. Um die komplizierten Vorgänge im Weltall verstehen, um die zahllosen Geheimnisse der Sterne, Sternsysteme, Nebel und Felder lüften zu können, benötigt man vielerlei Kenntnisse. Ein Erforscher des Himmels muß nicht nur die Sterne und Sternbilder kennen. Dies ist zwar eine Voraussetzung seiner Arbeit, aber ohne eine gründliche Beschäftigung mit Physik, Mathematik, Chemie und anderen Wissenschaften hat er kaum eine Chance, dem Kosmos seine Geheimnisse abzulauschen. Doch diese Feststellung gilt nicht absolut.

Schon Johann Wolfgang von Goethe (1749–1832) wies in seinem Schlußwort des Entwurfs einer Farbenlehre auf eine interessante Tatsache hin, die heute ebenso besteht wie vor Jahrhunderten: „Das Wissenschaftliche wird von vielen Seiten zusammengetragen, und kann vieler Hände,

vieler Köpfe nicht entbehren. Das Wissen läßt sich über-
liefern, diese Schätze können vererbt werden; und das
von *einem* Erworbene werden manche sich zueignen. Es
ist daher niemand, der nicht seinen Beitrag den Wissenschaften anbieten dürfte ... Alle Naturen, die mit einer
glücklichen Sinnlichkeit begabt sind, Frauen, Kinder sind
fähig, uns lebhafte und wohlgefaßte Bemerkungen mitzuteilen ... Durchsucht man jedoch die Geschichte der Wissenschaften überhaupt, besonders aber die Geschichte der
Naturwissenschaft; so findet man, daß manches Vorzüglichere von Einzelnen in einzelnen Fächern, sehr oft von
Laien geleistet worden."*

Goethe spricht hier offenbar von jenen Begeisterten,
die durch fleißige, aufmerksame und geschickte Beobachtungstätigkeit Materialien anhäufen, die für den „haupt-
amtlich" Tätigen von Wert sind und insofern Bausteine
der Wissenschaft darstellen.

Außerdem gilt es zu bedenken, daß jeder Beruf seine
Geschichte hat und nicht von Anbeginn in der langen Liste der von Menschen ausgeübten Tätigkeiten erscheint.
Berufe entstehen dadurch, daß die sie charakterisierende
Tätigkeit gesellschaftlich notwendig wird. Die Tätigkeit
muß folglich zunächst zwangsläufig von Menschen ausge-
übt werden, die diesen Beruf nicht erlernt haben. Sie sind
gleichsam die Vorreiter des künftigen Berufs. Ihre Erfahrungen, ihr Wissen und die von ihnen im Laufe der Zeit
erworbenen Fähigkeiten und Fertigkeiten schaffen die
Grundlagen für eine spätere systematische Heranbildung
von Vertretern dieses Arbeitsbereichs. Also stehen letztlich Laien am Beginn der Entwicklung von Berufen. Zu
dieser Zeit wird demnach nicht nur „manches Vorzüglichere", sondern *alles* Vorzüglichere von Laien geleistet.

In der Astronomie bildete sich der „erlernbare" Beruf
des Forschers erst recht spät heraus. Daher finden wir in
dieser Wissenschaft bis in die jüngere Vergangenheit hinein immer wieder bedeutende Namen, deren Träger die
Ergebnisse ihrer Forschung ohne die „solide" Basis eines

---

* Goethe, Werke in fünf Bänden, 3. Bd., VEB Bibliographisches Institut, Leipzig 1959, S. 744

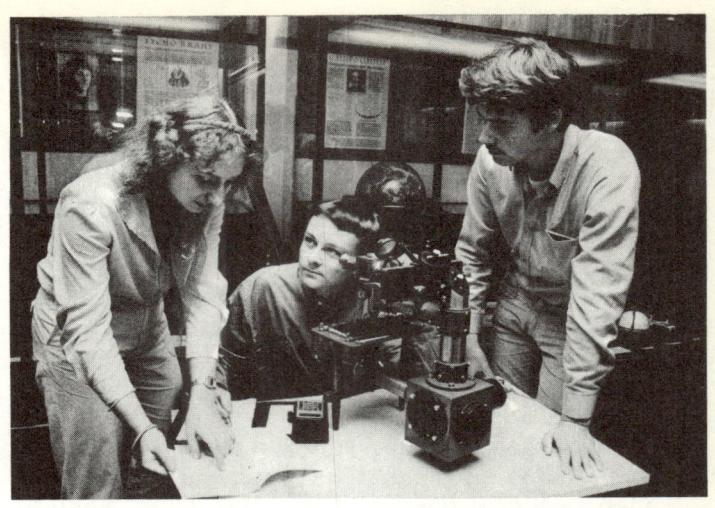

Mitglieder des Astronomischen Jugendklubs der Archenhold-Sternwarte beim Vermessen einer Himmelsfotografie

Universitätsstudiums errangen. Mehr noch: Zahlreiche Leistungen in der Geschichte der Weltallforschung kommen auf das Konto von Gelehrten im besten Wortsinn, die sich jedoch ihr Brot durch ganz andere Tätigkeiten verdienten. Strenggenommen, waren sie alle in der Astronomie „nur" Amateure.

Der englische Königliche Astronom Edmond Halley hatte aus alten Büchern einen Berg von Zahlen über Kometenbeobachtungen zusammengesucht. Er wollte auf der Grundlage des Massenanziehungsgesetzes von Isaac Newton (1642–1726) Bahnbestimmungen vornehmen. Dabei entdeckte er große Ähnlichkeiten zwischen den Bahnen einiger Kometen. Halley war kühn genug, zu behaupten, daß es sich bei den 1456, 1531, 1607 und 1682 beobachteten Kometen jedesmal um dasselbe Objekt handelte. Die Umlaufzeit des Kometen auf seiner Bahn um die Sonne mußte demnach rund 76 Jahre betragen. Wie sicher war diese Schlußfolgerung? Der Astronom setzte alles auf eine Karte, addierte zum Jahr 1682 die Umlaufzeit und prophezeite, daß der Komet 1758 wiederkehren werde. Halley starb schon 16 Jahre vorher. Sonst wäre ihm ein beglückender Triumph beschieden gewesen: Pünktlich wie nach Fahrplan tauchte der Komet 1758 am Himmel auf. Der Entdecker war – ein Bauer: Johann Georg Palitzsch (1723–1788) aus Prohlis bei Dresden, der sich in seinen freien Stunden der Himmelsbeobachtung widmete. Sein Name ist bis heute in allen Büchern über die Geschichte der Astronomie zu finden als Zeugnis der erfolgreichen Tätigkeit eines Mannes, der tagsüber den Pflug über den Acker lenkte und nachts das Feld des gestirnten Himmels bestellte. Palitzsch brachte es dank seiner umfangreichen Beobachtungstätigkeit zu hohem Ansehen und wurde sogar zum korrespondierenden Mitglied der Akademien in Paris, London und Petersburg ernannt.

Andere, wenn auch stets nur einzelne, hatten ähnliche Erfolge. So erschien in der „Königlich privilegierten Berlinischen (Vossischen) Zeitung" am 13. Dezember 1845 eine „Privatmitteilung", die ein anhaltendes Echo in der Fachwelt fand. In dieser Meldung hieß es unter anderem: „Bei der Gelegenheit, als ich vorgestern die Vesta ... betrachtete, durchmusterte ich auch ihre Umgegend und fand einen Stern ..., den ich früher nie gesehen"*. Der Verfasser dieser Zeilen war ein pensionierter Postsekretär, der schon seit seiner Jugend unermüdlich den Himmel beobachtet hatte.

Zwischen den beiden großen Planeten Mars und Jupiter bewegen sich zahllose Kleine Planeten um die Sonne, die Planetoiden. Den ersten Körper dieser neuen Klasse von Objekten, die Ceres, hatte im Januar 1801 der Italiener Giuseppe Piazzi (1746–1826) entdeckt. In rascher Folge fand man bis zum Jahre 1807 noch drei weitere Vertreter der Kleinen Planeten, welche die Namen Pallas, Juno und Vesta erhielten. Doch seither war es still um diese Kleinkörper des Sonnensystems. Zahlreiche Astronomen glaubten allerdings fest, daß es noch weitere sol-

---

* Zit. nach: B. Freise, Karl Ludwig Hencke, Postsekretär und Astronom, in: „Die Sterne", 4–6/1949, S. 78.

cher – wie sie meinten – Bruchstücke eines großen Planeten geben müsse. Aber erst knapp 40 Jahre nach der Entdeckung der Vesta fand der Postsekretär Karl Ludwig Hencke (1793–1866) den fünften Vertreter dieser Gruppe von Objekten des Sonnensystems, dem der Berliner Sternwartendirektor Johann Franz Encke (1791–1865) den Namen Astraea gab. Zwei Jahre später gelang ihm ein weiterer Erfolg durch die Auffindung der Hebe, eines Planetoiden, der auf Wunsch seines Entdeckers von dem Mathematiker Carl Friedrich Gauß (1777–1855) getauft wurde. Danach setzte eine wahre Flut von Entdeckungen Kleiner Planeten ein, die bis heute anhält. Die Zahl dieser Kleinkörper des Sonnensystems beträgt schätzungsweise 50 000 bis 100 000. Nur ein winziger Bruchteil davon wurde bislang entdeckt, und nur von wenig mehr als 2 000 dieser Objekte sind die Bahnen sicher bekannt.

Ein Riese unter den Amateuren

Mancher Leser wird nicht wenig verwundert sein, wenn er erfährt, daß einer der berühmtesten Astronomen aller Zeiten, der große polnische Gelehrte Nicolaus Copernicus, kein „Diplom" besaß. Copernicus hat durch sein wissenschaftliches Werk eine der tiefstgreifenden Umwälzungen im Denken der Menschen herbeigeführt, die jemals stattfanden. Er war es, der die Erde auf den ihr zukommenden Platz im Weltall verwies, indem er sie zu einem Planeten erklärte, der sich ebenso wie die anderen Planeten um die Sonne bewegt. Damit schuf Copernicus das heliozentrische (griech. helios = Sonne) Weltbild, dessen wesentlichster Inhalt in der Aussage besteht, daß sich die Sonne im Zentrum der Welt befindet. Seit den Tagen der antiken Astronomie nahm man allgemein an, daß die Erde das Zentrum der Welt darstellt und die Sonne zu jenen Himmelskörpern gehört, die sich um sie bewegen. Mit dem wissenschaftlichen Hauptwerk des Nicolaus Copernicus „Über die Umschwünge der himmlischen

Nicolaus Copernicus

Kreise" („De revolutionibus orbium coelestium"), das im
Jahre 1543 in Nürnberg erschien, wurde diese alte Welt-
vorstellung aus den Angeln gehoben. Die Astronomie
und das gesamte philosophische Denken der Menschen

erhielten einen Impuls wie kaum jemals zuvor in der langen Geschichte der Erkenntnis. Doch der Mann, der ihn auslöste, war kein Astronom!

Den Sternen konnte sich Copernicus lediglich in seinen Mußestunden zuwenden. Während er Rechtswissenschaft und Medizin studierte, hatte er zwar auch astronomische Vorlesungen gehört, danach aber stand er zeitlebens unmittelbar im Dienst der polnischen Kirche. Als Domherr von Frombork hatte er eine Fülle von Pflichten zu erfüllen, insbesondere während der Auseinandersetzungen der polnischen Krone mit dem Deutschritterorden. Copernicus wirkte als Statthalter in Olsztyn, verfaßte ausführliche Schriften zur Reform des polnischen Münzwesens und war der ständige Ratgeber seines Onkels, des Bischofs Lucas Watzenrode (1447–1512). Häufige Reisen an der Seite des Onkels und dessen ärztliche Betreuung sowie Gutachten zu juristischen Fragen nahmen den größten Teil seiner Zeit in Anspruch. Nach dem Tode des Bischofs wurde die Politik für zwei Jahrzehnte zum Haupttätigkeitsfeld des Domherrn.

Damals verfügte er längst über die revolutionäre Grundidee seines neuen Weltsystems. Er hatte sie sogar schon in einer in wenigen handschriftlichen Exemplaren verbreiteten kleinen Abhandlung niedergelegt, die unter dem lateinischen Titel „Commentariolus" („Kleiner Kommentar") bekannt wurde und von der sich drei Abschriften bis heute erhielten. Doch den 7 Blättern dieses „Kleinen Kommentars" stand das durchgearbeitete, 13 Bücher umfassende Werk des Claudius Ptolemäus gegenüber, eine bewundernswerte, wenn auch unrichtige Darstellung einer Welt, in deren Mitte die Erde thronte.

Copernicus war sich darüber im klaren, daß er nur dann eine Aussicht auf Anerkennung seiner Ideen besaß, wenn er sie in ähnlich gediegener Ausführlichkeit zu Papier brachte. Dazu benötigte er Jahrzehnte. Hätte der Gelehrte seine Zeit ausschließlich dem wissenschaftlichen Werk widmen können – es wäre sicherlich nicht erst in gedruckter Form in seine Hände gelangt, als er schon im Sterben lag.

Das Hobby zum Beruf gemacht

Die Reihe bekannter Astronomen, die ihre Liebe zum Sternhimmel erst entdeckten, als sie bereits einen anderen Beruf erlernt hatten, ist lang. Doch im Unterschied zu Copernicus wagten viele von ihnen den Sprung aus dem „Brotberuf" in den „Beruf der Berufung".

Einer der Großen unter denen, die ihrem ursprünglichen Beruf untreu wurden, ist Friedrich Wilhelm Herschel (1738–1822). „ ... der da blos berufen schien, die irdische Musik zu treiben und das sinnliche Ergötzen der ... Welt zu fördern", heißt es in einem Nachruf auf ihn, „hat sich aufgeschwungen und die Harmonie des unendlichen Firmaments ergründet"*.

Herschel entstammte einer Musikerfamilie aus Hannover, und der Vater wollte, daß seine 6 Söhne ebenfalls die Musikerlaufbahn einschlugen. Friedrich Wilhelm erlernte den vom Vater ausgewählten Beruf – wie es scheint, recht gründlich. Schon im Alter von 15 Jahren finden wir ihn als „Musikus", wie man damals sagte, in der Fußtruppe des hannoverschen Heeres. Dies war freilich auch für einen Musiker keine sehr erstrebenswerte Stellung, doch sie sicherte dem Jungen Kost und Logis, und das hatte wegen der ärmlichen Verhältnisse in der Familie Gewicht. Das Kurfürstentum Hannover wurde damals vom englischen König regiert. So kam es, daß Herschel mit den kurfürstlichen Truppen nach London reiste, wo er den Entschluß faßte, eine seinen musikalischen Kenntnissen und Begabungen angemessenere Position zu erringen. Doch das erwies sich als gar nicht einfach. London war schon damals eine Riesenstadt, in der es an Musikern nicht mangelte, so daß ein Ausländer ohne Beziehungen wenig Aussichten hatte. Herschel blieb daher nichts anderes übrig, als jedes Angebot anzunehmen, das auch nur einigermaßen geeignet schien, ihn seiner drückendsten finanziellen Sorgen zu entheben. Bald „befehligte" er vier Musiker eines Grafen in Richmond, bald reiste er nach Edinburgh,

* W. Herschel, Ueber den Bau des Himmels, Dresden und Leipzig 1826, S. 3

um die Nachfolge eines Konzertdirektors anzutreten, der dann doch nicht in Pension ging. Dann fristete er sein Dasein wieder durch Musikunterricht und übernahm die Stelle eines Konzertleiters in Leeds. Gefällige Unterhaltungsmusik im Zeitgeschmack des Rokokos entsproß der Feder des damals dreiundzwanzigjährigen Komponisten, der sich – nach seinen eigenen Äußerungen – glücklich und am Ziel seiner Wünsche wähnte.

Aber Herschel blieb nicht in Leeds, und er blieb auch nicht im Musikerberuf. Nach kurzer Zwischenstation als Organist in Halifax kam er Ende 1766 in das elegante Städtchen Bath am Avon, berühmt wegen seiner Mineralquellen, die zahlreiche Angehörige der „vornehmen Welt" anlockten, so daß in dem Ort während der Saison ein reiches Kulturleben herrschte. Herschel wirkte dort als Organist, Orchestermusiker und Musiklehrer, komponierte fleißig und trat als Virtuose hervor. Doch plötzlich, im Jahre 1773, finden sich in seinem Tagebuch Eintragungen, die nichts mit Konzertterminen und musikalischen Angelegenheiten zu tun haben. Statt dessen wird über den Kauf eines astronomischen Buches, optischer Linsen und Rohre berichtet.

Diese Leidenschaft kam gleichsam über Nacht: Herschel hatte Gelegenheit, durch das Fernrohr eines Freundes den gestirnten Himmel zu betrachten. Der Anblick beeindruckte ihn dermaßen, daß er den Entschluß faßte, sich selbst ein leistungsfähiges Instrument anzuschaffen. Die Preise für Teleskope waren allerdings sehr hoch – zu hoch für den zwar vielbeschäftigten, aber keineswegs wohlhabenden Musiker. So verfiel er auf die Idee, statt in englischen Pfund mit seiner Arbeitskraft zu bezahlen, indem er nicht kaufte, sondern zu bauen begann.

Mit der ihm eigenen Beharrlichkeit verfolgte Herschel auch diesen Plan. Ehe er beginnen konnte, einen Spiegel in ein geeignetes Gestell einzubauen, mußte zunächst der Spiegel selbst angefertigt werden. Dazu wiederum war es notwendig, Metallegierungen zu erschmelzen, zu schleifen und zu polieren, also Schmelzöfen zu bauen und anderes. Endlich, im Jahre 1774, kam der große Augenblick:

Friedrich Wilhelm Herschel

Herschels Augen durchwanderten am Okular eines selbstgefertigten Spiegelteleskops die Welt der Sterne!

Fortan widmete der vielbeschäftigte Musiker seine ganze Freizeit der Beobachtung des Himmels. Rückblikkend schrieb er später an den Göttinger Physiker Georg Christoph Lichtenberg (1742–1799), noch heute bekannt durch seine geistreichen Aphorismen: „Als ich endlich zur Astronomie kam, faßte ich den Entschluß, nichts auf Glauben anzunehmen, sondern alles, was andere vor mir gesehen hatten, mit meinen eigenen Augen zu sehen."*

Diesem ehrgeizigen Ziel versuchte sich Herschel mit einem großangelegten Plan zu nähern: einer vollständigen Durchmusterung des gesamten Himmels. Für die lückenlose Ausführung eines solchen Unternehmens hätte er allerdings mit dem mächtigsten der von ihm gefertigten Teleskope nach eigenen Angaben nahezu 600 Jahre benötigt. Durchmusterungen – soviel ist bereits hieran zu erkennen – können stets nur das gemeinschaftliche Werk vieler Astronomen sein.

Herschels Freizeitbeschäftigung wurde von einem unerwarteten Erfolg gekrönt, der für den weiteren Lebensweg des Musikers entscheidend war. Bei seinen umfangreichen Himmelsdurchmusterungen fiel ihm am 13. März des Jahres 1781 ein schwach leuchtendes Sternchen auf, das sich jedoch von den benachbarten Objekten durch einen größeren scheinbaren Durchmesser unterschied. Herschel wendete dem Lichtfleckchen sofort seine ganze Aufmerksamkeit zu und beobachtete es in den folgenden Nächten wieder. Dabei zeigte sich, daß der neue Stern seinen Ort gegenüber den Sternen seiner Umgebung merklich veränderte. Es stellte sich heraus, daß Herschel einen bis dahin unbekannten Planeten entdeckt hatte, den er zu Ehren des englischen Königs „Georgsstern" nannte und der heute den Namen Uranus trägt.

Mit dem Uranus war nicht nur ein weiterer Planet schlechthin entdeckt – es handelte sich um die erste Planetenentdeckung seit den Anfängen der Astronomie überhaupt; denn Uranus war der erste nicht schon in der Antike bekannte Planet. Daß der Name des Musikers und Liebhaberastronomen rasch um die ganze Welt ging und nicht allein in den Fachschriften der Astronomen, son-

* ebenda, S. 8

83

dern auch in jedermann zugänglichen Zeitungen genannt wurde, ist nicht verwunderlich.

Herschels Pläne richteten sich nun vollständig auf die Astronomie. Er entschloß sich, seinen Brotberuf aufzugeben, noch größere Instrumente zu bauen und die Erforschung des Himmels zum Hauptinhalt seines Lebens zu machen. Hatte schon Jahre zuvor ein Schauspieler, der bei Herschel Musikunterricht nahm, berichtet, daß sein Klavier unter einem Berg von Globen, Atlanten und Teleskopen zu verschwinden drohe, so war jetzt von den Musikinstrumenten fast nichts mehr zu sehen. Bereits im November des Jahres der Uranus-Entdeckung erhielt Herschel eine Einladung nach London, wo er aus der Hand des Präsidenten der berühmten Royal Society eine Medaille für seine wertvolle wissenschaftliche Leistung entgegennahm und ermahnt wurde, das so erfolgreich abgeerntete Feld der Wissenschaft auch weiterhin zu bebauen. Bald wünschte ihn der englische König zu sehen, der von der Entdeckung entzückt war. Immerhin hatte ja einer seiner „Untertanen" den bedeutenden Fund gemacht. Am 19. Mai 1782 spielte Herschel zum letztenmal auf der Orgel, und Ende desselben Monats wurde er dem Königspaar vorgestellt. Binnen kurzem erhielt er dann das Anerbieten, Königlicher Hofastronom in Windsor zu werden, dem Königshaus 10 Teleskope zu bauen und keine weiteren Verpflichtungen zu erfüllen, als der königlichen Familie gelegentlich Objekte des Himmels zu zeigen und zu erklären. Damit war der Musik adieu gesagt, und die Laufbahn des Astronomen begann.

Herschel machte zahlreiche bahnbrechende Entdeckungen, die seinem Namen einen Ehrenplatz in der Geschichte der Erforschung des Weltalls einbrachten.

An Krankenbett und Teleskop

Nicht jedem Liebhaber der Sternkunde ermöglichten es aufsehenerregende Entdeckungen und großzügige Förderung, den eigentlichen Beruf an den Nagel zu hängen und sich ganz der selbstgewählten Aufgabe zu verschreiben. Größer als die Zahl dieser vom Glück Begünstigten ist die der „nebenberuflichen" Astronomen.

Zu den noch heute in der internationalen Fachwelt bekannten und geachteten „Astronomen nach Feierabend" gehört der Bremer Arzt Wilhelm Olbers. Zweifellos haben ihn Naturwissenschaften und Mathematik schon frühzeitig interessiert, doch als Brotberuf wählte er den des Arztes, nachdem er von 1777 bis 1780 an der berühmten Göttinger Georg-August-Universität Medizin und Mathematik studiert hatte. Eine klare und sichere Beurteilung von Krankheitsfällen soll bereits den Studenten ausgezeichnet haben, den sein Lehrer Ernst Gottfried Baldinger (1738–1804) einen seiner besten Zuhörer nannte. Mit einer Dissertation über den Mechanismus des menschlichen Auges promovierte Olbers zum Doktor der Medizin, und auch später beschäftigte er sich mit dem seinerzeit noch wenig gepflegten Gebiet der Augenheilkunde. Nach Abschluß des Studiums hielt er sich ein Jahr in Wien auf, um dort unter Leitung des kaiserlichen Leibarztes Joseph von Quarin (1733–1814) die für eigenes Praktizieren erforderlichen Erfahrungen zu sammeln.

Von 1781 an wirkte Wilhelm Olbers dann in seiner Heimatstadt Bremen vier Jahrzehnte lang als hochangesehener Arzt, dem sein Können, seine Gewissenhaftigkeit und seine Einsatzbereitschaft eine schier unübersehbare Zahl von Patienten zuführten. Entsprechend groß war seine Arbeitsbelastung. Vom frühen Morgen bis in die Nachmittagsstunden machte Olbers Krankenbesuche – zu Fuß; denn ein Wagen erwies sich der holprigen Straßen wegen als unzweckmäßig. Nachmittags empfing er Patienten in seinem Haus, und abends war er wiederum unterwegs zu seinen Kranken. Und dann, wenn jeder andere sich nach Ruhe gesehnt hätte, widmete er sich seinem zweiten Arbeitspensum, „zu angenehmer Erholung in Nebenstunden"* – der Astronomie. Für den Nachtschlaf blieb nur die äußerst knappe Spanne von vier Stunden, die dem immer harmonischen und zufriedenen Mann viele Jahre hindurch ausreichten, um sich für das neue Tagewerk zu stärken. Die erholsame Lieblingsbeschäftigung, nicht die ausgedehnte berufliche Tätigkeit war es, die den mit eisernem Fleiß Arbeitenden zu Ruhm gelangen ließ, der die Zeiten überdauerte. Während dieser „Nebenstunden" vollbrachte er im Laufe der Jahrzehnte eine Reihe von Leistungen, die seinen Namen in der Geschichte der Astronomie unauslöschlich machten.

Die Vorliebe des Arzt-Astronomen galt den seit alters mit großer Aufmerksamkeit verfolgten Schweifsternen, den Kometen, deren wissenschaftliche Erforschung um die Wende zum 19. Jahrhundert einen beachtlichen Aufschwung nahm. Vor allem interessierte man sich für die kosmische Stellung der Kometen und damit auch für die Frage, ob sie Angehörige des Sonnensystems sind oder als „Fremdlinge" von außen in die Gefilde der Planetenbahnen eindringen. Um diese Frage zu klären, bedurfte es der Berechnung möglichst vieler Bahnen von möglichst vielen Kometen. Noch in Göttingen beobachtete Olbers mit den Instrumenten der dortigen Sternwarte einen von Johann Elert Bode entdeckten Kometen und berechnete dessen Bahn nach einem von dem Schweizer Leonhard Euler (1707–1783) entwickelten Verfahren. Im Jahr 1780 gelang es ihm, einen Kometen unabhängig von dessen Entdecker aufzufinden, was sein Interesse an den Kometen natürlich noch vergrößerte.

Bei der Berechnung von Kometenbahnen merkte Olbers, wie umständlich und schwerfällig die bis dahin ausgearbeiteten Methoden waren und welchen Zeitaufwand die umfangreichen Rechenarbeiten erforderten. Deshalb entwickelte er ein erheblich einfacheres Verfahren. Die Ergebnisse seiner Überlegungen faßte er in gut handhabbaren Formeln zusammen und legte seine „Abhandlung

* Zit. nach: Richard Tölken, Olbers als Arzt, in: Von Bremer Astronomen und Sternfreunden. Bremen 1958, S. 47.

Wilhelm Olbers

über die leichteste und bequemste Methode, die Bahn
eines Kometen aus einigen Beobachtungen zu berechnen"
1797 der Göttinger Gesellschaft der Wissenschaften vor.
Für die Kometenforschung hatte die Arbeit grundsätzli-
che Bedeutung; denn nun konnte man ohne großen Auf-

wand den „Fahrplan" der Schweifsterne ermitteln, der eine unabdingbare Voraussetzung für die Beantwortung der Frage nach ihrer kosmischen Stellung ist. Olbers selbst entdeckte 4 Kometen, während er die Bahnelemente von insgesamt 18 Kometen veröffentlichte. Unter den 4 „Olbers-Kometen" befindet sich auch ein interessantes langperiodisches Objekt, das nur alle 70 Jahre einen Bahnumlauf vollendet und anläßlich seiner dritten Wiederkehr in Sonnennähe 1957 genau beobachtet wurde.

Auf Grund von Überlegungen über die Zahl der Kometen des Sonnensystems beschäftigte sich der Freizeitastronom unter anderem mit der viele Menschen bewegenden Frage, ob es zu folgenschweren Zusammenstößen zwischen der Erde und den Kometen kommen könnte, und wies diese Befürchtungen entschieden zurück. Olbers war auch ein Pionier des zu Beginn des 19. Jahrhunderts entstandenen neuen Forschungsgebietes der Kleinen Planeten. Er fand die von Piazzi entdeckte Ceres, die den Augen der Astronomen entschwunden war, nach einer Bahnberechnung von Gauß am Himmel wieder und entdeckte 1807 noch die Vesta, den vierten Kleinen Planeten.

Ein bis heute immer wieder zitierter Aufsatz von Olbers trägt den Titel „Über die Durchsichtigkeit des Weltraums". Der Verfasser geht darin der Frage nach, warum der nächtliche Himmel eigentlich dunkel und nicht leuchtendhell ist. Wenn nämlich überall in einem unendlichen Weltall Sterne vorhanden sind, so erscheint zwar deren Helligkeit mit wachsender Entfernung immer geringer, dafür schmelzen aber auch die scheinbaren Abstände der Sterne mehr und mehr zusammen, und man kann zeigen, daß der Himmel dann tatsächlich taghell sein müßte. Dieses „Olberssche Paradoxon" beschäftigt die Wissenschaft bis heute. Allerdings weiß man, daß die von Olbers selbst gebotene Lösung nicht den Kern trifft. Er vermutete, daß eine im gesamten Weltall verbreitete lichtverschluckende Materie die Gesamthelligkeit des Sternhimmels so weit herabsetzt, wie wir durch Beobachtung wahrnehmen. In Wirklichkeit – so lehrt die moderne Kosmologie – ist der Nachthimmel deshalb dunkel, weil wir uns in einem gleichsam auseinanderstrebenden Weltall befinden, in dem sich die Abstände der Sternsysteme voneinander immer mehr vergrößern, wodurch auch das von ihnen zu uns gelangende Licht schwächer wird.

Erst im Alter von 62 Jahren gab Olbers die beschwerliche Tätigkeit des Arztes auf und widmete sich nun als „Ruheständler" ausschließlich der Sternkunde. Er hinterließ eine Fülle wissenschaftlicher Schriften, darunter 14 größere Abhandlungen, 110 Aufsätze zu Problemen der Kometenforschung, 22 Arbeiten über Planeten, 14 über Fixsterne, 8 über die Geschichte der Astronomie und nur 2 über seinen eigentlichen Wirkungsbereich, die Medizin.

Vom Kaufmannslehrling zum Professor

An einem Sommerabend des Jahres 1804 spazierte Wilhelm Olbers durch die Straßen seiner Heimatstadt Bremen, als ihm plötzlich ein junger Mann entgegentrat, der den Weg des Kometenforschers mit Vorbedacht kreuzte, weil er ihn bitten wollte, eine astronomische Abhandlung durchzusehen, die er gerade fertiggestellt hatte. Wer selbst „auf rauhen Wegen zu den Sternen" gelangte, zeigt meist auch Verständnis für die Probleme und Wünsche Gleichgesinnter, und so willigte Olbers sofort ein. Eine knappe Stunde später lag ein mehrere hundert Seiten umfassendes Manuskript auf seinem Tisch, das der zwanzigjährige „Straßenbekannte" verfaßt hatte.

Der junge Mann, Kaufmannslehrling bei der Firma Kulenkamp & Söhne, hieß Friedrich Wilhelm Bessel. In seiner lebhaften Phantasie war er den Schiffen, deren Fracht er zu notieren und zu berechnen hatte, auf die Weiten der Weltmeere gefolgt und vom Fernweh ergriffen worden. Als Handelsvertreter selbst in fremde Länder zu reisen war sein sehnlichster Wunsch. So führten ihn seine Interessen beinahe zwangsläufig zu den Fragen nach der Orientierung der Schiffe auf See, deren Grundlagen in astronomischen Zusammenhängen bestehen. Mit jedem

Buch, das er studierte, drang er tiefer in astronomische Forschungsprobleme ein, so daß es ihn schließlich faszinierte, wie die Astronomen durch Anwendung einfacher Gesetze die Bahnen der Himmelskörper berechnen konnten. Um das Jahr 1804 war nun auch die Olberssche Abhandlung über die Berechnung von Kometenbahnen in seine Hände gelangt, die ihn um so stärker interessierte, als man gerade damals alte Beobachtungen des Kometen Halley aus dem Jahre 1607 entdeckt und veröffentlicht hatte. Mit einer Gründlichkeit und einem Arbeitseifer ohnegleichen widmete sich Bessel der Berechnung dieses Kometen und beschloß dann, das Ergebnis seiner Bemühungen dem Urheber der Berechnungsmethode, Olbers, auf den Richtertisch zu legen. So kam es zu jener Begegnung mit dem um 26 Jahre älteren Kometenfachmann.

Das einzige, was Olbers an der Berechnung der Beobachtungen von 1607 zu tadeln fand, war die Tatsache, daß Bessel den alten Messungen weitaus mehr Zeit, Mühe und Scharfsinn gewidmet hatte, als sie verdienten. In gekürzter Form erschien dann durch seine Vermittlung die Besselsche Schrift in der anerkannten astronomischen Fachzeitschrift „Monatliche Correspondenz zur Beförderung der Erd- und Himmels-Kunde", die Franz Xaver von Zach (1754–1832) in Gotha herausgab.

Eine Geschäftsreise führte Bessel auch in zwei Städte, deren Sternwarten damals großes Ansehen genossen: Göttingen und Gotha, und er benutzte die Gelegenheit, diese Einrichtungen zu besichtigen. Bald war Bessel in den Fachkreisen der Astronomen weit bekannter als unter den Handelsexperten, seinen eigentlichen Berufskollegen. Und wieder war es Olbers, der die Schritte des hochbegabten Laienastronomen behutsam lenkte, ihn dem Juristen Johann Hieronymus Schröter (1745–1816) empfahl und ihm schließlich eine förmliche Anstellung an dessen weltbekannter Sternwarte in Lilienthal bei Bremen verschaffte. Damit erlangte Bessel nun auch hinreichende Kenntnisse auf dem Gebiet der praktischen Astronomie. Sein Ansehen war unterdessen so gestiegen, daß er Berufungsschreiben aus Düsseldorf, Gotha,

Friedrich Wilhelm Bessel

Greifswald und Leipzig erhielt, die er jedoch vorerst ab-
lehnte.

Die Begeisterung, ja Besessenheit des inzwischen Ein-
undzwanzigjährigen kannte keine Grenzen. So schickte
ihm Olbers eines Abends gegen 20 Uhr mehrere Beobachtungen eines neu entdeckten Kometen mit der Bitte, gelegentlich die Bahn des Gestirns zu berechnen. Bessel war je-

91

doch nicht zu Hause. Dies hinderte ihn aber nicht daran, am nächsten Morgen die Bahnberechnung bei Olbers abzuliefern. Er hatte sie zwischen 22 Uhr abends und 2 Uhr nachts ausgeführt. Schnelle Rechner wurden damals gerühmt, wenn sie dieselbe Leistung in 24 Stunden vollbrachten.

Ein solcher Mann gehörte an eine Sternwarte, aber an eine eigene! Dies war jedenfalls die Meinung Wilhelm von Humboldts (1767–1835), der entscheidend dazu beitrug, daß Bessel im Jahre 1809 eine Berufung nach Königsberg (heute Kaliningrad, UdSSR) erhielt, wo er eine Professur innehaben, eine Sternwarte nach eigenen Plänen erbauen lassen und diese schließlich auch leiten sollte. Das Angebot war so verlockend, daß der ehemalige Handelsmann seinen Platz auf Schröters Sternwarte in Lilienthal gegen diese Aufgabe vertauschte.

Mit Bessel betrat ein akademischer Lehrer die Kanzel der Hörsäle, der nie zuvor unter den Studenten gesessen hatte und überhaupt nur Professor werden konnte, weil Gauß auf ganz unkonventionelle Weise dafür sorgte, daß er zuvor den akademischen Grad eines „Dr. phil." an der Universität Göttingen erhielt.

Bessel für die Wissenschaft entdeckt zu haben, rechnete sich Olbers zeitlebens als eine seiner größten Leistungen an. Nicht zu Unrecht. Bessel wurde eine der führenden Persönlichkeiten der internationalen Astronomie, pflegte vor allem die Theorie und Praxis der Sternpositionen mit unübertroffener Meisterschaft, bestimmte als erster die Entfernung eines Fixsterns durch komplizierte Messungen und wurde der Begründer einer Astronomenschule von weltweitem Einfluß.

„Er hatte Genie, aber kein Diplom"

Doch nicht immer endeten die Bemühungen begeisterter Sternfreunde so glücklich und erfolgreich wie im Falle von Copernicus, Olbers oder Bessel. Oft blieb den unter Einsatz ihrer gesamten finanziellen Mittel und ihrer Freizeit emsig tätigen Beobachtern der Weg in die Astronomie versperrt, weil sich das Bildungsprivileg der herrschenden Klasse als unüberwindliche Barriere erwies. Ein Beispiel ist der in Niedercunnersdorf bei Löbau geborene Wilhelm Leberecht Tempel (1821–1889). Er kam aus den ärmlichen Verhältnissen einer Familie mit 12 Kindern und konnte seinen astronomischen Neigungen nur heimlich folgen. Nachdem er bereits den Beruf eines Lithographen erlernt hatte, zog es ihn immer wieder zu den Sternen. Mit einfachen instrumentellen Hilfsmitteln durchforschte er den Himmel, und dank seinem geschulten Künstlerauge entdeckte er zahlreiche Nebel, Kometen und Kleine Planeten. Sooft er aber bei Sternwarten wegen einer Anstellung vorsprach, wurde er abgewiesen, da er nicht über ein Diplom verfügte. Erst spät fand er eine ihm gemäße Wirkungsstätte an dem bekannten Observatorium Arcetri bei Florenz.

Das Schicksal des lange glücklosen Liebhaberastronomen rührte den berühmten Maler, Grafiker, Bildhauer und Dichter Max Ernst (1891–1977) so, daß er ihm das grafische Werk „Maximiliana" widmete, das denselben Titel trägt wie der Kleine Planet Nr. 65, den Tempel 1861 entdeckt hatte. „Er hatte Genie, aber kein Diplom"*, schrieb Max Ernst in seinem Kommentar zu einem aus dem Grafikzyklus entstandenen Film „Die widerrechtliche Ausübung der Astronomie".

Vom Arbeiter zum Astronomen

Mit diesem Titel überschrieb ein Mann seine Selbstbiographie, der unter den „Astronomen ohne Diplom" für Millionen Menschen zum Begriff wurde: Bruno Hans Bürgel (1875–1948). Nicht herausragende Entdeckungen und Forschungsergebnisse machten ihn bekannt, sondern sein ungewöhnlicher Lebensweg und die große Zahl von pak-

* Zit. nach: Peter Schamoni, Max Ernst, Maximiliana, Bruckmann, München 1974, S. 84.

Bruno H. Bürgel

kenden Büchern, mit denen er es verstand, breitesten
Kreisen das Weltall nahezubringen.

Bürgel kam in Berlin als uneheliches Kind einer Näherin
zur Welt, die stets kränkelte und bald starb. So wuchs der
Junge in der Familie des Schuhmachers Gustav Bürgel auf.
Er lernte das harte Leben der armen und arbeitsamen Leute
kennen, das in scharfem Kontrast zum Luxus reicher
Schichten während der Gründerjahre stand. Welt und Menschen waren ganz anders, als Dorfschule und Kirche ihn ge-
lehrt hatten. Oft genug legte der junge Fabrikarbeiter den
weiten Weg von Weißensee bis ins Stadtzentrum zu Fuß
zurück, um das Geld für die Fahrt zu sparen.

Möglich, daß die Härte des Alltags es war, die ihn zur
Welt der Sterne führte. In seiner Lebensbeschreibung

schilderte er es so: „Obgleich ich bestimmt in der Schule niemals ein Wort über astronomische Dinge hörte, entwickelte sich ganz plötzlich in mir eine wahre Sehnsucht nach dem gestirnten Himmel. Weit um unser Haus herum lagen die zwar nicht sehr dekorativen, aber praktischen Kartoffel- und Rübenfelder, und der Blick ins Weite und zum Himmel war ungehemmt. Da lag ich denn an Sommerabenden oft einsam auf dem Felde und starrte stundenlang die zarte Sichel des Mondes, die flimmernden Sterne an, die aus der Unendlichkeit herniedergrüßen zu dem kleinen Erdenrund."*

Bürgel hatte die Kraft, sich allen äußeren Umständen zum Trotz in systematischer Arbeit Wissen über die Objekte seiner Bewunderung anzueignen. Unter für uns heute kaum vorstellbaren Anstrengungen und Entbehrungen sog er nach einem zwölfstündigen zermürbenden Arbeitstag die Ergebnisse der Wissenschaften und Künste in sich auf, wobei ihm die billigen Reclam-Büchlein, die er später als eine „Kulturtat ersten Ranges" bezeichnete, wertvolle Dienste leisteten. Als stolzer Besitzer eines kleinen Fernrohrs machte er am Himmel eine Entdeckung nach der anderen – ohne zu wissen, daß andere schon lange vor ihm dasselbe gefunden hatten und alles bereits in Büchern geschrieben stand. Während eines Besuchs bei Max Wilhelm Meyer (1853–1910), dem Direktor der Berliner URANIA-Sternwarte, mußte er sich erklären lassen, daß er gleichsam aus der Wildnis kam und die Buchdruckerkunst erfunden hatte – die allerdings in Europa längst bekannt war.

Immerhin verschaffte Meyer dem wissensdurstigen jungen Arbeiter eine Stelle als Gehilfe an Berlins vielbesuchtem „Wissenschaftlichem Theater". Hier traf Bürgel auch mit der Mitarbeiterin einer russischen literarisch-wissenschaftlichen Zeitschrift zusammen, die bei ihm einen Artikel bestellte. So kam es, daß der erste kleine Aufsatz Bürgels in einer russischen Zeitschrift für russische Arbeiter erschien. Mit einem anderen Artikel stellte sich Bürgel

* Bruno H. Bürgel, Vom Arbeiter zum Astronomen, Berlin 1921, S. 17f.

95

bei Wilhelm Liebknecht (1826–1900) vor, der damals Chefredakteur des „Vorwärts" war, des Zentralorgans der Sozialdemokratie. Der Führer der deutschen Arbeiterbewegung meinte zu dem Anfänger: „Junger Mann, die Gedanken sind gut, und alles ist klar und verständlich, aber mit der Orthographie hapert es noch da und dort. Na, das wird schon besser werden."*

So wurde Bürgel nach und nach zu einem vielgelesenen Verfasser von Zeitungsbeiträgen und schließlich sogar von dickleibigen Büchern. Daß er so erfolgreich war, hatte seinen Grund gewiß nicht nur in der Begabung und dem Fleiß des begeisterten Sternfreunds, sondern zumindest ebenso in der Mühsal des eigenen Lebensweges, in dem tiefen Verständnis für die Schwierigkeiten, vor denen ein tagsüber hart arbeitender Mensch steht, der sich abends noch durch schwer faßliche Werke hindurchquälen soll. Als dem Fünfunddreißigjährigen mit dem Buch „Aus fernen Welten" der große Wurf seines Lebens gelang – Millionen Leser waren von dem Werk hingerissen –, hatte Bürgel diesen Erfolg ganz wesentlich dem Anliegen zu verdanken, dem er sich verpflichtet fühlte. Denn dieses Buch war – so der Verfasser selbst – „dem großen Publikum gewidmet, dem arbeitenden Manne, der werktätigen Frau, die des Abends, nach vollbrachtem Tagewerk müde und abgespannt von der staubigen Maschine des harten Alltags kommen"**. Bürgel glaubte sogar, die soziale Frage durch die Verbreitung von Kenntnissen letztlich lösen zu können. In mehr Aufklärung, mehr Bildung sah er den Angelpunkt für die zukünftige Gestaltung der Welt. Die Wirklichkeit zeigte jedoch, daß es sich umgekehrt verhielt: Erst mußte die Welt aus den Angeln gehoben, mußten die gesellschaftlichen Verhältnisse grundlegend verändert werden, dann konnte es mehr Bildung für alle geben.

Bürgel war ein alter Mann, als der Faschismus in Deutschland zerschlagen und die Grundlagen einer neuen Gesellschaft aufgebaut wurden. Ungeachtet aller Beschwernisse stellte er sich als Mitglied der gerade ge-

* ebenda, S. 99
** Bruno H. Bürgel, Aus fernen Welten, Berlin 1920, Vorwort

96

Sommerkurs für Hobbyastronomen in Karcag (Ungarische Volksrepublik)

gründeten Sozialistischen Einheitspartei Deutschlands für dieses große Werk zur Verfügung. Wie in seinem ganzen Leben, reiste er auch jetzt von Ort zu Ort, um mit der „Botschaft der Sterne" zugleich ein neues Lebensgefühl unter die Menschen zu bringen, das in jenen ersten schweren Aufbaujahren so notwendig war.

Der Jugend rief er zu: „Schaut nur immer auf zu den Sternen, vor allem ihr Jungen, ihr Werdenden ...; reich werden sie euch beschenken!"[*]

Viele der Jungen haben diesen Aufruf vernommen. Und viele unserer heute bekannten und erfolgreichen Fachastronomen mehrerer Generationen gestehen freimütig ein, daß es Bruno H. Bürgel mit seinen fesselnd geschriebenen Büchern war, der in ihnen das lebenslange Interesse für die Astronomie weckte. Auch der Verfasser dieser Zeilen zählt zu den „Bürgel-Schülern",

[*] Bruno H. Bürgel, Der Mensch und die Sterne, Aufbau-Verlag GmbH, Berlin W 8 1946, S. 11

obwohl er den „Arbeiterastronomen" nie persönlich gesehen hat.

Was Bürgel erträumte, wurde inzwischen zu einer weit über seine Vorstellungen hinausreichenden Wirklichkeit. In der DDR ist die Astronomie Schulfach an den allgemeinbildenden polytechnischen Oberschulen. Eine wachsende Zahl von Amateuren arbeitet im Kulturbund – ausgerüstet mit guten Beobachtungsinstrumenten. Die zahlreichen Schul- und Volkssternwarten ziehen jährlich ...zigtausend Besucher aus allen Bevölkerungsschichten an. Manche dieser großzügig ausgestatteten Einrichtungen tragen Bürgels Namen. In Potsdam, unweit der jahrzehntelangen Wirkungsstätte des „Arbeiterastronomen", befindet sich eine Bürgel-Gedenkstätte, die unter anderem Bücher, Instrumente, Manuskripte und Briefe Bürgels bewahrt und der Öffentlichkeit zugänglich macht.

Die große Bewegung von Sternfreunden kann jedoch nur lebendig erhalten werden, wenn außer Interesse und Liebe zur Sache auch das erforderliche Rüstzeug vorhanden ist. Der Sternfreund benötigt neben materieller Ausstattung Informationen, die sich mühsam zusammenstellen lassen, Zahlenkolonnen, die dem Außenstehenden unverständlich erscheinen. Daher zeigt das letzte Porträt der „Himmelsforscher ohne Diplom" einen weithin bekannten Mann, der es sich zur Aufgabe machte, solche Daten zusammenzutragen.

Der Kalendermacher von Sonneberg

Durch die engen Straßen des Städtchens Sonneberg am Südrand des Thüringer Waldes gelangt man zu dem Erbisbühl, einer sanften Bergkuppe des Ortsteils Neufang. Zwischen Tannen grüßt den Wanderer ein romantisch anmutendes Ensemble silbrigglänzender Kuppeln: die Sternwarte Sonneberg des Zentralinstituts für Astrophysik der Akademie der Wissenschaften der DDR. In seinem Arbeitszimmer empfängt uns – über einen Berg fotografischer Platten gebeugt – ein Liebhaber der Sterne: Dr. Paul

Hauptgebäude der Sternwarte Sonneberg des Zentralinstituts für Astrophysik der Akademie der Wissenschaften der DDR

Ahnert. Seit nunmehr 24 Jahren mißachtet der jetzt neunundachtzigjährige Forscher das offizielle Recht, untätig in der Sonne zu sitzen. Viel lieber als die Beschaulichkeit ist ihm die Pflege der großen Leidenschaft seines Lebens, der astronomischen Forschung. Glücklicherweise sind wir angemeldet, und die Störung ist somit eingeplant. Rasch haben wir den Kassettenrecorder betriebsbereit, um aufzuzeichnen, was Paul Ahnert, der nichts vom Schreiben einer Autobiographie hält, aus seinem Leben erzählt.

Sieht man davon ab, daß schon der Knabe mit dem Opernglas seiner Eltern nach den „Meeren" auf dem Mond suchte, von denen er gehört hatte, wurde das tiefere Interesse für Astronomie durch einen Zeichenlehrer der damaligen Volksschule geweckt: „Der hat uns einmal erzählt, daß die Leute auf dem Mars keine Taschenuhren brauchten; sie müßten nur an den Himmel schauen und könnten dann aus der gegenseitigen Stellung der zwei Marsmonde ohne weiteres die Zeit ablesen", berichtet

Paul Ahnert. „Das hat mir so imponiert, daß ich später diesen Lehrer besuchte und ihn bat, mir doch einmal ein Buch zu leihen, aus dem man solche Sachen erfahren könnte."

Das Studium populärwissenschaftlicher Schriften, darunter auch des berühmten Buches „Aus fernen Welten" von Bruno H. Bürgel, entfachte die Liebe des jungen Mannes zu den Sternen ebenso wie die mit einfachen Hilfsmitteln durchgeführten eigenen Himmelsbeobachtungen. Als Student des Lehrerseminars bastelte er sich ein Fernrohr. Das Objektiv bestand aus dem Brillenglas seiner Großmutter, während als Okular ein Jahrmarktsmikroskop diente, das eigentlich dazu gedacht war, die Wunder der Pflanzenwelt und Kleinlebewesen zu betrachten. Als Tubus wurde eine mehrfach gewickelte Papierrolle verwendet. „Ich weiß noch, daß der Mond in diesem Fernrohr mit einem herrlichen blauvioletten Rand erschien", erinnert sich Paul Ahnert, „und daß auch jeder Schatten solche Färbungen aufwies, was mich allerdings nicht sehr befriedigte. Wenn ich damals schon mehr von Optik verstanden hätte, wäre ich zum Optiker gegangen, um mir ein Brillenglas von 10 Dioptrien zu besorgen, womit mir sicherlich recht gute Beobachtungen gelungen wären."

Von den ersten spärlichen Gehältern als Lehrer bestellte sich Ahnert sogleich ein Fernrohr besserer Qualität von der bekannten optischen Firma Merz. „Damit habe ich ungeheuer viel Freude gehabt. Zunächst habe ich mir natürlich alles angeguckt, was überhaupt anguckenswert war: Doppelsterne, Sternhaufen, Nebel, Planeten sowie den Mond und auch von Anfang an ganz systematisch die Sonne." Die dabei gewonnenen Eindrücke weckten den Wunsch nach einem noch größeren Fernrohr. Ahnert kaufte bei Merz ein Objektiv von 76 mm Durchmesser und 113 cm Brennweite, baute sich selbst ein Fernrohr und führte damit konsequent ein ernsthaftes Beobachtungsprogramm aus. In der ungestörten Einsamkeit von Burkhardtsdorf im Erzgebirge wurden auch die Sterne mit veränderlicher Helligkeit beobachtet – ein Forschungsge-

Paul Ahnert

biet, dem Paul Ahnert bis zum heutigen Tag treu geblieben ist.

Natürlich arbeitete der Lehrer bereits mit Gleichgesinnten in dem damaligen „Bund der Sternfreunde" zusammen, und diese Vereinigung hielt 1929 eine Tagung in Sonneberg ab. Die Sternwarte Sonneberg war zu jener

Zeit noch ein sehr kleines Privatunternehmen ihres Begründers Cuno Hoffmeister (1892–1968). Hier bekam Ahnert zum erstenmal Gelegenheit, ausführlicher mit einem Fachmann zu sprechen. Ein Jahr zuvor, beim Besuch der Sternwarte Heidelberg, an der Max Wolf (1863–1932) wirkte, hatte er sich „als so kleiner Wicht" nicht getraut, nach dem berühmten Direktor zu fragen.

Die entscheidende Wende in Ahnerts Leben bahnte sich an, als die Faschisten ihn wegen seiner politischen Überzeugung aus dem Lehramt jagten. Zunächst folgten bittere Jahre, in denen er sich als Gelegenheitsfotograf durchschlug, ohne seinem Hobby untreu zu werden. Im Gegenteil: 1938 füllte Paul Ahnert zwei Nummern der berühmten Fachzeitschrift „Astronomische Nachrichten" mit seinen Beobachtungen veränderlicher Sterne. Gerade damals kehrte Hoffmeister von seiner ersten astronomischen Forschungsreise aus Südafrika zurück und mußte in Sonneberg eine frei gewordene Planstelle besetzen. Auf Grund der Veröffentlichungen des Sternfreunds bot er ihm die Stelle an, und Ahnert sagte zu, ohne lange zu überlegen. Von dieser Zeit an war er Mitarbeiter der Sternwarte Sonneberg und nahm an den Untersuchungen dieses Instituts, vor allem am Forschungsprogramm über die veränderlichen Sterne, teil. „Eine geregelte Arbeitszeit kannten wir nicht", erinnert sich Paul Ahnert. „Der Arbeitstag hatte 14 Stunden, und es hat niemand etwas ausgemacht. Wenn man einen Beruf erwischt hat, der seinen Neigungen so vollkommen entgegenkommt, kann man sich ein angenehmeres Leben gar nicht vorstellen." Es machte ihm deshalb auch nichts aus, daß er von einem minimalen Einkommen leben mußte; er vollbrachte vielmehr noch das Kunststück, innerhalb kurzer Zeit das Geld für einen Feldstecher zu sparen.

Jede klare Nacht konnte man den Astronomen am Fernrohr finden. Im ersten Jahr seines Sonneberger Aufenthalts machte er 3000 Beobachtungen veränderlicher Sterne! Und doch war dies nur ein Teil seines gesamten Arbeitsprogramms.

Während Ahnert nun in Sonneberg das zum Beruf gewordene Hobby ausübte, vergaß er doch die Amateure nicht, die mit einfacheren Hilfsmitteln und auf Kosten ihrer Freizeit viel Liebe auf dieselben Forschungsgegenstände verwendeten. Neben der Berufsarbeit blieb er nicht nur mit dem Herzen Amateur, sondern auch in der Tat durch Planetenbeobachungen, Doppelsternmessungen und anderes, was nicht zum Tagespensum gehörte.

Bei diesen Arbeiten spürte Ahnert den Mangel an geeigneten Zusammenstellungen von Daten, die der Amateur für seine Beobachtungen benötigt. Wollte man beispielsweise wissen, wann die einzelnen Planeten zu sehen sind, wie die Jupitermonde zu verschiedenen Zeitpunkten stehen, so mußte man sich durch schwer zugängliche und sehr teure Tabellenwerke hindurcharbeiten, die es wohl in der Bibliothek der Sonneberger Sternwarte, aber nicht in Reichweite des Amateurs gab. So kam Paul Ahnert auf die Idee, einen jährlich erscheinenden Kalender herauszubringen, in dem man alle diese Daten finden konnte. Während es anfangs noch schwierig war, den Absatz eines so speziellen Werkes zu sichern, wurde *Der Ahnert* mit der anwachsenden Amateurbewegung bald zu einem unentbehrlichen Hilfsmittel. Seit Jahrzehnten vom Verlag Johann Ambrosius Barth in Leipzig betreut, ist Ahnerts „Kalender für Sternfreunde" trotz relativ hoher Auflage stets rasch vergriffen, wenn er in die Regale der Buchläden kommt. Das „kleine astronomische Jahrbuch" – so der Untertitel des Kalenders – läßt keine Wünsche offen. Neben vielen weiteren Tabellen und grafischen Darstellungen bringt das Werk die vorausberechneten Örter, die Ephemeriden, von Sonne und Mond, die Zeitangaben für die Erscheinungen der Planeten, die Sichtbarkeit der hellen Planeten, die Sonnenaufgänge und -untergänge, die Finsternisse des jeweiligen Jahres, die Sternbedeckungen durch den Mond. „Zweck und Einrichtung des Kalenders" werden zu Beginn jedes Jahrgangs ausführlich erläutert. Neben dem Ephemeridenteil enthält der Kalender auch eine Rubrik „Neuere astronomische Arbeiten und Entdeckungen", deren Kurzbeiträge das Wissen des Sternfreunds auf den Stand der aktuellen Forschung bringen.

Charakteristisch für den vielseitig interessierten und regsamen Verfasser des Kalenders ist, daß er sich nie mit dem Erreichten zufriedengibt, was zu ständigen Verbesserungen führte und weiter führen wird. Im Vorwort zur Ausgabe für 1978 schrieb der damals Achtzigjährige: „... vorläufig macht mir das Leben überhaupt und die Astronomie im besonderen noch so viel Freude, daß ich mich noch nicht in den absoluten Ruhestand begeben möchte."*

1985 wurde der Unermüdliche „unter die Sterne versetzt". Der kleine Planet 3181 erhielt durch die Internationale Astronomische Union den Namen „Ahnert".

Nachdem wir uns von Paul Ahnert verabschiedet haben, wendet er sich wieder seinen fotografischen Aufnahmen veränderlicher Sterne zu. Auf dem Schreibtisch liegt ein Packen noch zu beantwortender Briefe von Kollegen und Sternfreunden aus dem In- und Ausland. Das Manuskript des Kalenders fürs übernächste Jahr ist bereits halb fertig.

---

* Dr. Paul Ahnert, Kalender für Sternfreunde 1978, Johann Ambrosius Barth, Leipzig 1977, S. 8

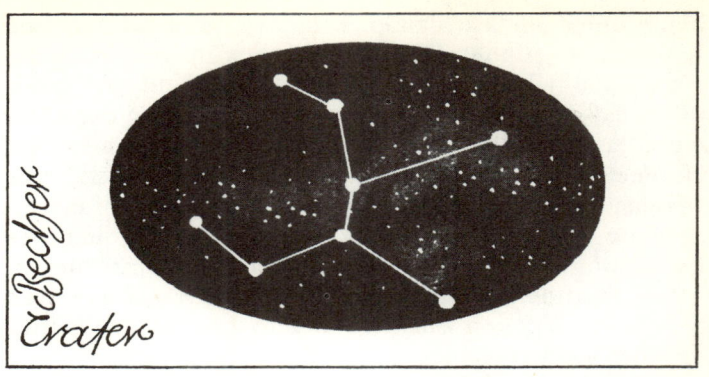

Auf den Spuren
antiker Himmelsforscher

Meisterleistungen
in fernrohrloser Zeit

Die Freude am Beobachten des Himmels, am Erkennen grundlegender Zusammenhänge, am Entdecken des Weltalls ist keineswegs an großen technischen Aufwand gebunden. Linsenfernrohre und Spiegelteleskope gelten zwar heute als Inbegriff der Technik moderner Kosmosforschung – und dies zweifellos zu Recht –, aber sind sie darum eine Voraussetzung der Wissenschaft von den Sternen?

Erinnern wir uns: In alten Überlieferungen, in babylonischen Keilschrifttexten, in mächtigen Bauten der Bronze- und Eisenzeit begegnen uns bereits erstaunliche astronomische Kenntnisse der Menschen vergangener Jahrtausende, von denen jedermann weiß, daß sie kein Fernrohr hatten. Wenn wir auch nicht auf das Jahr genau zu sagen vermögen, wann eigentlich die wissenschaftliche Astronomie ins Leben der Menschen trat, so besteht doch heute unter den Fachleuten kein Zweifel daran, daß die Astronomie mindestens auf das ehrwürdige Alter von etwa 3000 Jahren zurückblicken kann. Und das heißt nicht, daß es vorher nicht schon Beobachtungen des Himmels, tastende Versuche einer Orientierung unter den Himmelserscheinungen gegeben hat, die aber noch keine wissenschaftlichen Züge trugen. Das Fernrohr hingegen gelangte erst zu Beginn des 17. Jahrhunderts auf die historische Bühne, und die ersten damals heißumstrittenen wissenschaftlichen Himmelsbeobachtungen stammen aus dem Jahre 1609 und wurden von dem italienischen Naturforscher Galileo Galilei ausgeführt.

Große Namen begegnen uns in der vorteleskopischen Zeit – Namen, die auch der weniger Bewanderte schon gehört hat: Hipparch, Ptolemäus, Regiomontanus, Purbach, Copernicus, Cusanus, Tycho Brahe und andere. Sie alle haben für die wissenschaftliche Erfassung der uns umgebenden kosmischen Weiten grundlegende Erkenntnisse gewonnen, ohne sich dabei der Hilfe des Fernrohrs bedienen zu können. Beweis genug, daß die Teleskope für den Liebhaber des gestirnten Himmels keine unverzichtbare Voraussetzung für die Ausübung seines Hobbys sind. Gewiß, zu neuen Erkenntnissen wird man heute ohne Fernrohr nicht mehr gelangen, aber Anregung zum Nachdenken über den Kosmos und den mühevollen geschichtlichen Weg seiner Erforschung gewähren uns auch Beobachtungen mit dem bloßen Auge.

Was dachten die Alten über die Größe der Welt? In dieser Frage liegt ein wesentliches Problem aus den Anfangszeiten der Astronomie verborgen. Denn die mythologische Vorstellung, daß die eigentliche Welt die scheibenförmige Erde sei, welche die sich unendlich weit erstreckenden Wasser eines Weltozeans umschließen und über der sich der Zierat des Himmels spannt, ist keine wissenschaftliche Erkenntnis. Auch die elementare Beobachtung, daß es unter den leuchtenden Lichtpünktchen des Himmels solche gibt, die ihre Stellung zueinander immer beibehalten (Fixsterne), und solche, die sich mit unterschiedlichen Geschwindigkeiten vor dem Hintergrund der anderen Sterne weiterbewegen (Planeten), kann noch nicht als wissenschaftliche Erkenntnis bezeichnet werden.

Ganz anderen Charakter hingegen besitzt die Frage der griechischen Denker, warum die verschiedenen Wandelsterne sich unterschiedlich rasch bewegen. Die daran geknüpfte Vermutung, daß die Planeten unterschiedlich weit von der im Mittelpunkt gedachten Erde entfernt stehen, hat bereits eine wissenschaftliche Grundlage. Diese Vermutung ist nämlich nur möglich durch die Verknüpfung einer einfachen Gestirnsbeobachtung mit auf der Erde gewonnenen Erfahrungen. Diese besagen, daß gleich schnell bewegte Körper um so langsamer fortzulaufen scheinen, je weiter sie sich vom Beobachter entfernt befinden. Somit kann man aus diesem von Aristoteles (384–322 v. u. Z.) formulierten Gesetz der Reihenfolge eine Abstandsfolge der Planeten konstruieren. Der am schnellsten laufende „Wandelstern", der Mond, muß demnach auch der Erde am nächsten stehen. Sodann kommen die Sonne mit Merkur und Venus, Mars, Jupiter und Saturn.

Schwierigkeiten bereitete lediglich die Frage nach den Abständen von Merkur und Venus; denn diese Planeten haben nach dem Gesetz der Reihenfolge automatisch denselben Abstand wie unser Tagesgestirn, da sie sich mit derselben Winkelgeschwindigkeit um den gesamten Himmel bewegen wie die Sonne, während sie ansonsten um deren Position nur herumpendeln. Die Ursache dieses Verhaltens liegt darin, daß es sich bei Merkur und Venus um innere Planeten handelt, die sich innerhalb der Erdbahn um die Sonne bewegen. Doch das ist erst eine Erkenntnis des Copernicus. Die antiken Denker vermochten deshalb den Abstand dieser Planeten unter Verwendung des Gesetzes der Reihenfolge nicht zu klären. Ptolemäus ordnete sie so an, daß dem Mond zunächst Merkur, dann Venus und danach die Sonne folgt. Er meinte nämlich, daß unterhalb der Sonne kein sinnloser leerer Raum vorkommen könne, und paßte darum die beiden Planeten ihrer Bewegung an. Dazu griff er auf die Abstände von Sonne und Mond zurück, die bereits zuvor durch

Aristarch von Samos (etwa 320–250 v. u. Z.) beziehungsweise Hipparch (um 190–125 v. u. Z.) als Ergebnis scharfsinniger Überlegungen bestimmt worden waren.

Wie hatten nun diese beiden Meister der antiken Astronomie das Kunststück fertiggebracht, die Entfernungen der Himmelskörper Sonne und Mond zu ermitteln?

Eine Länge zu messen heißt nichts anderes, als sie mit anderen Distanzen zu vergleichen. Gewöhnlich sind die Vergleichslängen dabei wohldefiniert und in Form von Maßstäben aufbewahrt. So messen wir heute Entfernungen auf der Erde in Metern und den davon abgeleiteten Einheiten, vom Millimeter bis zum Kilometer.

Eine kosmische Distanz in Metern oder einer anderen „irdischen" Längeneinheit auszudrücken, vermochte man in der Antike freilich noch nicht. Vielmehr mußte sich Aristarch damit begnügen, die Entfernung der Sonne in Einheiten der Mondentfernung oder – was dasselbe bedeutet – die Mondentfernung in Bruchteilen der Sonnenentfernung anzugeben. Schon dies war eine großartige Leistung. Der geniale Grundeinfall von Aristarch bestand darin, daß er aus den verschiedenen Stellungen, die Sonne, Mond und Erde im Verlauf eines Monats zueinander einnehmen, eine solche auswählte, die der damaligen Dreiecksberechnung zugänglich war und somit gestattete, aus einem Meßwert andere, unbekannte Größen des entsprechenden Dreiecks zu berechnen. Dies ist jeweils im ersten oder letzten Viertel des Mondes, das heißt bei zunehmendem oder abnehmendem Halbmond, der Fall. Dann ergeben nämlich Mond, Erde und Sonne ein rechtwinkliges Dreieck. Modern formuliert, gilt es, den Kosinus des zu messenden Winkels zu bilden. Er stellt das Verhältnis der Mondentfernung zur Sonnenentfernung dar. Nun war zur Zeit des Aristarch die Lehre von der Berechnung der Dreiecke, die Trigonometrie, noch nicht so weit entwickelt, daß er einfach den Kosinus bilden konnte, aber im Prinzip entspricht seine Lösung diesem Ansatz.

Dreieck des Aristarch
Der Winkel α bestimmt das Verhältnis ME zu SE.

108

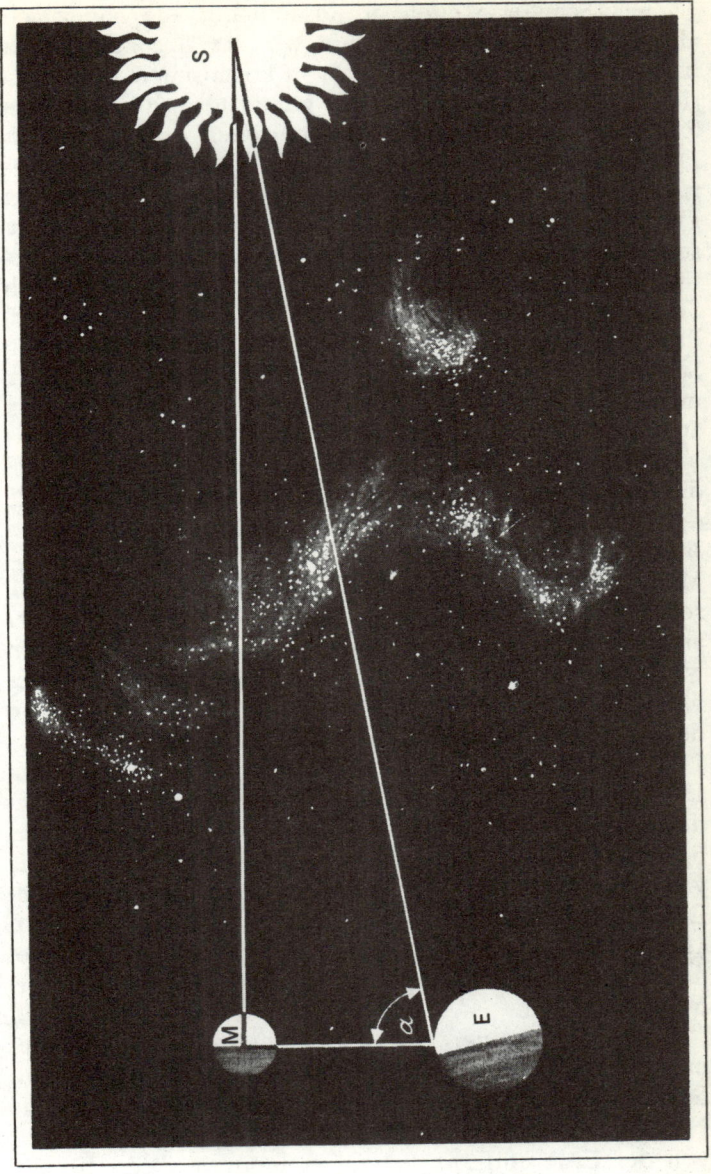

Zwei Schwierigkeiten grundsätzlicher Art haben wir allerdings zu bedenken, wenn wir das Ergebnis dieser historisch frühesten Messung von kosmischen Distanzen richtig einschätzen wollen: Es gilt erstens, den genauen Zeitpunkt der Halbphase zu „erwischen", die man auch Dichotomie nennt, weil nur dann die Bedingung des rechtwinkligen Dreiecks erfüllt ist. Die Feststellung der Dichotomie wird noch dadurch erschwert, daß wir für unsere Messung den Mond nicht am dunklen Himmel betrachten können, sondern zu einem Zeitpunkt, da sich Sonne und Mond gleichzeitig über dem Horizont befinden. Zweitens ist es nicht einfach, den Winkel zwischen Sonne und Mond in diesem Augenblick genau zu bestimmen. Wegen der raschen Bewegung des Mondes hat man auch nur wenig Zeit für die Messung.

Welches Ergebnis gewann nun Aristarch? Er fand, daß die Sonne 19mal so weit von der Erde entfernt steht wie der Mond. Vergleichen wir dieses Ergebnis mit dem tatsächlichen Verhältnis der mittleren Entfernungen Erde – Mond zu Erde – Sonne, so können wir uns einer Enttäuschung schwer erwehren – beträgt es doch 1 : 389. Aber angesichts der außerordentlichen Schwierigkeiten sollten wir gerecht bleiben und es Aristarch als ein bedeutsames historisches Verdienst anrechnen, als erster messend in den kosmischen Raum vorgedrungen zu sein.

Weniger verständlich, aber für die Haltung der Wissenschaftler jener Zeit typisch, ist die Tatsache, daß Jahrhunderte hindurch niemand diese Messung wiederholt, verbessert oder kritisiert hat. Vielmehr wurde das Ergebnis von Aristarch rund 18 Jahrhunderte als richtig angesehen. Erst 1650 hat der Astronom Gottfried Wendelin (1580–1667) die Messung mit besseren Hilfsmitteln wiederholt und eine unvergleichlich größere Sonnenentfernung gefunden.

Erheblich genauer gelang in der Antike die Bestimmung der Entfernung des Mondes. Einer der Gelehrten, denen wir diese Messung verdanken, ist Hipparch aus Nicäa. Er kam zu dem Ergebnis, daß der Mond 59 Erdradien von der Erde entfernt steht. Der moderne Wert für die mittlere Mondentfernung weicht mit 60,4 Erdradien nur unwesentlich von dem Ergebnis des Hipparch ab.

Die Richtigkeit des von Aristarch gemessenen Verhältnisses zwischen Sonnen- und Mondentfernung angenommen, konnte man nun auch die Sonnenentfernung in Erdradien angeben. Sie mußte $19 \cdot 59$ Erdradien = 1121 Erdradien betragen.

Ein Modell der Welt

Während die einen Gelehrten sich mit der Ermittlung von Daten über kosmische Objekte beschäftigten, widmeten sich andere der Frage nach dem Weltbild. Was war eigentlich dieser ganze Himmel mit seinen regelmäßig, aber doch recht kompliziert ablaufenden Bewegungen?

Das erste historisch bedeutsame Resultat der Bemühungen um dieses Problem ist das geozentrische Weltsystem, das wir in dem berühmten Buch „Almagest" von Claudius Ptolemäus niedergelegt finden. Dort werden alle Bewegungen der verschiedenen Himmelskörper unter der Voraussetzung beschrieben, daß die Erde in der Mitte der Welt stünde. Um nun aber die eigenartigen Bewegungen der Planeten zu erklären, konnte man keineswegs einfach annehmen, alle diese Himmelskörper drehten sich um die Weltmitte. Wie sollte man dann verstehen, warum sich die Planeten unter den Fixsternen bald entgegen, bald in Richtung der scheinbaren Himmelsdrehung bewegten? Man mußte schon ein komplizierteres Modell ersinnen. An diesem Werk haben viele mitgearbeitet, und Ptolemäus hat es vollendet. Im wesentlichen benutzte er raffiniert ausgedachte Hilfskreise, auf denen sich die Planeten so bewegen sollten, daß insgesamt gerade die Bewegungen herauskommen, die man am Himmel tatsächlich beobachtet.

Das große Werk, in dem alle diese Ergebnisse mit höchster Meisterschaft dargestellt sind, erschien in deutscher Übersetzung unter dem Titel „Handbuch der Astronomie" bei der Verlagsgesellschaft B. G. Teubner in Leipzig, und wer es zur Hand nimmt, wird erstaunt sein über die

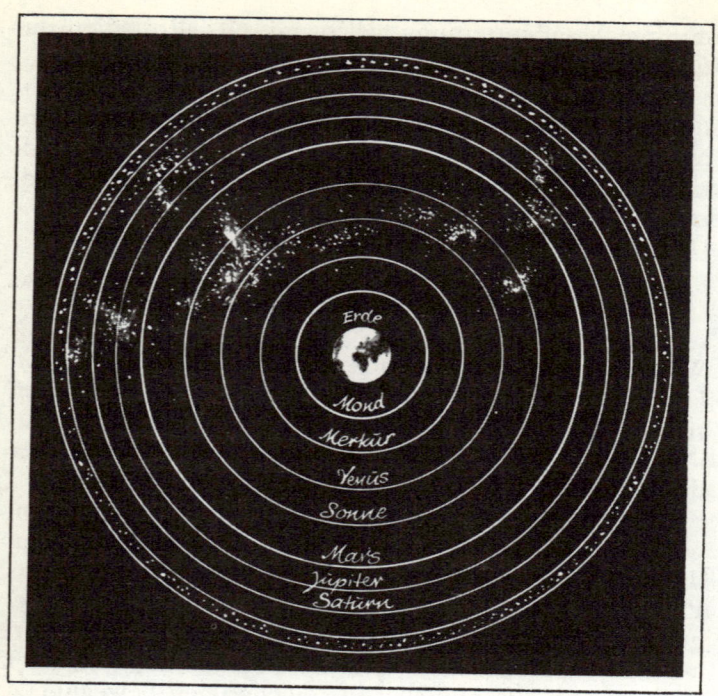

Geozentrisches Weltsystem

scharfsinningen und komplizierten Überlegungen, mit denen die Gelehrten schon vor fast zweitausend Jahren ar-
beiteten – ohne Fernrohr!

Das Modell der Welt, das uns aus der Antike überliefert
wurde, behauptete sich aus verschiedenen Ursachen außerordentlich lange. Ein schwergewichtiger Grund liegt
natürlich in der für jedermann sichtbaren Übereinstimmung dieses Bildes mit dem Augenschein. Dieser läßt uns
selbst heute noch im Stich, wenn wir die tatsächlichen Be-
wegungsverhältnisse verstehen wollen. Denn von einer
Bewegung der Erde um ihre Achse bemerken wir direkt
nichts. Auch die Bewegung der Erde um die Sonne vollzieht sich ohne die von Fahrzeugen bekannten Nebenwir-

kungen. Die kosmischen Bewegungen laufen eben reibungsfrei ab. Keine Straße oder Schiene führt die Himmelskörper auf ihrer Bahn, und so ziehen sie still ihren Weg, einzig durch das Band der Anziehungskraft an die Objekte gebunden, um die sie sich bewegen: die Monde um die Planeten, die Planeten um die Sonne und die Sonne um das Zentrum des ganzen Sternsystems.

Dennoch gab es schon im Altertum Ansichten, die diesem Augenschein zuwiderliefen. So vertrat Aristarch die Meinung, daß die Erde ein bewegter Körper sei, der nicht in der Mitte der Welt stünde. Die erwähnten Entfernungsmessungen haben wohl dazu beigetragen, daß er zu dieser Auffassung gelangte. Seine Messungen zeigten ihm, daß die Sonne viel weiter von der Erde entfernt ist als der Mond; andererseits sehen Sonne und Mond am Himmel aber gleich groß aus, das heißt, sie besitzen denselben scheinbaren Durchmesser. Daraus folgt, daß die Sonne in Wirklichkeit viel größer sein muß als der Mond. Aristarch erschien es deshalb weit überzeugender, daß dieser riesige hellstrahlende Körper im Zentrum der Welt steht. Aber seine Lehre konnte sich nicht durchsetzen. Dies hing vor allem damit zusammen, daß Aristarchs Weltbild nichts weiter als eine einfache Umkehrung, ein ebenfalls mögliches, dem geozentrischen aber in mehrerer Hinsicht unterlegenes Modell darstellte. Irdische Gegenstände konnten sich nur unter dem Einfluß von Kräften bewegen. Himmelskörper bewegten sich scheinbar ohne das Wirken von Kräften. Hieraus ergab sich ein scheinbar prinzipieller Unterschied zwischen Himmel und Erde, wie ihn Ptolemäus in seinem Weltbild lehrte, während Aristarch ihn leugnete. Außerdem wurden in der Antike die Himmelsbeobachtungen von Freien, alle Erfahrungen mit den irdischen Dingen, denen der materiellen Produktion, aber von Sklaven gemacht. Allein diese Tatsache war ein gewichtiger sozialer Grund, der gegen eine Vereinheitlichung der irdischen und der himmlischen Sphäre und damit letztlich gegen Aristarch sprach. Die Zeit war nicht reif – weder wissenschaftlich noch gesellschaftlich – für die heliozentrische Idee.

Doch auch der größte Fortschritt der wissenschaftlichen Erkenntnis, die kühne Hypothese des Nicolaus Copernicus über das heliozentrische Weltsystem, kam noch ohne Fernrohr zustande. Alles in allem: Vom ersten Erstaunen über die funkelnden „Zierden" des Himmels bis zu der grundlegenden Erkenntnis, daß die Sonne sich im Zentrum des Planetensystems befindet, die Erde ein Planet wie alle anderen Planeten ist und die Fixsterne viel weiter entfernt stehen als diese, war der Mensch auf das ihm von der Natur gegebene Auge angewiesen.

Einfache Visier- und Peilinstrumente, aufmerksame Beobachtung und kluge Auswertung können uns also bereits eine Fülle von Einsichten vermitteln. Es wäre deshalb auch nicht richtig, dem Sternfreund von heute zu sagen: Baue oder kaufe dir erst ein Fernrohr, ehe du mit astronomischen Beobachtungen beginnst. Die folgenden Hinweise sollen vielmehr zeigen, wieviel Freude und Erkenntnis es bringt, auf den Spuren der antiken Himmelsforscher zu wandeln und ihre Entdeckungen gleichsam zu wiederholen.

Wir bestimmen ein Datum

Natürlich könnten wir das Datum des heutigen Tages ganz einfach bestimmen, indem wir uns eine Tageszeitung kaufen und ihr diese Angabe entnehmen. Aus Freude am Beobachten wollen wir es uns aber etwas schwerer machen und zur Ermittlung des Datums die größte Sonnenhöhe des Tages messen. Wegen ihrer scheinbaren Bewegung entlang dem Tierkreis nimmt die Sonne für jeden Ort der Erdoberfläche nur zweimal im Jahr mittags dieselbe Höhe über dem Horizont ein, und eine gute Höhenmessung wird es daher mit ziemlicher Sicherheit gestatten, das jeweilige Datum festzustellen. Um aus den zwei möglichen Daten das zutreffende auszuwählen, benötigen wir allerdings noch die Kenntnis der Jahreszeit, zu der wir die Messung durchführen. Außerdem bedienen wir uns einer Reihe von Hilfsmitteln, die dem

114

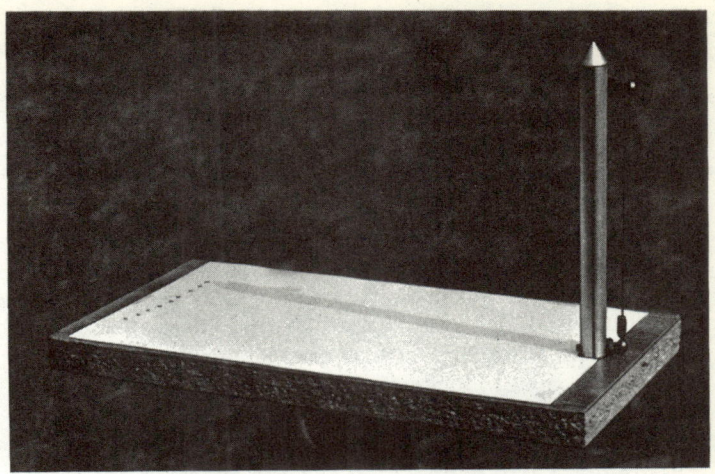

Einfacher Schattenstab

modernen Amateur zur Verfügung stehen, in der Antike jedoch fehlten. Wir machen es uns also letztlich einfacher als unsere berühmten Vorgänger. Um so größer wird unsere Hochachtung vor den Leistungen der Alten sein.

Zum Messen der Sonnenhöhe benötigen wir einen Schattenstab, das wohl älteste aller astronomischen Instrumente.

Man kann einen Schattenstab sehr verschiedener Länge bauen. Das probeweise gebaute Gerät, das die Abbildung zeigt, besteht aus einem Stab von 150 mm Länge, der auf einer Grundplatte der Fläche 20 cm × 30 cm in einer Bohrung befestigt ist. Als Grundplatte dient eine beiderseits beschichtete Möbelplatte. Der Schattenstab besteht aus Rundaluminium mit einer angedrehten Spitze. Die Stablänge und die Maße der Grundplatte sind auf Sonnenhöhenmessungen um die Zeit des Frühlings- und Herbstanfangs berechnet. Für Messungen während der Sommermonate sollte der Stab wegen des kürzeren Schattens als Folge des höheren Sonnenstands länger sein, damit die Messungen nicht zu ungenau werden. Für Messungen während der Wintermonate hingegen empfiehlt sich ein kürzerer Stab. Um das Instrument möglichst bequem handhaben zu können, bringen wir an der Unterseite der Grundplatte ein Gewindestück an, das die Verwendung des Schattenstabs auf einem Fotostativ gestattet.

Natürlich müssen wir dafür sorgen, daß der Schattenstab während der Messung genau senkrecht auf der Grundplatte steht und die Grundplatte horizontal ausgerichtet ist. Hierzu verwenden wir eine Wasserwaage und ein kleines Lot, das unmittelbar am Schattenstab angebracht ist. Auf der Grundplatte befestigen wir ein Blatt weißes Papier, um die Spitze des Schattens jeweils markieren und später auswerten zu können.

Etwa 90 Minuten vor dem Durchgang der Sonne durch die Südrichtung, den Meridian, beginnen wir mit unseren Messungen. Dazu beobachten wir den Schatten des Stabes und zeichnen die Endpunkte in Abständen von jeweils etwa 5 Minuten auf das Blatt. Außerdem notieren wir die Zeit. Etwa 90 Minuten nach dem Durchgang der Sonne durch die Südrichtung beenden wir unsere Beobachtung. Am genauesten erhalten wir die Zeit des Meridiandurchgangs der Sonne, wenn wir die Zeitpunkte jeweils gleicher Schattenlängen vor und nach dem Durchgang aufschreiben und das arithmetische Mittel bilden.

Um nun aus dem längsten Schatten die Sonnenhöhe zu ermitteln, benötigen wir noch eine Tafel mit den Winkelfunktionen. Denn die Sonnenhöhe ergibt sich nach den Gesetzen der Dreiecksberechnung (Trigonometrie) zu $h = \text{arc tan } s/l$. In dieser Formel bedeuten h die Sonnenhöhe, s die Länge des Schattenstabs und l die Schattenlänge.

Da die Sonne einen meßbaren scheinbaren Durchmesser besitzt, entsteht hinter dem Schattenstab sowohl ein Kernschatten als auch ein Halbschatten. Weil wir das Ende des Kernschattens gemessen haben, ist der Winkel h gegenüber der auf den Sonnenmittelpunkt bezogenen Sonnenhöhe noch um einen scheinbaren Sonnenradius zu groß, so daß wir diesen Betrag – etwa 15′ – von dem errechneten Wert abziehen müssen. (Strenggenommen, schwankt der scheinbare Sonnendurchmesser wegen der unterschiedlichen Entfernung zwischen Sonne und Erde im Laufe eines Jahres zwischen 32,58′ im Januar und 31,51′ im Juli.)

Nun nehmen wir ein astronomisches Jahrbuch zu Hilfe, um aus der gemessenen Mittagshöhe der Sonne das gesuchte Datum abzuleiten. In dem Tabellenteil des „Kalenders für Sternfreunde" von Paul Ahnert finden wir für jeden Tag des Jahres die Deklination δ der Sonne, das heißt ihren Winkelabstand vom Himmelsäquator. Der höchste Punkt des Himmelsäquators über dem Horizont eines Ortes, der Äquatorkulm (lat. culmen = Gipfel), entspricht 90° minus der geographischen Breite dieses Ortes. Die Mittagshöhe der Sonne setzt sich demnach aus der Summe von Äquatorkulm und Deklination zusammen. Unter Verwendung der geographischen Breite φ können wir folglich die Mittagshöhe h der Sonne nach der Formel $h = (90 - \varphi) + \delta$ berechnen. Selbstverständlich müssen wir auf das Vorzeichen der Deklination achten, das im Winterhalbjahr negativ, im Sommerhalbjahr hingegen positiv ist.

Es gilt allerdings zu bedenken, daß die mittäglichen Sonnenhöhen um die Zeit der Sonnenwenden nur geringe Schwankungen aufweisen. Folglich ist der Fehler unserer Datumsbestimmung dann besonders groß. Andererseits fällt sie um die Zeit der Tagundnachtgleichen recht genau aus.

Einfacher läßt sich die Sonnenhöhe mit Hilfe eines Sonnenrings bestimmen; er gestattet es, sie ohne jede Rechnung direkt abzulesen. Den Schattenstab könnten wir in diesem Fall dazu benutzen, den Moment des wahren Mittags zu ermitteln, das heißt den Zeitpunkt des kürzesten Schattens. Die dazugehörige, mit dem Sonnenring gemessene Sonnenhöhe ist dann der gesuchte Wert, der uns unter Verwendung des Jahrbuchs die Datumsbestimmung ermöglicht.

Dafür erfordert die Herstellung eines Sonnenrings allerdings etwas mehr Aufwand als die des Schattenstabs. Wir benötigen hierzu einen Metallring mit einem gut zentriert

117

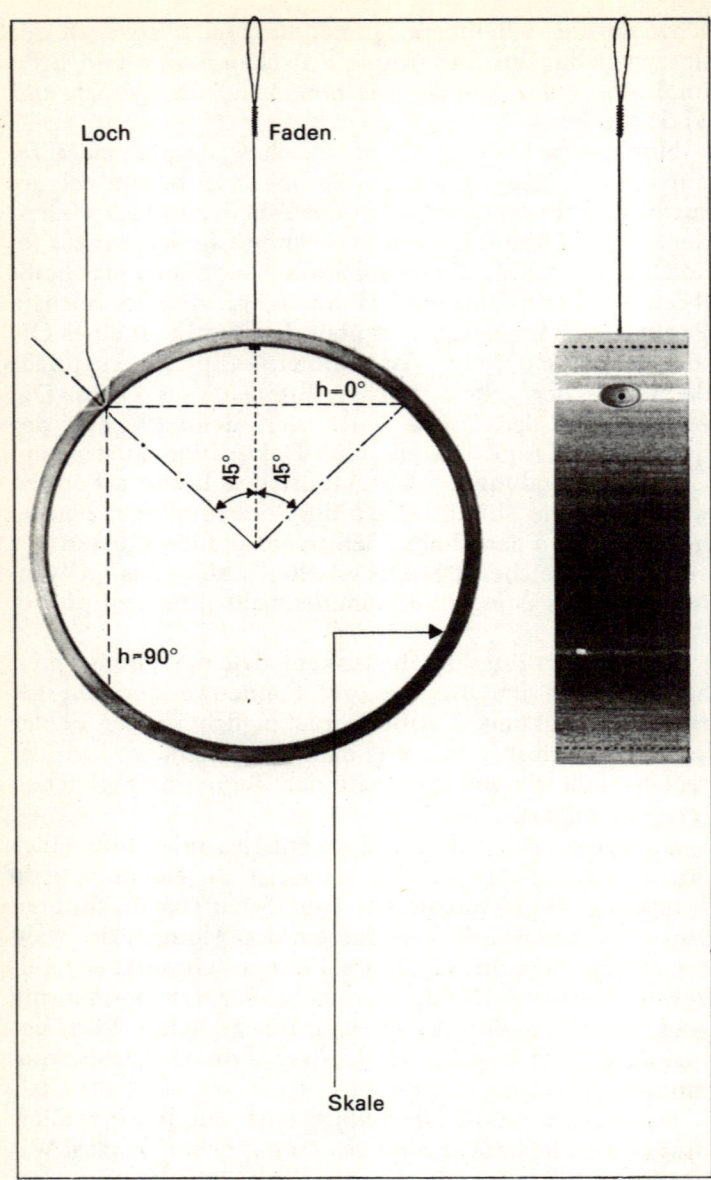

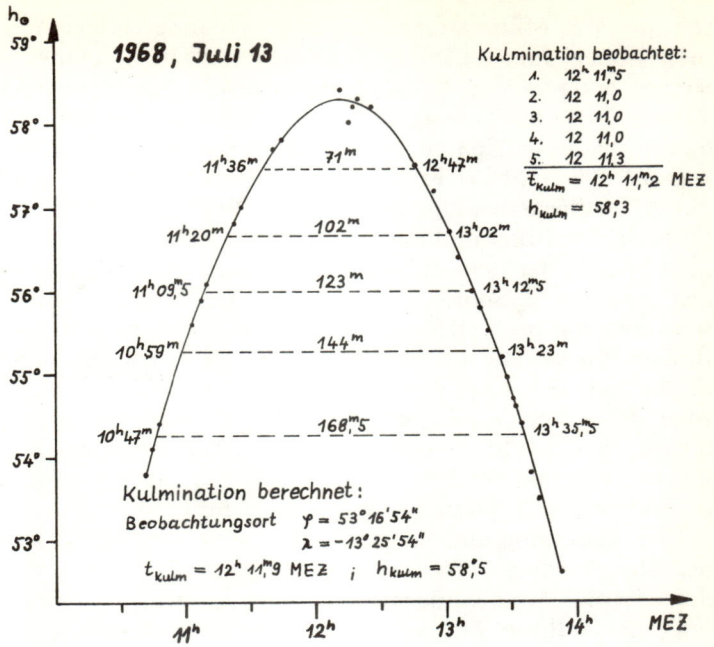

Auswertung einer Messung mit dem Sonnenring (Eckehard Rothenberg, Berlin)

zueinander hergestellten Innen- und Außendurchmesser. Die Wandstärke sollte etwa 5 mm betragen, der Innendurchmesser mindestens 70 mm. Der Ring wird an einem Faden frei aufgehängt und erhält dadurch seine Orientierung. Genau 45° vom Aufhängungspunkt entfernt bohren wir in den Ring ein kleines Loch, dessen Durchmesser nicht größer als 1 mm sein sollte. Durch diese Öffnung fällt nun ein winziges Sonnenbild auf die Innenfläche des Ringes. Dort bringen wir zweckmäßigerweise eine Skale an, die es gestattet, den Winkel der Sonnenhöhe direkt abzulesen. Hierzu ist es allerdings erforderlich, den Ringdurchmes-

Prinzip des Sonnenrings
Links: Konstruktion der Skale; rechts: Seitenansicht des Ringes

119

ser und die Millimetereinteilung aufeinander abzustimmen. Sollen zum Beispiel 2 mm auf der Skale 1° Höhenwinkel entsprechen, so muß der Innendurchmesser des Ringes 114,7 mm betragen. Hierbei wurde bereits eine Stärke des eingeklebten Millimeterpapiers mit der Skale von 0,1 mm berücksichtigt. Im Interesse der Genauigkeit der Ablesung ist es günstig, den Lochdurchmesser ebenfalls auf den Ringdurchmesser so abzustimmen, daß nach dem Prinzip der Lochkamera auf der Innenfläche des Ringes ein kleines Sonnenbild entsteht. Die *wirksame* Eintrittsbohrung muß sich an der Innenseite des Ringes befinden. Für einen Ring mit dem Durchmesser von 114 mm ergibt sich ein Blendendurchmesser von 0,35 mm. Man kann diese Blende beispielsweise aus Aluminiumfolie anfertigen und an der entsprechenden Stelle des Ringes einkleben, während die Bohrung im Metallring einen leichter zu erzielenden größeren Durchmesser aufweist.

Die Abbildung auf Seite 119 zeigt eine mit dem Sonnenring durchgeführte Meßreihe, die zur Bestimmung der Zeit des Sonnenhöchststands, das heißt zur Feststellung des wahren Mittags, diente. Der aus Angaben in einem astronomischen Jahrbuch entnommene Wert wich von dem gemessenen Wert nur um 43 Sekunden ab!

Der Punkt, auf dem wir stehen

Die Messungen der Mittagshöhe der Sonne können natürlich auch dazu dienen, die geographische Breite des Beobachtungsortes zu bestimmen. Dazu verfahren wir gerade umgekehrt wie bei der Datumsbestimmung: Ausgangspunkt ist diesmal das Datum des Tages, an dem wir die Messung durchführen. Aus einem astronomischen Jahrbuch entnehmen wir die zu diesem Datum gehörige Deklination der Sonne, das heißt den Winkel, der ihren Abstand vom Himmelsäquator angibt. Nun gilt wieder $h = (90 - \varphi) + \delta$, so daß wir die geographische Breite durch Umformen der Gleichung zu $\varphi = 90 + \delta - h$ finden. Da der

Zeitpunkt der Kulmination hierbei ersichtlich keine Rolle spielt, ist für unsere Messung auch keine Uhr erforderlich.

Etwas komplizierter gestaltet sich die Bestimmung der geographischen Länge. Hierbei spielt die Zeitmessung eine entscheidende Rolle. Die Meßaufgabe ist demgemäß anspruchsvoller. Die geographische Länge wird auf den Nullmeridian bezogen, der durch die alte englische Sternwarte in Greenwich verläuft. Verfügen wir über die Ortszeit von Greenwich und messen unsere eigene Ortszeit, so reichen diese Angaben bereits aus, um die Längendifferenz zwischen Greenwich und unserem Meßort zu bestimmen. Relativ einfach gegenüber früheren Zeiten wird unser Meßproblem dadurch, daß wir heute praktisch überall auf der Erde Zeitzeichen empfangen können, die zu der Ortszeit des Nullmeridians, der Weltzeit (UT = Universal Time), in einem bekannten Verhältnis stehen. Vernehmen wir beispielsweise von einem unserer Rundfunksender ein Zeitzeichen, so wissen wir, daß die dazugehörige Zeit, die Mitteleuropäische Zeit (MEZ), der Weltzeit (UT) um eine Stunde voraus ist, weil die MEZ auf den Meridian 15° östlicher Länge bezogen wird und die Ortszeitdifferenz von 15° zu 15° stets eine Stunde beträgt. Entsprechend eilt die Mitteleuropäische Sommerzeit (MESZ) der UT um zwei Stunden voraus.

Bei unserer Längenbestimmung verfahren wir nun folgendermaßen: Zunächst ermitteln wir den Augenblick des wahren Mittags mit dem Schattenstab auf die oben dargelegte Weise. Die zu den verschiedenen Schattenlängen gehörenden Zeitpunkte sollten sekundengenau notiert werden. Unsere Uhr kontrollieren wir daher zweckmäßigerweise vor und nach den Messungen mit Hilfe von Zeitzeichen der Rundfunksender.

Kennen wir nun den Augenblick der Kulmination der Sonne, so müssen wir noch bedenken, daß es sich hierbei um die wahre Sonne handelt. Diese wird aber heute nicht mehr als Grundlage unserer Zeitrechnung verwendet. Vielmehr beziehen wir uns auf eine mittlere Sonne, die man sich als gleichmäßig schnell auf dem Himmelsäquator umlaufend denkt und die folglich stets um 12 Uhr mittlerer Ortszeit kulminiert. Wir müssen daher noch die Differenz wahre Zeit minus mittlere Zeit, die Zeitgleichung, bei unserem Ergebnis berücksichtigen. Diese Zeitgleichung entnehmen wir einem astronomischen Jahrbuch, beispielsweise wiederum dem „Kalender für Sternfreunde" von Paul Ahnert. Dort ist die Kulmination der Sonne für jeden Tag und bezogen auf 15° östlicher Länge in MEZ angegeben. Die Differenz zu 12 Uhr liefert uns folglich für jeden Tag die Zeitgleichung (Vorzeichen beachten!). Korrigieren wir unser Meßergebnis mit dieser Zeitgleichung, dann kennen wir die Kulminationszeit der mittleren Sonne am Meßort, während sie für Greenwich gerade 13 Uhr MEZ beträgt. Wir bilden also die Differenz 13 Uhr minus Kulminationszeit der mittleren Sonne am Beobachtungsort und erhalten so unsere östliche Länge im Zeitmaß. Da 15° Längendifferenz gerade einer Stunde Ortszeitdifferenz entsprechen, können wir mit Hilfe des Dreisatzes unsere geographische Länge ausrechnen:

1 Stunde Ortszeitdifferenz   — 15° Längendifferenz
1 Minute Ortszeitdifferenz   — 15′ Längendifferenz
1 Sekunde Ortszeitdifferenz   — 15″ Längendifferenz

Es ist also nicht ganz unkompliziert, die geographische Länge aus einer einfachen Messung zu bestimmen. Wer es dennoch einmal ausprobiert, wird bei sorgfältigem Vorgehen durch ein recht genaues Ergebnis belohnt: Unter Verwendung von Schattenstab, Armbanduhr und Rundfunkgerät beträgt der lineare Fehler nur etwa 2,5 km. Wieder müssen wir vor unseren Vorfahren den Hut ziehen, die weder Armbanduhr noch Rundfunkzeitzeichen besaßen und trotzdem noch genauere Längenmessungen zustande brachten.

Schattenstab und Sonnenring vermögen uns weitere elementare Kenntnisse zu vermitteln. So können wir auch die Zeitpunkte der Sonnenwenden (Solstitien) sowie der Tagundnachtgleichen (Äquinoktien) bestimmen. Während der Solstitien erreicht die Mittagshöhe der Sonne ihr jährliches Maximum beziehungsweise Minimum. Da sie sich um die Zeit der Sonnenwende im Sommer beziehungsweise im Winter von Tag zu Tag nur wenig ändert, ist es zweckmäßig, den Zeitpunkt der Solstitien aus längeren Meßreihen abzuleiten, die etwa 20 Tage vor dem erwarteten Datum beginnen und bis etwa 20 Tage danach fortgesetzt werden. Dies ist auch deswegen erforderlich, weil der genaue Zeitpunkt der Sonnenwende im allgemeinen nicht mit dem Meridiandurchgang der Sonne zusammenfallen wird. Man muß also stets genügend Messungen zur Verfügung haben, um bei der Bildung des Mittels einen zuverlässigen Wert zu erhalten.

Wie groß ist die Erde?

Jeder einigermaßen gebildete Mensch hat heute eine Vorstellung von den Dimensionen des Erdkörpers, und wenn er sie nicht hat, so weiß er, wo er die gesuchten Zahlen nachschlagen kann. Der Radius der Erde beträgt am Äquator annähernd 6380 km, am Pol ist er mit 6360 km etwas geringer, weil unser Heimatplanet eine abgeplattete Gestalt aufweist.

Für unsere Vorfahren in grauer Vergangenheit war die Größe der Erde ein schier unergründliches Geheimnis. Als eine bedeutende Leistung muß bereits die Erkenntnis von der Kugelgestalt der Erde gegenüber der alten Annahme, die Erde sei eine Scheibe, eingeschätzt werden. Denn die Auffassung von der Scheibengestalt folgt unmittelbar aus dem Augenschein; die Überzeugung von der Kugelgestalt, die bereits in der Antike ausgeprägt war, erwuchs hingegen erst aus feineren Beobachtungen und Schlußfolgerungen.

Es ist beeindruckend, daß schon im 5. Jahrhundert v. u. Z. Versuche unternommen wurden, eine wissenschaftlich begründete Vorstellung von der Größe der Erdkugel abzuleiten. Leider wissen wir aber darüber so gut wie nichts Konkretes. Hingegen ist bekannt, daß es erstmals dem griechischen Gelehrten Eratosthenes (um 282 bis um 202 v. u. Z.) gelang, eine recht zutreffende Vorstellung von der Erdgröße zu ermitteln. Wir wollen seine Verfahrensweise kurz beschreiben und einen Vorschlag zur zeitgemäßen Wiederholung seines Experiments machen.

Eratosthenes hat im Prinzip mit einem Schattenstab gearbeitet und mit seiner Hilfe festgestellt, daß die Länge des Schattens zur Mittagszeit am Sommersanfang in Syene, dem heutigen Assuan, Null beträgt. Die Sonne steht dann also im Zenit, das heißt genau senkrecht über dem Beobachter. Zur gleichen Zeit erscheint sie jedoch für einen Beobachter in Alexandria, wie Eratosthenes ebenfalls ermittelte, um $1/_{50}$ des Meridians, also um 7,2°, vom Zenit entfernt. Der Gelehrte überlegte sich nun ungefähr folgendes: Alexandria und Syene liegen etwa auf demselben Längenkreis, das heißt der eine Ort recht genau nördlich des anderen. Da die Strahlen der Sonne parallel auf die Erdoberfläche treffen, muß der Bogen des Schattens in Alexandria dem Bogen auf der Erdoberfläche zwischen Alexandria und Syene entsprechen.

Der Gesamtumfang der Erde läßt sich demnach ermitteln, indem man den linearen Abstand D zwischen Syene und Alexandria zu dem gesuchten Wert U ins Verhältnis bringt und dieses dem Verhältnis des gemessenen Bogens zum Vollkreis gleichsetzt: $\dfrac{U}{D} = \dfrac{360°}{7,2°}$.

Eratosthenes legte nun einen Wert von 5000 Stadien (1 Stadium etwa 0,15 km) für den Abstand zwischen Alexandria und Syene zugrunde und erhielt somit für den Erdumfang einen Betrag von 250000 Stadien, was dem modernen Wert recht nahe kommt. Auch hier ist weniger die zahlenmäßige Übereinstimmung hervorzuheben, die je nach der Definition des Stadiums mehr oder weniger gut ausfällt, als vielmehr wiederum das Prinzip der Messung. In der Genauigkeit wurde das antike Ergebnis der Erdumfangsbestimmung erst im 18. Jahrhundert durch prinzipiell gleichartige, aber technisch perfekter ausgeführte Messungen übertroffen.

Ein kleines Abenteuer steht demjenigen bevor, der sich entschließt, auf den Spuren des antiken Erdmessers zu wandeln. Er benötigt dazu lediglich einen Schattenstab

Erdmessung des Eratosthenes (Schema)
A = Alexandria; S = Syene

oder einen Sonnenring. Allerdings ist es erforderlich, eine Expeditionsgruppe aus mindestens zwei Personen zu bilden, da die Sonnenhöhe an zwei verschiedenen Orten gleichzeitig gemessen werden muß. Natürlich empfiehlt es sich, daß die Expeditionsteilnehmer den Umgang mit Schattenstab oder Sonnenring vorher üben, damit die Messungen höchst exakt ausfallen.

Als weitere Bedingungen für unser Vorhaben sind noch zu berücksichtigen: Die Beobachtungsorte sollten möglichst genau auf einem Meridian liegen, und die Entfernung der beiden Orte muß sich relativ einfach ermitteln lassen. Es nützt zum Beispiel nichts, zwei Orte zu wählen, die nicht direkt durch eine Straße miteinander verbunden sind, weil man sonst die Distanz der Meßpunkte praktisch nicht bestimmen kann.

Als Expeditionsorte schlagen wir Rostock und Tangermünde vor, die diese Bedingungen erfüllen. Zwar wäre es für die Genauigkeit des Resultats wünschenswert, einen größeren Breitenunterschied zu überbrücken, jedoch finden wir im Süden der DDR kaum noch geradlinig miteinander verbundene Orte, die sich an unsere nördliche Strecke anschließen lassen.

Die beste Verbindung zwischen Rostock und Tangermünde sind die Fernstraßen 103 bis Pritzwalk und 107 ab Pritzwalk. Den linearen Abstand D der beiden Expeditionsorte bestimmen wir ausreichend genau mit dem Kilometerzähler eines Fahrzeugs. Noch zünftiger wäre es freilich, wenn wir die Strecke abliefen und dabei unsere Schritte zählten. So wurde angeblich die Entfernung zwischen Alexandria und Syene seinerzeit ermittelt.

Nun bestimmen unsere beiden Expeditionsteilnehmer die Kulminationshöhe der Sonne an den beiden Meßorten. Die Differenz dieses Wertes ergibt die Breitendifferenz B der Orte. Der Erdumfang läßt sich dann gemäß der bekannten Formel zu $U = \dfrac{D \cdot 360}{B}$ berechnen.

Natürlich sind bei der Durchführung unseres Experiments dem Erfindungsreichtum keinerlei Grenzen gesetzt. Wer es vorzieht, statt der Sonne die Sterne zu beobachten, kann seine Messungen auch nachts vornehmen. Die Schwierigkeiten werden allerdings bei dieser Methode etwas größer. Es kommt nämlich dann darauf an, die Kulminationshöhen ein und desselben Sterns von zwei Orten desselben Meridians zu messen, deren linearer Abstand bekannt ist. Die Höhe muß also für den betreffenden Stern im Augenblick seines Durchgangs durch die Südrichtung bestimmt werden. Dazu benötigen wir einerseits eine Festlegung dieser Himmelsrichtung und zum anderen ein Höhenmeßgerät für Sterne. Das wird im allgemeinen ein einfaches Winkelmeßgerät sein. Man sollte jedoch keine Illusionen hegen: Die Genauigkeit einer solchen Erdumfangsbestimmung steht gewiß hinter der Sonnenhöhenmessung zurück. Es sei denn, wir benutzen statt des einfachen Visiergeräts ein Fernrohr, dessen Höhe abgelesen werden kann.

Sicher ist es für ausdauernde Sternfreunde eine reizvolle Aufgabe, den Erdumfang unter Anwendung verschiedener Hilfsmittel zu bestimmen und die Ergebnisse miteinander zu vergleichen. Die unterschiedlichen Resultate und Genauigkeiten dürften reichlich Stoff für eine Diskussion über die Meßfehler und ihre Herkunft liefern.

Konkurrenz für Aristarch

Ein für den Anfänger recht ehrgeiziges Unterfangen ist die Wiederholung des klassischen Versuchs von Aristarch, das Verhältnis der Mondentfernung von der Erde zur Sonnenentfernung zu bestimmen. Wir benötigen zu diesem Zweck ein Gerät, das es gestattet, den Winkelabstand des Mondes von der Sonne zur Zeit seines ersten oder letzten Viertels zu ermitteln.

Ein solches Gerät läßt sich auf einfache Weise folgendermaßen herstellen: Wir befestigen eine kräftige Holzleiste von etwa 18 mm Dicke, 35 mm Breite und rund 1 000 mm Länge über einen einfachen Kinokopf auf einem Fotostativ. In Verbindung mit dem Kinokopf erlaubt das Dreibeinstativ die Einstellung der Leiste in jede beliebige Richtung. Mit einer Schraube ist am Ende dieser Leiste eine weitere, jedoch erheblich leichtere Leiste drehbar befestigt. Hierfür genügt zum Beispiel eine Tapetenleiste, die etwa 20 mm breit und auf einem beträchtlichen Teil ihrer Länge versteift ist.

Nun sind noch Visuren, eine Peilvorrichtung nach dem Prinzip von Kimme und Korn, anzubringen. Dabei gilt es zu beachten, daß Sonne und Mond vom Drehpunkt unserer beiden Leisten gleichzeitig angepeilt werden müssen. Um dies auf einfache Weise zu bewerkstelligen, löten wir auf die Schraube einen Winkel aus Messingblech zentral auf, der eine kleine Bohrung enthält. Am vorderen Ende der Leiste befestigen wir ein weiteres Stück Blech mit einer scharfen Kante. Auch die andere Leiste trägt an ihrem vorderen Ende eine kleine Blechscheibe mit einer Bohrung. Die Höhe dieser Bohrung entspricht der am Drehpunkt der beiden Leisten.

Die Messung wird nun folgendermaßen ausgeführt: Zunächst richten wir das gesamte Gerüst so aus, daß die beiden Visierleisten durch die Ebene des Großkreises verlaufen, auf dem Sonne und Mond liegen. Eine Leiste wird dann auf die Sonne eingestellt, so daß deren Licht durch die am vorderen Ende der Leiste befindliche Bohrung fällt und nach dem Prinzip einer Lochkamera ein kleines Sonnenbild entwirft. Die Mitte des Sonnenbilds muß auf den Visierwinkel am Drehpunkt der beiden Leisten treffen. Durch die im Winkel angebrachte Bohrung blickt nun ein zweiter Beobachter gleichzeitig über die „Mondleiste" zum Mond. Diese Leiste ist so einzurichten, daß die Mitte der Mondscheibe, das heißt in unserem Fall die Licht-Schatten-Grenze (Terminator), mit der senkrechen Kante des vorderen Visierblechs übereinstimmt. Wenn wir diese Einstellung der Leisten vorgenommen haben, müssen wir den Winkel zwischen ihnen ermitteln. Dies kann auf zwei Wegen geschehen: Entweder bringt man zwischen den beiden Leisten eine Winkelskale an. Dies dürfte jedoch ein recht kompliziertes Unterfangen sein. Außerdem würde die Genauigkeit der Ablesung zu wünschen übriglassen. Besser ist es, den Winkel mathematisch zu ermitteln, indem wir den Abstand der beiden vorderen Visiereinrichtungen messen und dann mit Hilfe des Kosinussatzes der Trigonometrie unter Verwendung der bekannten Seiten auf den Visierleisten den gesuchten Winkel bestimmen.

Diese Beschreibung mag manchen vielleicht mutlos gemacht haben. Doch die praktische Durchführung der Messung ist durchaus nicht übermäßig kompliziert.

Skizze des Lattengerüsts zur Beobachtung des Winkelabstands zwischen Sonne und Mond nach Aristarch

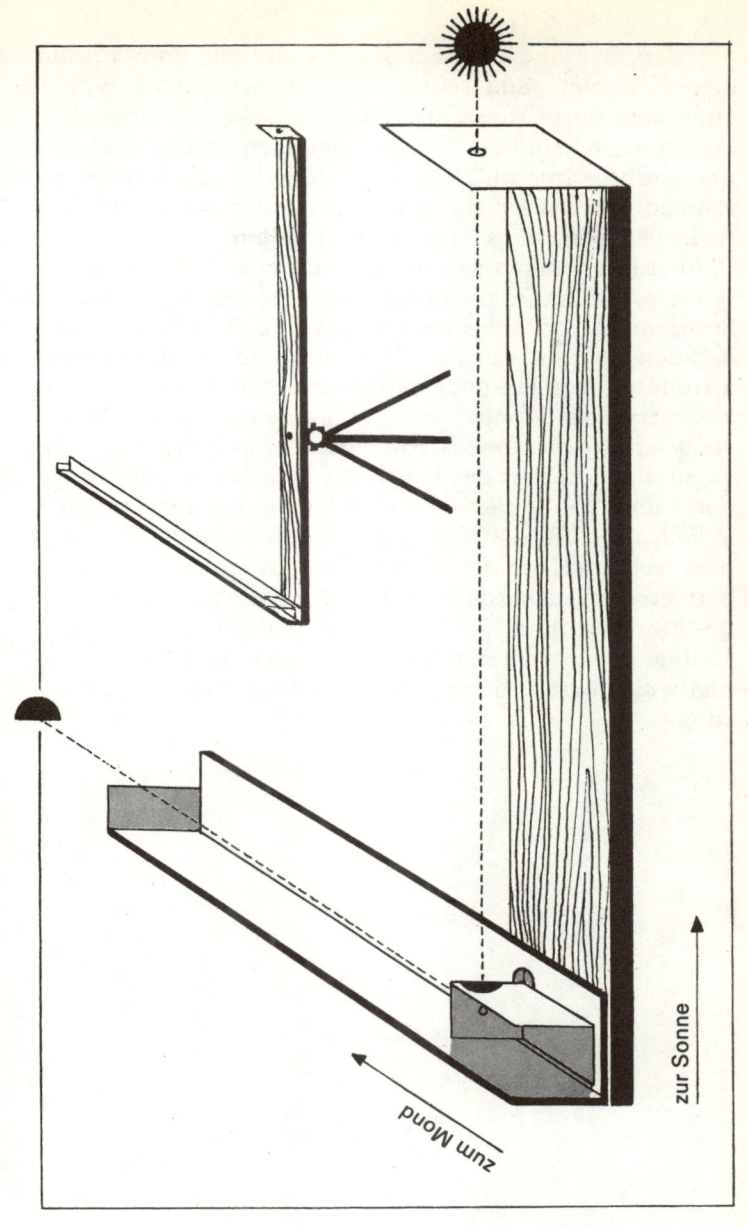

zur Sonne

zum Mond

Haben wir einen Tag ausgesucht, an dem der Mond im ersten Viertel steht, befinden sich bei gutem Wetter außerdem noch Mond und Sonne gleichzeitig über dem Horizont und sind die Sichtbedingungen ausreichend, um den Erdbegleiter am Taghimmel erblicken zu können, so müssen wir nur zügig einstellen und ablesen, um ein recht befriedigendes Resultat zu erhalten.

Allerdings sollten wir uns auch diesmal darüber im klaren sein, daß die Originalmessung des Aristarch im strengen Sinne nicht von uns wiederholt wurde. Wir haben nämlich den Zeitpunkt des ersten Viertels des Mondes einem astronomischen Jahrbuch entnommen und dann den Winkelabstand des Mondes von der Sonne gemessen. Das erste Viertel des Mondes tritt aber definitionsgemäß ein, wenn die Differenz der Länge des Mondes und der Länge der Sonne 90° beträgt. Die Überlegung des Aristarch gilt jedoch allein für die Halbphase des Mondes, die Dichotomie, weil nur dann der Winkel Mond – Erde – Sonne 90° beträgt. Die Dichotomie tritt in der zunehmenden Phase des Mondes schon 17 Minuten vor dem ersten Viertel ein. Gelingt es nicht, diesen Zeitpunkt genau festzustellen, so ergibt sich bereits daraus ein erheblicher Fehler der Messung.

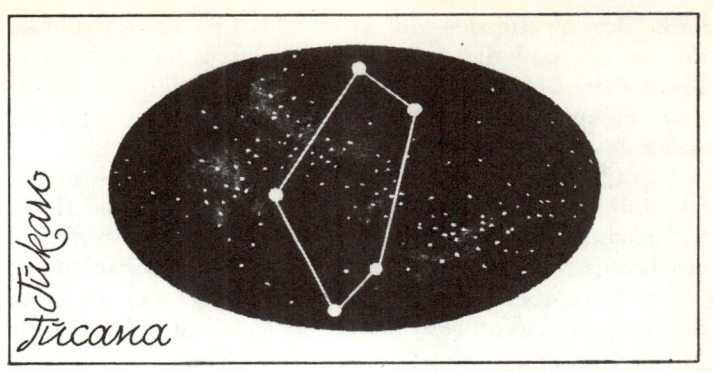

Tukano
Tucana

Sehwerkzeuge für den Sternfreund

Ein wenig Fernrohrtheorie

Galileo Galilei benutzte für seine Beobachtungen das holländische Fernrohr, das aufrecht stehende Bilder zeigt. Die späteren astronomischen Fernrohre beruhen jedoch hauptsächlich auf dem von Johannes Kepler (1571–1630) eingeführten Prinzip. Sie bestehen aus einer Sammellinse als Objektiv (lat. obiectus = entgegengeworfen) und einer zweiten Sammellinse als Okular (lat. oculus = Auge). Im Keplerschen Fernrohr erscheinen die Bilder dem Beobachter sowohl seitenverkehrt als auch auf dem Kopf stehend.

Die Abbildung eines weit entfernten Körpers kommt auf folgende Weise zustande: Von dem Objekt treffen parallele Lichtstrahlen auf das auch als Eintrittspupille EP bezeichnete Objektiv des Fernrohrs. Wegen der Lichtbrechung und der spezifischen geometrischen Form des Objektivs werden diese Strahlen hinter der Linse so gelenkt, daß in der Brennebene des Objektivs ein umgekehrtes wirkliches (reelles) Bild entsteht. Der Abstand vom Mittelpunkt der Linse bis zum Mittelpunkt der Brennebene heißt Brennweite des Objektivs. Das Okular bringt man nun so an, daß dieses reelle Bild sich gerade in seiner Brennweite befindet. Dadurch wird das reelle Bild vergrößert und gelangt so als scheinbares (virtuelles) Bild ins Auge des Beobachters.

Das Okular erzeugt hinter sich das reelle Bild der Austrittspupille AP. Wir können diese Austrittspupille sichtbar machen und ihren Durchmesser bestimmen, wenn wir ein durchscheinendes Blatt Papier hinter das Okular halten.

Die Vergrößerung V des Fernrohrs ergibt sich als Quotient aus der Brennweite des Objektivs F und der Brennweite des Okulars f. Es gilt $V = \dfrac{F}{f} = \dfrac{EP}{AP}$. Die uns später nochmals interessierende Austrittspupille läßt sich bei bekannter Vergrößerung V und gegebenem Objektivdurchmesser EP des Instruments ersichtlich auf einfache Weise berechnen; denn durch Umstellen obiger Gleichung folgt $AP = \dfrac{EP}{V}$.

Die Vergrößerung des Fernrohrs sagt uns, unter einem wievielmal größeren Winkel wir ein Objekt im Vergleich zur Betrachtung mit dem bloßen Auge sehen. Dies ist aus geometrischen Gründen gleichbedeutend mit einer entsprechend kleineren Entfernung. Ein Gegenstand, den wir durch ein Fernrohr mit zehnfacher Vergrößerung betrachten, erscheint uns folglich zehnmal so nahe wie bei der Betrachtung ohne Fernrohr.

Je stärker ein Teleskop jedoch vergrößert – und dies ist die Kehrseite der Medaille –, desto lichtschwächer wird das Bild, bezogen auf einen bestimmten Objektivdurchmesser. Als Maß für die Lichtstärke eines Fernrohrs benutzt man oft die Quadratzahl der Austrittspupille. Als Einheit „Lichtstärke 1" dient dann ein Instrument mit der Austrittspupille von 1 mm.

Strahlengang im Linsenfernrohr
EP = Eintrittspupille; AP = Austrittspupille; F = Brennweite des Objektivs; f = Brennweite des Okulars; B = reelles Bild; B' = Richtung des umgekehrten virtuellen vergrößerten Bildes

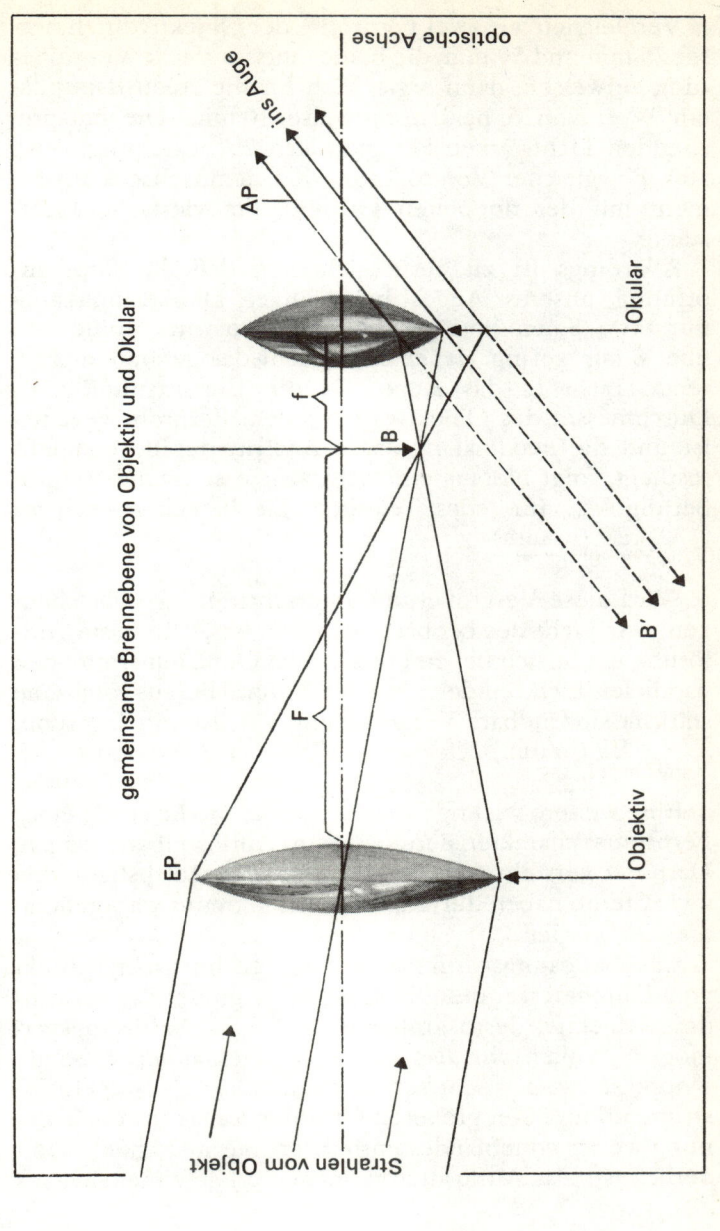

Vergleichen wir zwei Fernrohre der Objektivdurchmesser 25 mm und 50 mm, die beide eine fünffache Vergrößerung aufweisen, dann ergibt sich für die Austrittspupille ein Wert von 5 beziehungsweise 10 mm. Die entsprechenden Lichtstärken betragen also 25 beziehungsweise 100. Bei gleicher Vergrößerung hat demnach das Instrument mit der doppelten Öffnung die vierfache Lichtstärke.

Allerdings ist zu berücksichtigen, daß die Pupillenöffnung unseres Auges bei völliger Dunkelanpassung nur etwa 8 mm beträgt. Bei einer Austrittspupille von über 8 mm gelangt daher nicht mehr das gesamte austretende Licht in das Auge. Da die Eintrittspupille als Durchmesser des Objektivs bei jedem Fernrohr gegeben ist und die maximal nutzbare Austrittspupille ebenfalls festliegt, folgt hieraus eine schwächste sinnvolle Vergrößerung V_{min} für jedes Teleskop. Sie berechnet sich zu

$$V_{min} = \frac{EP \ (in \ mm)}{8}.$$

Wird diese Vergrößerung unterschritten, so „verschenken" wir Licht des beobachteten Objekts. Die beste Auflösung ergibt sich bei einem aus dem Okular austretenden parallelen Lichtbündel von etwa 3 mm. Hieraus folgt eine stärkste anwendbare Vergrößerung V_{max} für ein Teleskop:

$$V_{max} = \frac{EP \ (in \ mm)}{3}.$$

Eine weitere wichtige Größe, welche die Leistung eines Fernrohrs charakterisiert, ist sein Auflösungsvermögen. Darunter versteht man den kleinsten Winkelabstand, den zwei Sterne haben dürfen, um noch getrennt wahrgenommen zu werden.

Das Auflösungsvermögen eines Fernrohrs hängt direkt vom Durchmesser des Objektivs ab: Je größer das verwendete Objektiv, desto größer ist auch das Auflösungsvermögen. Wollen wir also sehr eng beieinander stehende Doppelsterne getrennt sehen, dann benötigen wir ein Instrument mit einer größeren Öffnung, als sie für die Trennung weiter voneinander entfernter „Sternpärchen" erforderlich ist. Das Auflösungsvermögen d berechnet sich aus

dem Objektivdurchmesser D des Fernrohrs zu $d = \frac{115}{d}$.
d ergibt sich in Bogensekunden, wenn D in Millimetern eingesetzt wird.

Aus den Gesetzen der Optik läßt sich ableiten, daß für jedes Objektiv eine förderliche Vergrößerung besteht, deren Überschreitung nicht mehr dazu beiträgt, die Information zu verbessern. Diese förderliche Vergrößerung ergibt sich gleich dem Objektivdurchmesser des Fernrohrs in Millimetern.

Was leistet der Feldstecher?

Feldstecher sind weit verbreitete, handliche und leistungsstarke Fernrohre, für viele Familien treue Begleiter auf Urlaubsreisen, um die Landschaft zu durchmustern und Tiere zu beobachten. Die wenigsten der stolzen Besitzer eines solchen optischen Instruments haben es je auf den Himmel gerichtet, wohl in der Annahme, daß es dafür nicht geeignet sei. Doch der Feldstecher ist im Prinzip nichts anderes als ein astronomisches Fernrohr, und je nach der Leistungsfähigkeit eines solchen Glases können wir damit gegebenenfalls sogar mehr vom Himmel erschauen und studieren als mancher Sterngucker des 17. Jahrhunderts mit seinen damals noch recht bescheidenen Fernrohren.

Da das astronomische Fernrohr – wie bereits erläutert – die Gegenstände sowohl seitenverkehrt als auch auf dem Kopf stehend abbildet, ist es für die Betrachtung irdischer Objekte ungeeignet. Während es den Astronomen nicht stört, wenn er den Südpol des Mondes oben im Bild vorfindet, müssen die Bilder bei der irdischen Fernrohrbeobachtung aufgerichtet und seitenrichtig erscheinen.

Es war der italienische Topograph Ignazio Porro (1801 bis 1875), der um 1850 die Einfügung von hochpolierten Glasprismen in den Strahlengang eines astronomischen

Fernrohrs vorschlug, um das Problem der terrestrischen (lat. terra = Erde) Beobachtung zu lösen. Doch erst gegen Ende des vergangenen Jahrhunderts, als der Jenenser Optiker und Astronom Ernst Abbe (1840–1905) die Erfindung Porros unabhängig von diesem erneut machte, waren die technischen Voraussetzungen für ihre Realisierung gegeben. So wurde die bis heute in ihren Grundzügen unverändert gebliebene Feldstecherkonstruktion entwickelt, bei der man in einem Doppelfernrohr jeweils zwei Reflexionsprismen in den Strahlengang zwischen Objektiv und Okular bringt. Durch die vierfache Reflexion des Lichts kommt ein Weg der Lichtstrahlen zustande, der es gestattet, das Instrument beträchtlich kürzer zu bauen, als wenn ein direkter Lichtweg vom Objektiv zum Okular führte.

Die Leistungen der Feldstecher sind dem hauptsächlichen Verwendungszweck, also terrestrischen Beobachtungen, angepaßt. Wir können deshalb nicht erwarten, daß der Feldstecher ein astronomisches Fernrohr ersetzt. Vielmehr müssen wir fragen, welche Eigenschaften diese Instrumente besitzen und zu welchen astronomischen Beobachtungen sie sich infolgedessen eignen.

Die Feldstecherobjektive sind heute denen astronomischer Fernrohre qualitativ durchaus ebenbürtig. Es handelt sich ausnahmslos um achromatische (griech. chroma = Farbe), das heißt farbfehlerfreie Linsen, deren Öffnungsverhältnisse allerdings im Unterschied zu denen von Fernrohren relativ klein sind. Unter dem Öffnungsverhältnis versteht man das Verhältnis der Eintrittspupille zur Brennweite. Es liegt bei Feldstechern zwischen 1:3,7 und 1:5, bei astronomischen Fernrohren dagegen zwischen 1:10 und 1:15. Objektivdurchmesser und feststehende Vergrößerung eines Feldstechers finden wir auf dem Gehäuse vermerkt. Für die Kennzeichnung dieser beiden wichtigen Leistungsdaten hat sich die Angabe „Vergrößerung mal Öffnung in Millimetern" eingebürgert. Ein Feldstecher mit der Gravur 10 × 50 weist also eine zehnfache Vergrößerung auf und besitzt einen Objektivdurchmesser von 50 mm. Diese beiden Zahlen gestatten uns ohne weiteres, auch andere Leistungsdaten, wie Austrittspupille und Lichtstärke, zu bestimmen.

Ein unbestreitbarer Vorteil des Feldstechers gegenüber dem astronomischen Fernrohr ist sein großes Gesichtsfeld. Gerade diese Eigenschaft und die hohe Lichtstärke machen ihn für die Beobachtung mancher astronomischer Objekte geeigneter als ein Fernrohr.

Da die Vergrößerungen für jeden Feldstecher festliegen, sind auch die Gesichtsfelder gegeben. Sie werden um so kleiner, je stärker die Vergrößerung, und um so größer, je geringer sie ist.

Seit der Optiker Heinrich Erfle (1884–1923) 1917 die Weitwinkelokulare entwickelte, besitzen auch die stärker vergrößernden Feldstecher recht große Gesichtsfelder.

Zeiss-Feldstecher	Gesichtsfelddurchmesser
6 × 30	8,5°
8 × 30	8,5°(Weitwinkel)
7 × 50	7,3°
10 × 50	7,3°(Weitwinkel)
15 × 50	4,6°(Weitwinkel)

Den Gesichtsfelddurchmesser können wir mit hinreichender Genauigkeit selbst ermitteln, indem wir eine bestimmte Himmelsgegend beobachten und mit Hilfe einer Sternkarte die Abstände der an den Grenzen des Gesichtsfeldes gerade noch zu erkennenden Sterne im Gradmaß ablesen.

Eine Sternwarte im Taschenformat

Der Feldstecher kann für den Sternfreund durchaus das Hauptinstrument seines kleinen Observatoriums werden. Doch gerade dann ist es zweckmäßig, sich über eine Reihe von zusätzlichen Hilfsmitteln Gedanken zu machen, die erheblich zur Leistungssteigerung des „Feldstecher-Astronomen" beitragen.

Vor allem müssen wir für eine feste Aufstellung des Geräts sorgen. Schon bei terrestrischen Beobachtungen machen wir die Erfahrung, daß die Bildunruhe durch das Zittern der Hand viele Einzelheiten des beobachteten Gegenstands verschwommen erscheinen läßt, die wir bei fester Aufstellung deutlich wahrnehmen. Untersuchungen haben ergeben, daß die Leistung eines Feldstechers bei starken Vergrößerungen fast um die Hälfte geringer ist, wenn die Beobachtung freihändig erfolgt.

Für astronomische Beobachtungen empfiehlt sich daher auf jeden Fall eine Halterung, die es gestattet, das Leistungsvermögen des Feldstechers voll auszuschöpfen. Mit einigem Geschick kann man sie sich selbst aus Laborstativklammern zusammenstellen. Am einfachsten ist es allerdings, den vom VEB Carl Zeiss JENA entwickelten Feldstecherhalter zu benutzen, der sich auf gewöhnliche Fotostative schrauben läßt und sowohl die seitliche Schwenkung des Feldstechers als auch die Höhenverstellung erlaubt.

Unserer Feldstecher-Sternwarte haftet aber noch die Unvollkommenheit an, daß die Vergrößerung nicht beeinflußbar ist. Ein Sternfreund wird sich damit nicht gern abfinden. Auch hier können wir Abhilfe schaffen, indem wir unseren Feldstecher mit einem Zusatzfernrohr verbinden. Zwar wird man unter Berücksichtigung seiner Optik die Vergrößerung nicht beliebig steigern. Eine Verbesserung um den Faktor 2 bis 4 ist aber ohne unzumutbare Qualitätsverluste des Bildes durchaus noch möglich. Freilich müssen wir hierbei auch die Einbuße an Lichtstärke berücksichtigen.

Allgemein gilt, daß die Vergrößerung der Kombination Feldstecher – Zusatzfernrohr dem Produkt der beiden Einzelvergrößerungen entspricht und die Lichtstärke dem Quotienten aus der Lichtstärke des Feldstechers und dem Quadrat der Vergrößerung des Zusatzfernrohrs. Wie nicht anders zu erwarten, erkaufen wir uns also die stär-

Strahlengang im Prismenfeldstecher (oben) und Feldstecher auf einem Stativ mit Klammeraufsatz (unten)

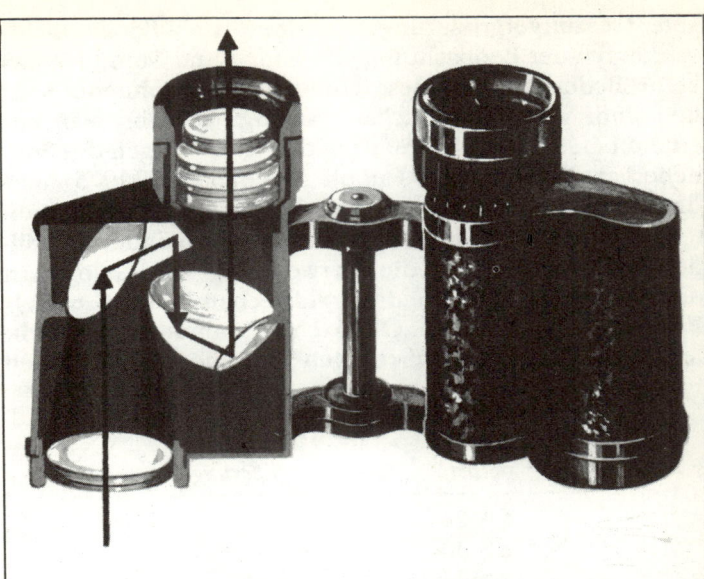

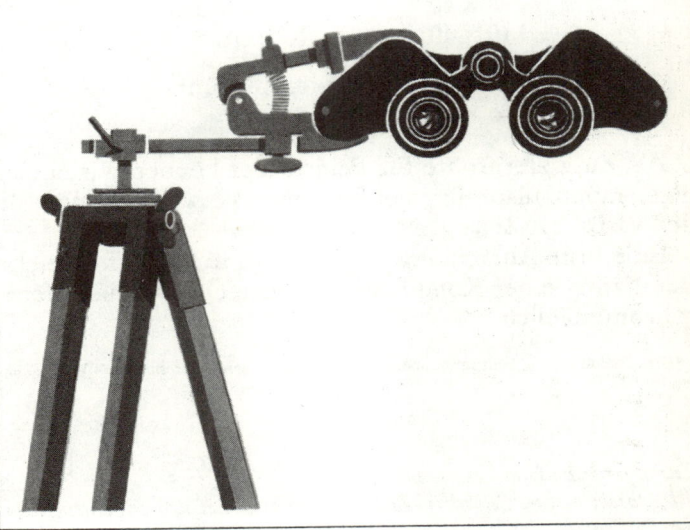

kere Gesamtvergrößerung mit einer Einbuße an Lichtstärke. Bei der Beobachtung von Sonne und Mond hat das keine Bedeutung, da diese Himmelskörper ohnehin sehr hell sind. Was die Bildschärfe anlangt, so kann man mit einem Feldstecher 10 × 50 nach den Erfahrungen des Sonneberger Astrooptikers Rudolf Brandt (1905–1975) mitunter sogar Gesamtvergrößerungen bis sechzigfach wählen. Die dabei allerdings auftretenden Farbränder der Bilder lassen sich durch die Verwendung von Gelbfiltern oder durch Abblenden des Feldstecherobjektivs mittels Pappringen bei hellen Objekten vermindern. Empfehlenswerte Zusatzvergrößerungen* für die verschiedenen Feldstecher sind:

Feld-stecher	Zusatz-vergrößerung
6 × 24	
6 × 30	drei- bis vier-
8 × 24	fach
8 × 30	
8 × 40	drei- bis fünf-
10 × 40	fach
10 × 50	vier- bis fünf-
15 × 50	fach

Als Zusatzfernrohre für Feldstecher können wir einäugige, monokulare Prismenfernrohre verwenden, wie sie der VEB Carl Zeiss JENA produziert.

Eine feste Aufstellung ist allerdings für die erfolgreiche Benutzung einer Kombination Feldstecher – Zusatzfernrohr unerläßlich.

* Vgl. Rudolf Brandt, Himmelswunder im Feldstecher, Johann Ambrosius Barth Verlag, Leipzig 1961, S. 31.

Zusatzfernrohr zum Feldstecher
Als Objektiv eines Selbstbau-Zusatzfernrohrs eignet sich ein entsprechendes Brillenglas.

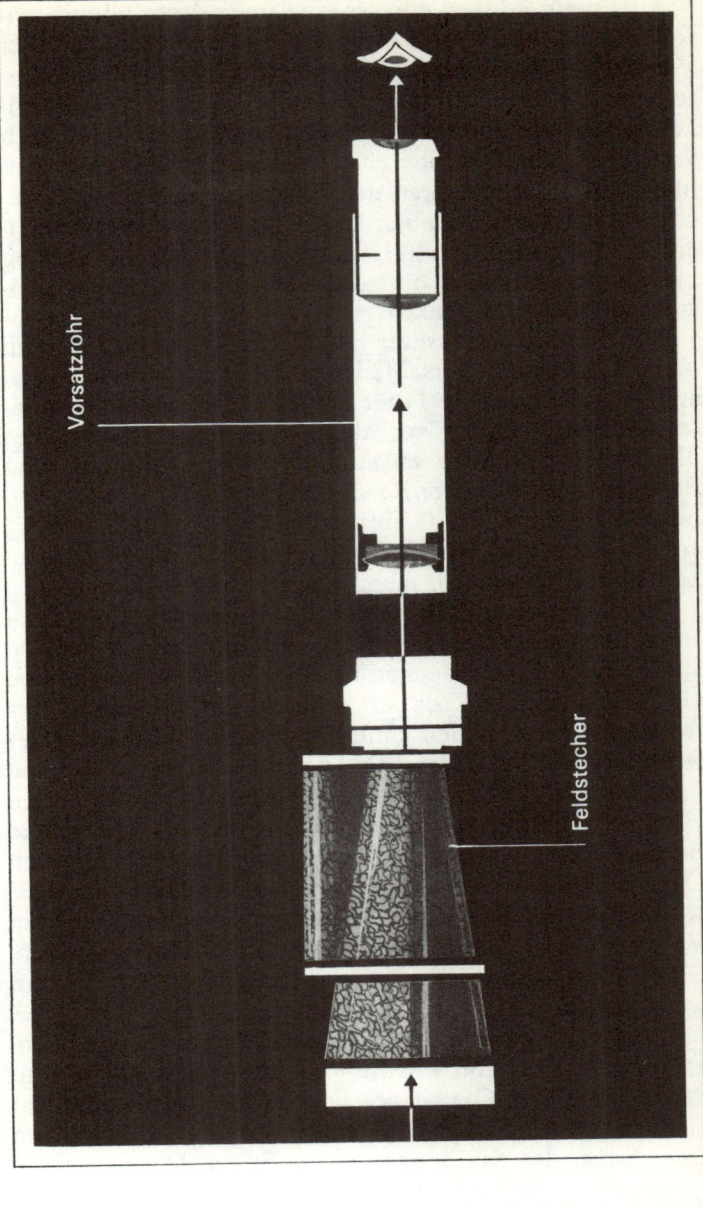

Vorsatzrohr

Feldstecher

Außerdem müssen wir für eine starre Verbindung zwischen Feldstecher und Zusatzfernrohr sorgen. Bei der Verwirklichung dieser Forderung sind dem Erfindungsreichtum je nach den zur Verfügung stehenden Möglichkeiten keinerlei Grenzen gesetzt. Gegebenenfalls läßt sich vorn am Zusatzfernrohr ein Gewinde anbringen, so daß man dieses Fernrohr statt der Okularmuschel des Feldstechers einfach anschrauben kann. Aber auch andere Varianten, die natürlich eine streng zentrische Verbindung zwischen den beiden optischen Instrumenten gewährleisten müssen, sind denkbar.

Zur Ausrüstung unserer Feldstecher-Sternwarte sollten nach Möglichkeit verschiedene, auf die Okularmuschel aufsteckbare optische Filter gehören. Die schon erwähnten Gelbfilter helfen vor allem, sehr helle Objekte des Nachthimmels besser zu studieren. Der Mond ist zum Beispiel im Feldstecher für das Auge oftmals zu grell. Ein helles oder dunkleres Gelbfilter macht seine Beobachtung angenehmer und für das Auge schonender. Außerdem können wir dann auch mehr Einzelheiten erkennen.

Für Sonnenbeobachtungen verwenden wir unbedingt starke Abblendgläser. Ein Blick zur Sonne durch den unabgeblendeten Feldstecher muß unter allen Umständen vermieden werden, da er schwere Schädigungen des Auges zur Folge haben kann. Die Sonnenblendgläser liefert der VEB Carl Zeiss JENA in zwei Stärkegraden, hell und dunkel. Für Sonnenbeobachtungen am unbewölkten Himmel benutzen wir stets die dunklen Blendgläser. Die Beobachtungen sollten nicht zu lange dauern, da sich Okular und Sonnenblendgläser erwärmen. Die Blendgläser können bei ausgedehnter Beobachtung, besonders bei Verwendung von Feldstechern großer Öffnung, platzen. Eine Abblendung der Eintrittspupille auf etwa 30 mm wirkt sich in diesem Fall günstig aus.

Ganz ohne Blendgläser kommen wir bei Sonnenbeobachtungen aus, wenn wir die Projektionsmethode anwenden. Hinter dem Okular des Feldstechers wird senkrecht zur optischen Achse des Systems ein weißer Papierschirm angebracht, der das Sonnenbild auffängt. Die Scharfeinstellung erfolgt durch Verstellen der Okulare. Um das Projektionsbild der Sonne gut beobachten zu können, empfiehlt es sich, einen weiteren, größeren Schirm vor den Feldstecher zu bringen, der die Aufgabe hat, störendes Nebenlicht abzuhalten. Einer der wesentlichen Vorteile der Projektionsmethode besteht darin, daß mehrere Beobachter sich gleichzeitig dem Studium der Sonne widmen können.

Der Nachthimmel im Feldstecher

Was zeigt uns nun unsere Feldstecher-Sternwarte vom Himmel? Das hängt natürlich in erster Linie von der Leistung des jeweiligen Feldstechers ab. Im Folgenden werden die wichtigsten Beobachtungsobjekte für den Feldstecher aufgeführt, die dem Anfänger zugleich ein solides Grundwissen in praktischer Himmelskunde zu vermitteln vermögen.

Von denkbaren kleinen Forschungsvorhaben unter Verwendung des Feldstechers soll hier nicht die Rede sein. Wenn wir später über die heute noch sinnvollen wissenschaftlichen Aufgaben für den Amateur sprechen, wird sich der Leser selbst ein Bild davon machen können, wo sich der Feldstecher mit Gewinn einsetzen läßt und wo es größerer Teleskope bedarf. Unsere Objekte sind also hauptsächlich unter dem Gesichtspunkt der Freude am Schauen ausgewählt, und wer dieses Programm nach und nach in klaren Nächten ausführt, wird mit Erstaunen feststellen, wie reichhaltig und prachtvoll sich uns der Himmel bereits im Feldstecher gegenüber der Betrachtung mit dem bloßen Auge darbietet.

Sterne wie unsere Sonne, die einzeln – nur umgeben von ihren Planeten – die Bahn durchs All ziehen, sind durchaus nicht die Regel. Vielmehr kennen wir im Weltall viele Sternpärchen, die von den Astronomen als Doppelsterne bezeichnet werden. Es handelt sich um Sonnen, die durch ihre gegenseitige Anziehungskraft aneinander gebunden sind und sich um einen gemeinsamen Schwerpunkt bewegen. Etwa seit dem Ende des 18. Jahrhunderts wurde die vorher schon vermutete Existenz dieser Objekte durch die Forschungen von Friedrich Wilhelm Herschel zur Gewißheit. Heute nimmt man an, daß mindestens die Hälfte aller Sterne zu Doppel- oder Mehrfachsternsystemen gehört.

Da die Fixsterne sehr weit von uns entfernt im Kosmos stehen, schmelzen ihre recht beträchtlichen Abstände so stark zusammen, daß wir sie mit dem bloßen Auge nicht als Doppelsterne erkennen können. Doch das Auflösungsvermögen der Feldstecher reicht bereits aus, um eine ganze

Doppelsterne
für die Beobachtung
mit einem sechs- bis achtfach vergrößernden Feldstecher

Objekt	Abstand der beiden Komponenten in"
ε Ly	207
ζ Ly	44
δ Ly	750
ν Dra	61
ϑ Tau	337
τ Tau	63
σ Tau	43
γ Lep	95
δ Cep	41
τ Leo	90
β Leo	1134
α Lib	231
o Cyp	337
σ Vul	403
α Cap	376
β Cap	205
g UMa (Alkor)	11

Doppelsterne
für die Beobachtung
mit einem zwölffach vergrößernden Feldstecher

Objekt	Abstand der beiden Komponenten in "
λ Ari	38
δ Boo	105
χ Boo	13
ι Boo	38
μ Boo	108
ι Cnc	31
α CVn	20
o Cap	22
β Cep	13,5
δ Crv	25
β Cyg	34
61 Cyg	23
μ Cyg	217
γ Del	12
ν Dra	61
o Dra	32
ζ Gem	94
ν Gem	113
μ Her	32
γ Her	105
χ Her	31
ε Mon	14
δ Ori	53
ε Peg	138
ζ Psc	24
β PsA	30
η Tau	120
ζ UMa	14

Anzahl von Doppelsternen in ihre Komponenten zu zerlegen.

Die jeweils genannten Sterne finden wir unter Verwendung der Umgebungskärtchen.

An vielen Stellen des Himmels weicht die Verteilung der Sterne auffallend vom sonstigen Gleichmaß ab. Wir finden dort mehr Sterne konzentriert als sonst üblich, und verständlicherweise interessierten sich die Astronomen aller Zeiten für diese Erscheinung.

Die bemerkenswerteste und zweifellos auch dem Laien bekannteste Sternkonzentration am Himmel stellt das Band der Milchstraße dar, das sich je nach der Jahreszeit unterschiedlich günstig beobachten läßt. Daß die Milchstraße aus Sternen besteht, bleibt dem Beobachter ohne optische Hilfsmittel verborgen. Zwar vermutete schon der griechische Gelehrte Demokrit (460–371 v. u. Z.), daß der um den ganzen Himmel laufende Lichtstreif der Milchstraße aus Sternen zusammengesetzt ist, doch erst die Fernrohrbeobachtungen Galileis bestätigten diese Vermutung durch Augenschein.

Die in der Milchstraße vor uns liegende Ansammlung meist sehr ferner Himmelskörper rührt von der Verteilung der Sterne in unserer weiteren kosmischen Heimat, dem Sternsystem, her. Sie sind nämlich hauptsächlich in einer sehr flachen Scheibe angeordnet. Wenn wir von unserem Planeten in die Richtung der Hauptebene des Sternsystems blicken, müssen wir dort zwangsläufig weitaus mehr und entferntere Sterne wahrnehmen als an anderen Stellen des Himmels.

Da wir selbst mit unserer Sonne in der Nähe eines zentrumfernen Spiralarms liegen, erscheint uns das Sterngewimmel der Milchstraße am dichtesten in der Richtung zu dem Zentrum, dem Sternbild Schütze, und entsprechend weniger dicht in der Gegenrichtung. Die Verteilung der Sterne innerhalb der Milchstraße ist freilich alles andere als gleichmäßig. Schon ihr Band selbst weist eine stark zerklüftete Struktur auf. Diese Abweichungen von der Gleichförmigkeit rühren vor allem daher, daß sich im Raum zwischen uns, den irdischen Beobachtern, und den

Objekten der Milchstraße weit ausgedehnte Ansammlungen nichtleuchtender Gas- und Staubwolken befinden. Sie verschlucken das Licht der dahinter stehenden Sterne und täuschen so die ungleichmäßige Verteilung vor. Die häufig sehr dichten Ansammlungen von Sternen gegenüber dem sonstigen Umfeld werden als Sternwolken bezeichnet. Daneben kommen innerhalb des Sternsystems auch tatsächlich ungleichmäßige Verteilungen der Sterne vor, also wirkliche Sternwolken außerhalb des Bandes der Milchstraße. An vielen Stellen der Milchstraße sind es nicht die Sternansammlungen, sondern im Gegenteil gerade die dunklen vorgelagerten Wolken, die unsere Aufmerksamkeit erregen und wie Kohlensäcke anmuten.

Auch die Sternhaufen bilden auffallende Objekte im Reich der Fixsterne. Der Astronom unterscheidet bekanntlich je nach dem Grad der Konzentration gegen ein Zentrum die offenen und die Kugelsternhaufen. Gegenwärtig sind in unserem Sternsystem etwa 120 Kugelsternhaufen bekannt. Selbst die größten Teleskope der Erde vermögen ihre inneren Partien nicht in Einzelsterne aufzulösen, so hoch ist dort die Konzentration der Sterne. Der Sternreichtum dieser merkwürdigen Gebilde liegt nach Schätzungen von Fachleuten zwischen 50 000 und 50 Millionen. Im Feldstecher muten die gewaltigen, regelmäßig gebauten Sternansammlungen allerdings nur wie verwaschene Nebelflecke an. Eine Auflösung in Einzelsterne ist nicht möglich.

Im Gegensatz zu den Kugelsternhaufen bilden die offenen Sternhaufen gleichsam lockere Sternansammlungen. Man ist sich heute darüber einig, daß die zu ihnen gehörenden Sterne gemeinsam entstanden und folglich auch das gleiche Alter besitzen. Die hellsten Sterne eines der schönsten offenen Haufen, das Siebengestirn (Plejaden) im Sternbild Stier, können wir bereits mit dem bloßen Auge erkennen.

Die Kugelsternhaufen sind nicht die einzigen Objekte, die in kleineren Fernrohren nebelartig wirken. Der Begriff Nebel wird aus historischen Gründen in der Astronomie für eine Reihe von Gebilden verwendet, die in

147

Offener Sternhaufen χ und h im Perseus (Aufnahme: Wolfgang Roloff, Birkholz)

Wirklichkeit ganz unterschiedliche Natur haben. Einige sind tatsächlich Nebelobjekte, nämlich die dunklen oder leuchtenden Gas- und Staubnebel. Die gasförmige Komponente solcher Nebel wird durch die Strahlung benachbarter heißer Sterne zum Leuchten angeregt, die staubförmige Komponente reflektiert das Licht der Nachbarsterne. Hingegen gibt es auch „Nebel", die in Wirklichkeit keine sind und nur deshalb ihren unpassenden Namen tragen, weil man früher annahm, es handele sich um Nebel. Später stellte sich jedoch heraus, daß diese „Nebel" aus Hunderten Milliarden von Sternen bestehen, die zu fernen Sternsystemen außerhalb unseres Milchstraßensystems gehören. Die irreführende Bezeichnung Nebel für diese Objekte hat sich bis heute erhalten, und der Eingeweihte weiß dennoch, um welche Art von Nebel es sich handelt. Der Orionnebel zum Beispiel ist ein großer Gas- und Staubnebel unseres eigenen Sternsystems, den wir im Wintersternbild Orion finden. Der Andromedanebel hingegen ist ein benachbartes Sternsystem, das wir im Herbstbild Andromeda beobachten können.

Alle hier erwähnten Objekte – Sternwolken, Sternhaufen und Nebelflecke – bieten dem Feldstecher-Astronomen prachtvolle Anblicke. Deshalb beschließen wir unsere Betrachtung des Nachthimmels im Feldstecher mit einer Reihe detaillierter Angaben über solche zu den verschiedenen Jahreszeiten sichtbaren Gebilde. Bei den Objekten ohne Eigennamen werden die Nummern genannt, unter denen sie im Katalog von Messier (M) verzeichnet sind.

Objekte am Winterhimmel

Offene Sternhaufen

Plejaden im Stier, Entfernung 420 Lj
Hyaden im Stier, Entfernung 130 Lj
Krippe im Krebs, Entfernung 520 Lj
M 35 in den Zwillingen, Entfernung 2 600 Lj
M 67 im Krebs, Entfernung 3 000 Lj
M 41 im Großen Hund, Entfernung 2 500 Lj
M 46 im Einhorn, Entfernung 2 200 Lj
M 37 im Fuhrmann, Entfernung 4 100 Lj
M 36 im Fuhrmann, Entfernung 4 100 Lj
M 38 im Fuhrmann, Entfernung 3 300 Lj
(Die Objekte M 36 bis M 38 erscheinen in einem sechs- bis achtfachen Weitwinkelglas gleichzeitig im Gesichtsfeld.)

Nebel

Großer Orionnebel M 42, Entfernung 1 600 Lj
Andromedanebel M 31 mit Begleiter M 32, Entfernung 2 200 000 Lj
Dreiecknebel M 33, Entfernung 2 600 000 Lj

Sternwolken der Milchstraße

bei α Cyg (Deneb)
zwischen β und γ Cyg (Albireo und Sadir)
bei λ Aql („Große Wolke im Schild")
Sternwolken in Sgr

Offene Sternhaufen

M 11 im Schild, Entfernung 4000 Lj
M 16, M 18, M 23, M 24, M 25 im Schützen

Kugelsternhaufen

M 22 im Schützen
M 13 und M 92 im Herkules
M 2 im Wassermann
M 15 im Pegasus
M 5 in der Schlange
M 4 und M 80 im Skorpion
M 3 in den Jagdhunden

Nebel

Planetarischer Nebel M 27 im Fuchs (Hantelnebel), Entfernung 320 Lj
Planetarischer Nebel M 57 in der Leier (Ringnebel), Entfernung 1600 Lj
Nordamerikanebel im Schwan
Dunkelnebel bei α Cyg, bei γ Aql und in der Milchstraße von Adler bis Schütze

Es muß nicht groß und teuer sein

Wer seine „Himmelsabenteuer" mit dem Feldstecher hinter sich hat, wird sich vielleicht ein leistungsfähigeres Beobachtungsinstrument wünschen. Ehe wir darauf eingehen, wie man sich ein solches Fernrohr beschaffen oder

Schüler beobachten auf der Dachplattform der Astronomischen Station Rostock.

wie man es mit einigem Geschick auch selbst herstellen kann, seien noch einige Bemerkungen über die Leistungsfähigkeit von Fernrohren gestattet.

Oft strebt der begeisterte Sterngucker ganz zu Unrecht ein möglichst großes und damit auch teures oder nur mit beträchtlichem Aufwand herstellbares Instrument an, ohne zu berücksichtigen, für welchen Zweck er es verwenden will. Auch wird die Leistungsfähigkeit der Fernrohre dabei meist ganz falsch eingeschätzt. Bekanntlich hatten die ersten Galileischen Fernrohre nur Objektivdurchmesser von etwa 20 mm, und selbst am Ende des 18. Jahrhunderts kam man bei der Herstellung farbfehlerfreier Linsen für astronomische Fernrohre nicht über Durchmesser von 100 bis 120 mm hinaus. Denken wir aber an die großen Entdeckungen, die mit diesen kleinen Instrumenten gelungen sind, so sollten wir ernsthaft prüfen, ob wir unbedingt ein Instrument benötigen, das mehr als 150 mm Objektivdurchmesser aufweist. Eine der berühmtesten Durchmusterungen des Himmels, die an der Bonner Sternwarte um die Mitte des 19. Jahrhunderts durchgeführt wurde, umfaßt die genäherten Positionen und Helligkeiten von mehr als 324 000 Sternen. Das „Produktionsinstrument" für diese bedeutende Datensammlung war ein Linsenfernrohr von 76 mm Objektivdurchmesser und 650 mm Brennweite!

Schon kleine Fernrohre besitzen gegenüber dem unbewaffneten Auge eine erstaunliche Leistungsfähigkeit, wie das Beispiel der Feldstecher-Sternwarte zeigte. Die mit einem Fernrohr überschaubare Entfernung im Weltall, die „raumdurchdringende Kraft" des Teleskops, wächst proportional mit der freien Öffnung des Instruments. Die Reichweite gegenüber der Beobachtung mit dem bloßen Auge können wir sehr leicht bestimmen, indem wir die jeweilige Öffnung eines Fernrohrs zur Öffnung der menschlichen Pupille in Beziehung setzen. Mit unserem Auge, dessen Pupillenöffnung bei Dunkelheit etwa 8 mm beträgt, vermögen wir einen Stern von der Helligkeit unserer Sonne noch in etwa 60 Lj Entfernung zu sehen. Folglich beträgt die Reichweite eines Fernrohrs mit einer Öffnung von 80 mm bereits 600 Lj, bezogen auf Sterne der Sonnenhelligkeit; für hellere Sterne reicht unser Teleskop noch weiter. Da nun das Volumen einer Kugel mit der dritten Potenz ihres Durchmessers anwächst und wir den kosmischen Raum mit unserem Auge ebenso wie mit dem Fernrohr in allen Richtungen beobachten können, zeigt uns ein 80-mm-Fernrohr schon das Tausendfache des Rauminhalts vom Weltall, der uns mit dem bloßen Auge zugänglich ist. Dies bedeutet aber gleichzeitig, daß wir auch etwa tausendmal so viele Objekte wahrzunehmen vermögen wie mit unserem Sehorgan. Da dem bloßen Auge an einer Halbkugel des Himmels rund 3 000 Sterne zugänglich sind, zeigt demnach ein 80-mm-Refraktor bereits ungefähr 3 Millionen Sterne! Ferne Objekte außerhalb unseres Milchstraßensystems gelangen in den Bereich des Beobachtbaren, während wir mit dem unbewaffneten Auge von solchen Gebilden nur den Andromedanebel sehen können, das gewaltige Sternsystem in der Nachbarschaft der Milchstraße.

Der Gewinn an Reichweite und beobachtbarer Sternzahl ist also beim Übergang vom bloßen Auge zu einem kleinen Fernrohr beträchtlich. Will man nochmals einen vergleichbaren optischen „Sprung" in die Weiten des Kosmos machen, dann bedarf es bereits erheblicher Aufwendungen. Benutzen wir beispielsweise ein 100-mm-Fernrohr; so vergrößert sich die Reichweite entsprechend dem Durchmesserzuwachs des Instruments um 25 Prozent und der überschaubare Raum um das Doppelte.

Natürlich besteht die Leistungsfähigkeit eines Fernrohrs nicht allein in seiner Reichweite und der sich mit dem Objektivdurchmesser erhöhenden Anzahl der sichtbaren Sterne. Auch die anderen schon besprochenen wichtigen Kenngrößen muß der Sternfreund bei der Auswahl eines für seine Zwecke geeigneten Fernrohrs berücksichtigen.

Ein Bastelsatz für wenig Geld

Viele Amateure begannen ihren Weg in die Tiefe des Kosmos mit einem Fernrohr, dessen Objektiv aus einem Brillenglas und dessen Okular aus einem kurzbrennweitigen Vergrößerungsglas bestand. Die Qualität der Bilder, die man mit so einfachen Fernrohren erhält, befriedigt natürlich nicht recht. Man befindet sich mit einem „Brillenglasfernrohr" etwa auf dem technischen Stand der Galileizeit. Der Vorteil ist allerdings, daß ein solches Gerät nur sehr wenig kostet.

Zu einem recht brauchbaren kleinen Fernrohr, das auch der jugendliche Sternfreund finanziell durchaus erschwingen kann, verhilft uns ein vom VEB Carl Zeiss JENA produzierter Bastelsatz. Er enthält ein Objektiv für ein Fernrohr und zwei Okulare sowie eine Okularsteckhülse mit einem Anschlußgewinde. Das Objektiv besitzt einen Durchmesser von 50 mm und eine Brennweite von 540 mm.

Die Astroobjektive werden heute so zusammengesetzt und geschliffen, daß der frühere Nachteil der Linsenfernrohre, die Farbabweichung, kaum noch in Erscheinung tritt. Prinzipiell sind farbige Ränder bei den durch Linsen entworfenen Bildern deshalb zu erwarten, weil das Licht beim Durchtritt durch die Glaskörper gebrochen wird. Da nun jede seiner Wellenlängen einen anderen Brechungsindex besitzt, das heißt mehr oder weniger stark gebrochen wird, erscheint um ein solches Bild ein mehr oder weniger ausgeprägter Farbsaum.

Der englische Optiker John Dollond (1706–1761) machte im Jahre 1758 eine Erfindung, mit der man diesen Abbildungsfehler ausgleichen konnte. Er kombinierte zwei Linsen aus verschiedenen Glassorten, so daß die Zerlegung des Lichts in die Spektralfarben beim Durchgang gerade aufgehoben wird. Wesentliche praktische und theoretische Grundlagen für die Herstellung solcher achromatischer Linsen schuf der Techniker und Wissenschaftler Joseph von Fraunhofer (1787–1826).

Der Zeiss-Bastelsatz enthält ein Objektiv vom Fraunhofertyp, ein sogenanntes E-Objektiv. Diese Linsen genügen den Ansprüchen des Anfängers vollauf. In den vom VEB Carl Zeiss JENA produzierten Amateurfernrohren befinden sich allerdings noch bessere Objektive.

Das E-Objektiv des Bastelsatzes wird bereits in einer Fassung geliefert. Dem Geschick des zukünftigen Fernrohrbesitzers ist es nun überlassen, die beiden optischen Bestandteile seines Teleskops, das Objektiv und das Okular, mechanisch in einem Rohr auf geeignete Weise zu befestigen. Allerdings muß er darauf achten, daß beide Linsen streng senkrecht zur Rohrachse angebracht werden, die zugleich die optische Achse des Systems bildet. Verkantungen wirken sich auf die Bildqualität aus.

Die zum Bastelsatz gehörenden Okulare gestatten Vergrößerungen von 22- und 34fach. Wie wir bereits wissen, ist es nicht möglich, bei solchen Vergrößerungen ohne ein Stativ auszukommen. Meist wird man sich jedoch mit einer einfachen Montierung begnügen, die lediglich die Verstellung des Rohres in den beiden Koordinaten Azimut, das heißt Horizontebene, und Höhe gestattet. Eine solche Montierung wird als azimutale Montierung bezeichnet. Da das aus dem Bastelsatz zusammengebaute Instrument sehr leicht ist, können wir es auch ohne weiteres auf ein Kugelgelenk setzen, das wir auf einem kräftigen Fotostativ befestigen. Ein Aufsatz für kleinere Filmkameras eignet sich für unsere Montierung ebenfalls ausgezeichnet.

Als Tubus kann ein Rohr aus Kunststoff wie aus Leichtmetall dienen. Das Objektiv wird zweckmäßig nicht unmittelbar am Rohranfang befestigt, sondern etwas nach innen versetzt eingepaßt. Dann schützt der vordere Teil des Rohres sowohl vor Tau als auch vor unliebsamem Streulicht. Das Okular müssen wir so anbringen, daß es sich verschieben läßt. Da die entsprechende Steckhülse bereits ein Gewinde besitzt, können wir eine Metallschiebehülse verwenden, die wir ebenfalls mit Gewinde versehen.

Das Innere des Rohres sollte matt geschwärzt werden, damit keine störenden Reflexe auftreten.

Verlockende Angebote

Dem Amateur, der über das Anfangs- und Übungsstadium hinausgelangt ist, bietet die Firma VEB Carl Zeiss JENA ein umfangreiches Programm an Beobachtungsgeräten, die von der Optik bis zur Mechanik eine hervorragende Qualität besitzen und mit deren Hilfe viele ernsthafte astronomische Beobachtungsaufgaben gelöst werden können. Wir stellen hier die verschiedenen Zeiss-Amateurgeräte vor, um dem Sternfreund einen Überblick über das gegenwärtige Angebot zu verschaffen und ihm zu ermöglichen, ein für seine Zwecke geeignetes Fernrohr auszuwählen.

Das kleinste Linsenfernrohr für Schul- und Amateur-

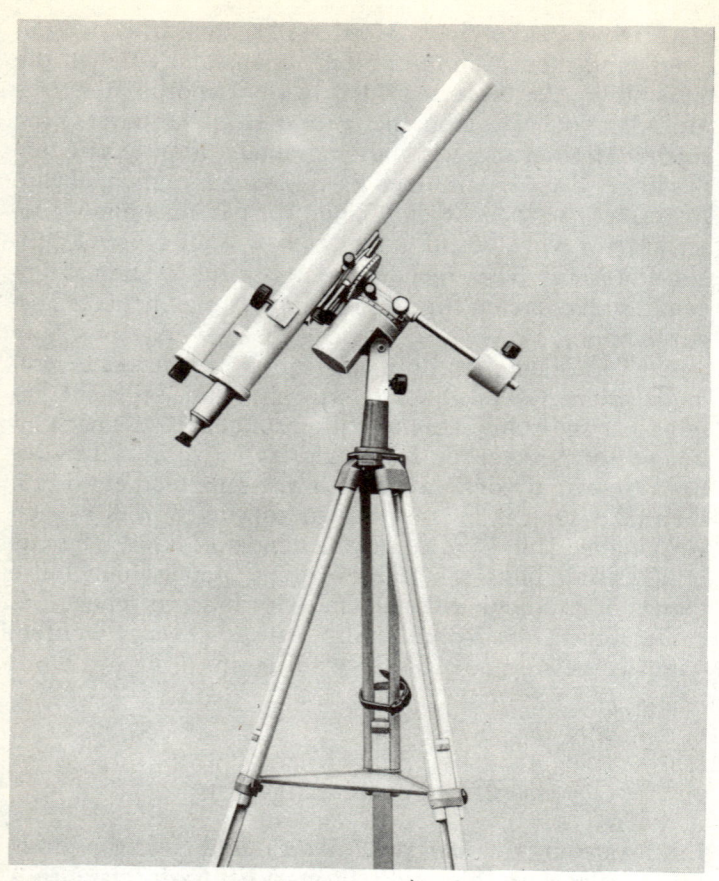

Telemator vom VEB Carl Zeiss JENA

zwecke ist zugleich auch eins der jüngsten Kinder der Zeiss-Produktion für Amateure. Über dieses Instrument, das Telementor, verfügen alle Schulen der DDR für die Zwecke praktischer Beobachtungen. Es besteht aus dem Teleskoprohr, einer parallaktischen Montierung, bei der die Achse des Teleskops parallel zur Erdachse ausgerichtet ist, und einem Dreibeinstativ. Die Gesamtmasse be-

156

trägt 15 kg, so daß man das Gerät leicht transportieren und auch schnell an jedem beliebigen Beobachtungsort aufstellen kann. Das Telementor besitzt ein hochwertiges Objektiv mit einem Durchmesser von 63 mm und einer Brennweite von 840 mm. Das Auflösungsvermögen erreicht 1,8″.

Für höhere Ansprüche wurde ein weiteres Amateurfernrohr entwickelt. Das hochwertige Objektiv mit einer freien Öffnung von 100 mm hat eine Brennweite von 1 000 mm. Das Auflösungsvermögen beträgt hier 1,1″. Zur Ausstattung gehört sogar ein Sucherfernrohr, das parallel zum Hauptfernrohr angebracht ist und ein Objektiv von 42/150 mit 7,5facher Vergrößerung besitzt. Dieses kleine Hilfsfernrohr mit einem bedeutend größeren Gesichtsfeld als das Hauptfernrohr ermöglicht das mühelose Auffinden der Beobachtungsobjekte. Die Masse des 100-mm-Amateurfernrohrs der Brennweite 1 000 mm beträgt allerdings einschließlich parallaktischer Montierung und Säulenstativ bereits 103 kg. Zum einwandfreien Nachführen auf die Objekte des Himmels ist das Instrument mit einem Synchronantrieb versehen.

Für spezielle Untersuchungen bietet Zeiss ein noch lichtstärkeres Instrument an, das die Bezeichnung Meniskus-Cassegrain-Spiegelteleskop „meniscas" trägt. Es ist allerdings recht teuer, aber der Liebhaber wird es vielleicht auf einer Volkssternwarte vorfinden und benutzen können. Das Instrument verfügt über einen sphärischen Spiegel von 150 mm Durchmesser, der mit einer Eingangslinse kombiniert ist. Die Brennweite des Systems Linse plus Spiegel beträgt 2 250 mm, während die Länge des Teleskops nur bei knapp 1 000 mm liegt. Wie beim 100-mm-Refraktor gehört zum Meniskus-Teleskop ein Synchronantrieb. Um in rascher Folge verschiedene Vergrößerungen einstellen zu können, ist das Instrument mit einem Okularrevolver ausgestattet, der 5 verschiedene Okulare faßt. Die Masse des Geräts beträgt 123 kg. Es ist mit einem 7,5fach vergrößernden Sucherfernrohr versehen.

Für die verschiedenen Amateurgeräte entwickelte die Firma VEB Carl Zeiss JENA noch eine Fülle von Zube-

Riesenteleskope der Amateursternwarte von Edwin Rolf, Rathenow

hör. Wir verraten allerdings auch kein Geheimnis, wenn
wir darauf hinweisen, daß unser Hobby recht kostspielig
würde, wollten wir alles einkaufen und nichts selber
bauen. Im übrigen läßt sich das Selbstbauen und das Einkaufen hochwertiger Zusatzteile durchaus miteinander
kombinieren. Der VEB Carl Zeiss JENA liefert dem
Astroamateur zu diesem Zweck folgende Objektive:

Durchmesser in mm	Brennweite in mm
63	840
80	840
80	1 200
100	1 000
150	2 250
200	3 000

Zahlreiche Sternfreunde haben unter Verwendung solcher hochwertiger Zeiss-Objektive und ausgewählter Te-

leskopbaugruppen ausgezeichnete Amateurgeräte gebaut, mit denen sie viel Freude erlebten und manches nützliche Beobachtungsergebnis erzielten.

Spiegel aus eigener Werkstatt

Versetzen wir uns in die Astronomie vergangener Jahrhunderte zurück, so fällt vor allem die fehlende Spezialisierung der wissenschaftlichen Tätigkeit auf. Einzelne Astronomen bearbeiteten oft die gesamte Skala astronomischer Forschungsprobleme und waren außerdem auch noch die Erbauer ihrer Instrumente. Namen wie Galileo Galilei, Johann Hevelius oder Friedrich Herschel stehen hier für viele. Spezialisierung und Arbeitsteilung sind stets ein Entwicklungsmerkmal und deshalb am historischen Ursprung noch nicht vorhanden.

Natürlich hat das Fehlen einer Arbeitsteilung für den einzelnen auch Vorzüge: Er fühlt sich dem gesamten Arbeitsprozeß unmittelbarer verbunden, als dies bei hoher Spezialisierung möglich ist. Wer ein Fernrohr selbst gebaut hat, vielleicht eine Kamera für spezielle Himmelsaufnahmen, sich um die Probleme der genauen Nachführung Gedanken gemacht und viele Stunden in der Werkstatt verbracht hat, dann nachts am Fernrohr gestanden und seine Platte belichtet hat, empfindet in der Dunkelkammer tiefe Genugtuung, wenn die ersten zarten Schleier im chemischen Bad hervortreten – anders als ein Fotolaborant, der nach Rezepten eine Platte entwickelt, zu der ihm jede innere Beziehung fehlt und mit deren Informationsgehalt er nichts anzufangen vermag.

Gerade die Freude, die innere Bereicherung, das Hineinfühlen in die Entwicklung einer Wissenschaft sind aber unbestreitbare Trümpfe des Amateurs, sind ein Motiv seiner Arbeit. Daher sollten wir immer wieder versuchen, soviel wie möglich selbst zu bauen und auszuprobieren.

Wer heute in ein Geschäft geht und sich ein kleines

Spiegelteleskop kauft, macht sich kaum noch Gedanken darüber, wie die hochwertigen Spiegel eines solchen Fernrohrs hergestellt werden. Die großen Astronomen des 18. und 19. Jahrhunderts jedoch haben ihre Spiegel fast alle selbst gefertigt. Und bis zum heutigen Tag gibt es auf der ganzen Welt viele Sternfreunde, die im Spiegelschleifen geübt sind.

In der Ungarischen Volksrepublik lebt ein „legendärer" Spiegelschleifer, der langjährige Direktor der Budapester Urania-Sternwarte, Dr. György Kulin. Als Fachastronom wurde er in früheren Jahrzehnten durch die Entdeckung zahlreicher Kleiner Planeten und Kometen bekannt. Seit vielen Jahren aber gehört sein Herz der Amateurastronomie. Tag für Tag steht der heute Hochbetagte in der Werkstatt der Urania-Sternwarte unweit des Gellértbergs und stellt einen Spiegel nach dem anderen her. Vom 80-mm-Glas bis zum großen 50-cm-Spiegel hat er alle Zwischengrößen in seinem Produktionsprogramm. Jetzt beschäftigt er sich sogar mit dem Vorhaben, einen 1-m-Spiegel zu schleifen. Wenn man die Urania-Werkstatt betritt, so ist man überrascht: Keine großen Maschinen, keine riesigen rotierenden Scheiben sieht man dort, sondern nur einen kleinen Holzblock und eine Fülle von Glasrohlingen und Büchsen mit verschiedenem Schleifmaterial. Langjährige Erfahrung gestattet es Dr. Kulin, jeden Tag – je nach Größe – ein oder zwei neue „Himmelsaugen" in die Welt zu setzen.

Auch in der DDR hat der Sternfreund Gelegenheit, sich einen Spiegel „nach Maß" zu bestellen. Eine optische Firma, die sich diesem Anliegen verpflichtet fühlt, arbeitet seit vielen Jahrzehnten in Finkenkrug bei Berlin. Sie wurde von Alfred Wilke (1893–1972) gegründet, der selbst Amateuroptiker war. Heute führt der Optiker Michael Greßmann die Werkstätte für astronomische Optik*. Auf Bestellung werden dort Spiegelsysteme nach Newton, Cassegrain, Schmidt und anderen ganz nach Wunsch gefertigt. Zu den bevorzugten Dimensionen der Spiegel ge-

---

* Ringstr. 99, Falkensee-Finkenkrug, 1542

György Kulin

hören Öffnungen von 100, 110, 120, 130, 155, 180, 200, 220, 250, 300, 350, 400, 450 und 500 mm. Über die verschiedenen Brennweiten wird der Interessent zudem fachlich beraten, je nach dem Verwendungszweck des bestellten Systems. In beschränktem Umfang sind auch Okulare, Zenitprismen (Umlenkprismen für die Beobachtung in zenitnahen Gegenden des Himmels), Okularmikrometer (Hilfseinrichtungen zum Messen von Winkeln in der Brennebene eines Fernrohrs) und anderes Zubehör lieferbar. Michael Greßmann ist selbst ein erfahrener Astroamateur, der sich vor allem den Kleinen Planeten zugewendet hat.

Einige Leser werden nun fragen, ob auch sie sich einen Spiegel selbst herstellen sollen. Das ist prinzipiell möglich. Allerdings gehören ein relativ großer Aufwand, spezielles und nicht immer beschaffbares Material sowie viel Geduld und Erfahrung zu diesem „Geschäft". Mancher Sternfreund hat daher beim Selbstschliff schon die Enttäuschung erlebt, daß „sein" Spiegel nach großem Zeitaufwand und Materialverbrauch in der Qualität hinter den im Angebot befindlichen weit zurückblieb und die Beobachtungsfreude getrübt war. Man überlege daher sorgfältig, ob man seine Freizeit der mühevollen Arbeit des Schleifens und Polierens von Spiegeln widmen will oder ob nicht doch die Beobachtung des Himmels im Vordergrund steht und das künstliche Auge nur ein Mittel zu diesem Zweck ist. In dem Fall zahlt sich der Kauf eines Spiegels durch eindrucksvolle Erlebnisse am Okular des eigenen Teleskops stets aus und ist außerdem letztlich noch preisgünstiger als der Selbstbau.

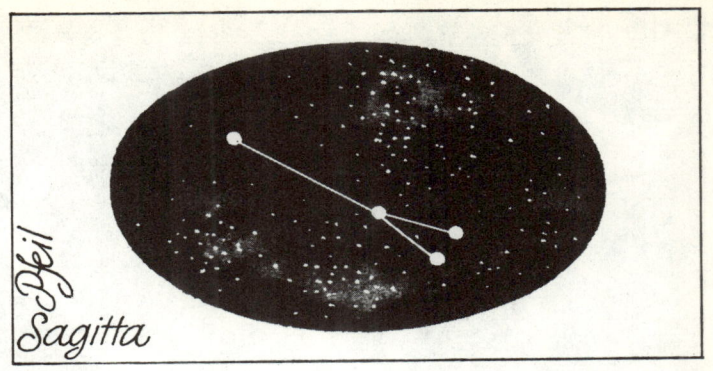

Pfeil
Sagitta

Das Weltall erforschen –
aber wie?

Sternfreunde
als Helfer der Wissenschaft

Wer seine Freizeit einem Hobby widmet, fragt sich zumeist, welchen Nutzen er damit stiften kann. Die wenigsten begnügen sich heute damit, persönliche Freude und
Befriedigung zu finden. Sie haben vielmehr das Bedürf-
nis, in einer Gemeinschaft Gleichgesinnter etwas zu leisten, was der Allgemeinheit dient. Laienschauspieler oder
-tänzer brauchen ein Publikum, Amateurmaler aus Leidenschaft wollen nicht nur sich, sondern auch anderen
Freude bringen und stellen ihre Bilder darum aus. Ähnlich die Sterngucker aus Passion. Betreiben sie ihre Lieb-
haberei mit Ernst und Eifer, so sind sie in der Lage, einen
hohen gesellschaftlichen Nutzen zu erzielen. Einerseits
gewinnen sie durch ihre Arbeit Kenntnisse und Erfahrungen, die sie in Arbeitsgemeinschaften oder Veranstaltungen der Volkssternwarten weitergeben können. Andererseits haben sie bei kluger Wahl ihrer Beobachtungsob-

jekte aber auch die Möglichkeit, den beruflich tätigen Himmelsforschern durch ihr Beobachtungsmaterial zu helfen und damit einen direkten Beitrag zur Erweiterung unseres Wissens vom Weltall zu leisten. Wem würde es nicht Genugtuung bereiten, wenn er seine Ergebnisse in den Tabellen von Fachzeitschriften wiederfindet, wo sie vielleicht benutzt werden, um bisher Unbekanntes zu enträtseln oder nicht genügend gesicherte Befunde zu erhärten. So vermag der Amateur das große Bild der Naturwissenschaft von der uns umgebenden Welt mitzugestalten.

Durchblättern wir die populärwissenschaftlichen astronomischen Zeitschriften der letzten Jahre, so finden wir immer wieder Beiträge, in denen sich Liebhaberastronomen, aber auch Vertreter der Fachastronomie über die Tendenzen der Amateurastronomie äußern. Die Amateure beklagen sich oft darüber, daß ihre mit soviel Mühe und Zeitaufwand angestellten Beobachtungen kein Interesse der Fachwelt mehr finden, weil diese heute mit den hochentwickelten beruflichen Methoden der Beobachtung und Auswertung weit jenseits der Möglichkeiten des Amateurs arbeitet. Die Planetenzeichnungen, die früher Aufmerksamkeit erregten, die zeichnerische Darstellung von Oberflächendetails, vor allem des Mars und des Jupiters, muten in unseren Tagen – so resigniert der Liebhaberastronom – wie Überbleibsel einer vergangenen Zeit an, da doch Raumsonden zu den Planeten fliegen und Fotos aus unmittelbarer Nähe mit großem Detailreichtum zu uns herunterfunken. Bei der Auswertung umfänglicher Beobachtungsreihen hat die elektronische Datenverarbeitung den kopfrechnenden Gelehrten abgelöst, so daß dem Amateur auch hier kaum eine Chance bleibt.

Ein Amateur von internationalem Ansehen, der durch seine fotografischen Sternatlanten jedem ernsthaften Sternfreund bekannte Hans Vehrenberg aus der BRD, schrieb dazu: „Was für den Nicht-Fachmann übrig bleibt, so scheint mir, ist nur noch das Vergnügen an eige-

450-mm-Cassegrain-Spiegelteleskop von Michael Greßmann, Falkensee-Finkenkrug (mit Zusatzinstrumenten)

165

nen Beobachtungen, das Nachvollziehen der bedeutenden Entdeckungen des 19. Jahrhunderts, und die Vermittlung astronomischer Kenntnisse an andere. Das allein mag genügen, sich ein Leben lang für die Astronomie zu begeistern, aber der Drang, einen kleinen Beitrag zur Entwicklung unserer Kenntnisse zu leisten, ist doch für viele Sternfreunde übermächtig.*"

Doch wie schon gesagt, die Situation der Amateurastronomie ist durchaus nicht so pessimistisch zu beurteilen, wie es manche Amateure und auch einige Berufsastronomen heute tun. Mit gleichem Recht könnte der Fachmann unter den Planetenforschern behaupten, daß die Entwicklung der Raumfahrt und die Entsendung von Sonden zu Merkur, Venus, Mars und Jupiter ihn brotlos machen würden. In Wirklichkeit handelt es sich hierbei um eine Entwicklung, die Methoden und Schwerpunkte auch der Fachastronomie verändert und uns letztlich zu umfangreicherem Wissen über die Objekte des Sonnensystems verhilft. Solche Entwicklungen hat es immer gegeben, und sie sind ein organischer Bestandteil der fortschreitenden Wissenschaft.

Der ernsthafte Sternfreund sollte daher gemeinsam mit den Fachwissenschaftlern diskutieren, wo heute seine Möglichkeiten liegen, durch ihm gemäße Arbeit – wenn auch zum Teil nur noch in bescheidenem Umfang – zur Forschung beizutragen. Falsch wäre es, den herkömmlichen amateurastronomischen Objekten und Methoden kritiklos weiter zu huldigen und sich dann darüber zu beklagen, daß die Ergebnisse nirgendwo ein Echo finden.

Wer also mit seinem Instrument mehr anstrebt, als zur eigenen Freude am Himmel zu spazieren, der braucht darauf auch in unserer Zeit einer hochentwickelten Technik der Kosmosforschung nicht zu verzichten. Ihm bieten sich durchaus anspruchsvolle Aufgaben, die allerdings viel Einsatzbereitschaft, Durchhaltevermögen und Liebe zur Sache erfordern, wenn sie tatsächlich zum Nutzen der Wissenschaft gelöst werden sollen.

* H. Vehrenberg, Beobachtung schwacher Kleinplaneten durch Amateure, in: „Die Sterne", 3–4/1969, S. 52 f.

Im Folgenden werden einige Hinweise zur Beobachtung ausgewählter Objekte, zur Auswertung dieser Beobachtungen und zu dem damit verbundenen Nutzen für die Wissenschaft gegeben. Wer sich hierbei die ersten Sporen verdient und ein unbedingt erforderliches Pensum an Übungsstunden hinter sich gebracht hat, findet in der Spezialliteratur sowie in Volks- und Schulsternwarten gewiß weitere Ratschläge für eine erfolgreiche Arbeit auf dem von ihm beschrittenen Weg.

Wer zählt die Sonnenflecke?

Die Sonne ist ein geradezu klassisches Beispiel für die Möglichkeit der Mitwirkung des Amateurs bei der Lösung von Forschungsaufgaben. Eine der grundlegenden Gesetzmäßigkeiten des Geschehens an ihrer Oberfläche, das periodische Auftreten der Sonnenflecke, wurde sogar von einem Amateur entdeckt: 1843 fand der Dessauer Apotheker Heinrich Samuel Schwabe (1789–1875) aus eigenen Beobachtungen, daß die Sonnenflecke jeweils im Abstand von 10 Jahren besonders zahlreich erscheinen. Später bestimmten andere Forscher den Zyklus genauer zu 11,1 Jahren.

Manchem Liebhaber wird eine regelmäßige Beobachtung der Sonne deshalb schwerfallen, weil sie nur am Tage möglich ist. Doch wer als Amateur die Sonnenbeobachtung mit seinen Arbeitsverpflichtungen, zum Beispiel als Schüler, vereinbaren kann, dem wird unser Tagesstern bald ein interessantes Beobachtungsobjekt werden. Wir haben bereits darauf hingewiesen, daß die Sonne nur mit Hilfe von Abblendvorrichtungen oder in Projektion und niemals direkt durch das unabgeblendete Fernrohr betrachtet werden darf.

Die auffälligste und für den Amateur wohl auch interessanteste Erscheinung auf der Sonnenscheibe sind die Sonnenflecke. Sie treten in mannigfaltigen Formen und sehr unterschiedlichen Größen auf. Gelegentlich können sie so

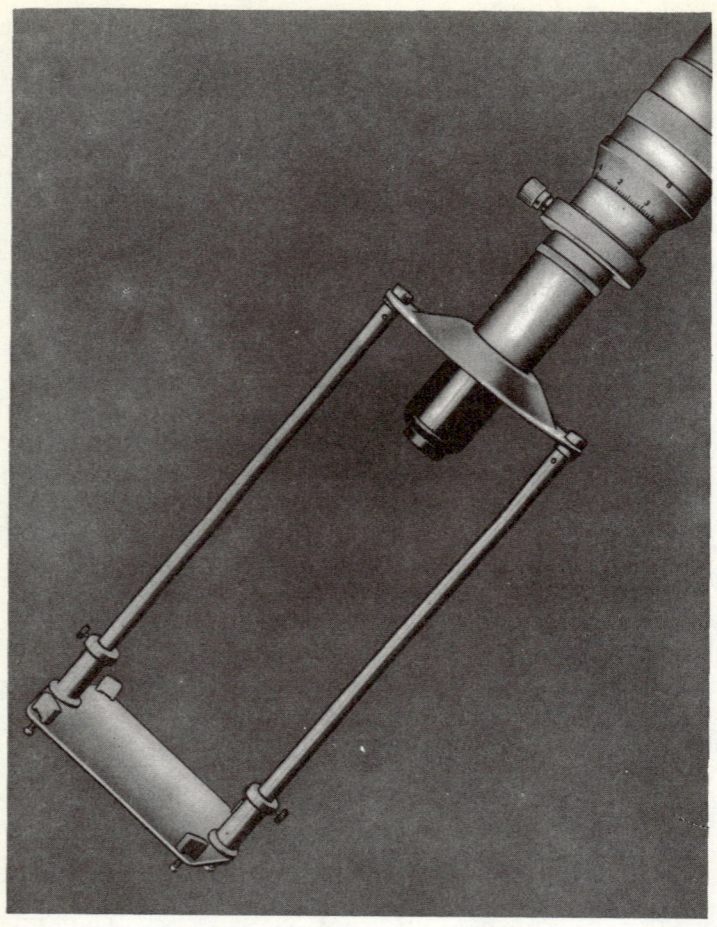

Projektionsschirm des VEB Carl Zeiss JENA für Sonnenbeobachtungen

groß werden, daß wir sie auf der beim Sonnenaufgang oder -untergang durch die Atmosphäre abgeblendeten Sonne ohne optische Hilfsmittel zu erkennen vermögen. Andererseits gibt es so kleine Sonnenflecke, daß sie sich in mittleren Fernrohren überhaupt nicht ausmachen lassen.

Für den Beobachter ist es wichtig, zu wissen, daß Sonnenflecke sowohl einzeln als auch – und dies geschieht sehr häufig – in Gruppen auftreten können. Hierbei handelt es sich nicht um ein zufälliges Beieinanderstehen mehrerer Einzelflecke, sondern um physikalisch zusammengehörige Gebilde. Aus diesem Grund kommt es auch für den Amateur darauf an, die Gruppen als solche zu erkennen und entsprechend einem Klassifikationsschema einzuordnen. Für die heute gebräuchlichen 9 Klassen gelten folgende Merkmale:

Klasse	Beschreibung
A	Kleiner Einzelfleck oder Gruppe von Einzelflecken ohne Hofstruktur
B	Sonnenfleckengruppe mit mehr oder weniger ausgeprägter Hauptfleckenbildung (ohne Höfe)
C	Bipolare Gruppe, bei der einer der Hauptflecke Hofstruktur aufweist
D	Bipolare Gruppe mit größeren Hauptflecken, die Höfe haben
E	Größere bipolare Gruppe, deren Hauptflecke Hofstruktur zeigen; zwischen den Hauptflecken viele Einzelflecke, die zum Teil mit Höfen umgeben sind; Ausdehnung meist größer als $10°$
F	Sehr große bipolare oder durch Hoffelder umrandete Fleckengruppe; Längsausdehnung mindestens $15°$
G	Große bipolare Gruppe, deren Zwischenflecke bereits vergangen sind; Ausdehnung noch über $10°$
H	Gruppe mit einem größeren, einen Hof besitzenden Hauptfleck, von kleineren Flecken umgeben; Ausmaße größer als $2,5°$
I	Einpoliger kleiner Fleck mit Hof; Ausmaße kleiner als $2,5°$

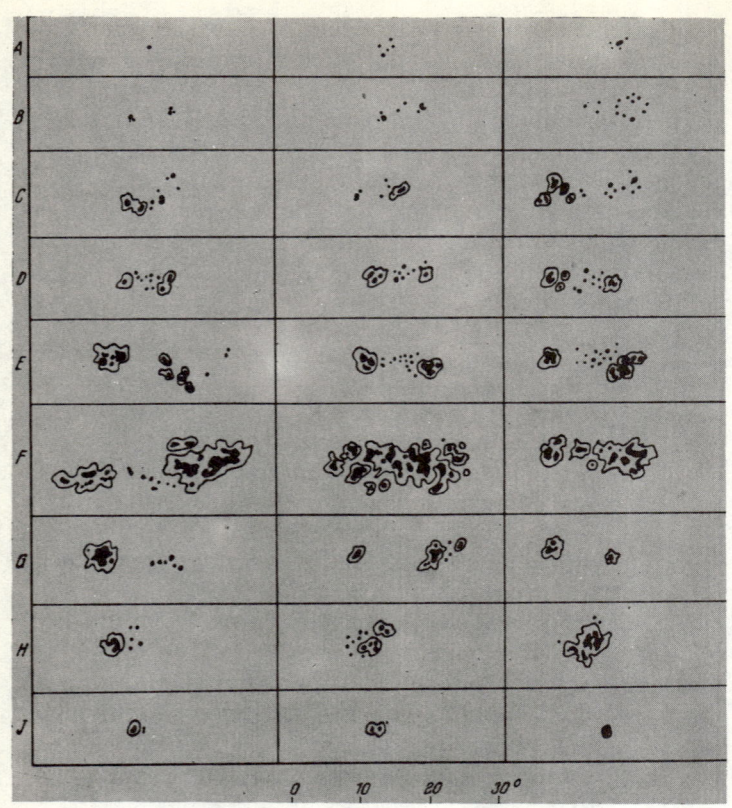

Klassifikationsschema für Sonnenflecke und Sonnenfleckengruppen

Diese nach äußeren Merkmalen getroffene Klassifikation ermöglicht es, die Entwicklung von Sonnenfleckengruppen zu verfolgen. Die Einordnung verlangt etwas Übung und ist natürlich besonders schwierig bei Gruppen, die am Sonnenrand auftauchen, da dort eine perspektivische Verzerrung entsteht.

Die Aktivität der Sonnenoberfläche, die im Auftreten von Flecken und Fleckengruppen ihren sichtbarsten Ausdruck findet, wird nach einem Vorschlag des Schweizer

170

Sonnenforschers Rudolf Wolf (1816–1893) durch die Sonnenfleckenrelativzahl charakterisiert. Aus der beobachteten Anzahl von Einzelflecken f und der beobachteten Anzahl von Fleckengruppen g bildet man die Relativzahl R nach der Beziehung $R = 10g + f$.

Nun wird der aufmerksame Leser gewiß einwenden, daß die Sonnenfleckenrelativzahl kein absolutes Maß der Sonnenaktivität darstellen kann, weil die verschiedenen Beobachter – je nach dem verwendeten Instrument – unter sonst gleichen Bedingungen wie Datum und Tageszeit verschieden viele Einzelheiten auf der Sonnenoberfläche zu erkennen vermögen.

Das ist richtig, und ebendeshalb bezeichnet man die Zahl R als Relativzahl. Die Daten jedes einzelnen Beobachters werden auf eine international übliche Standardskale bezogen, und das Verhältnis der internationalen Relativzahl R_{int} zu der von dem jeweiligen Beobachter ermittelten Relativzahl R stellt dann den Reduktionsfaktor k dar.

Da folglich $k = \dfrac{R_{int}}{R}$ ist, ergibt sich R_{int} aus den Daten des jeweiligen Beobachters zu $R_{int} = k(10g + f) = k \cdot R$.

Als Bezugsbeobachtungen dienten lange Zeit die mit dem schon von Rudolf Wolf verwendeten Refraktor auf der Züricher Sternwarte gewonnenen Relativzahlen. Das Instrument hatte eine Öffnung von 80 mm und eine Brennweite von 1000 mm und wurde bei 64facher Vergrößerung benutzt.

Den Reduktionsfaktor muß jeder einzelne Beobachter aus längerer Beobachtung bestimmen. Dabei darf man nicht zu sehr erschrecken, wenn sich für die verschiedenen Beobachtungen selbst bei Verwendung desselben Instruments mitunter recht spürbare Veränderungen des k-Faktors ergeben. Er hängt nämlich auch von den meteorologischen Bedingungen ab, vor allem von der jeweiligen Luftunruhe am Beobachtungsort.

Die Definitiven Relativzahlen werden jetzt vom Sunspot Index Data Center, Uccle (Belgien), herausgegeben und unter anderem in der Zeitschrift „Astronomie und

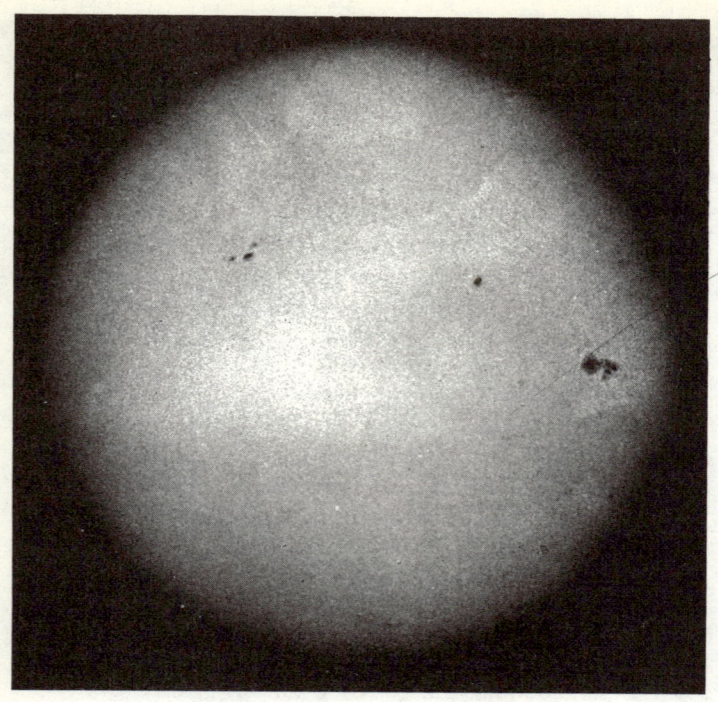

Sonne mit Flecken, aufgenommen am 26. Juni 1977 am 80-mm-Refraktor des VEB Carl Zeiss JENA (Aufnahme: Hans Pietsch, Fredersdorf)

Raumfahrt" veröffentlicht, so daß wir hieraus den Reduktionsfaktor k bestimmen können.

Für den Sternfreund bietet sich nun die Möglichkeit, die grundlegenden Entdeckungen der Sonnenbeobachter der Vergangenheit zu wiederholen und zu bestätigen. Er kann aber auch mithelfen, eine lückenlose Kette von Beobachtungen der Sonne zu erlangen, was eine wichtige Voraussetzung für sichere Kenntnisse über das Geschehen an der Sonnenoberfläche bildet.

Zu den „Nachentdeckungen" zählt einerseits die Periodizität des Auftretens von Sonnenflecken. Andererseits gibt es aber auch eine auffällige Erscheinung in der Häufigkeitsverteilung von Sonnenflecken in den verschiedenen heliographischen Breiten, die sich im Schmetterlingsdiagramm ausdrückt. Die Sonnenflecke treten nämlich in den verschiedenen Entwicklungsphasen eines Zyklus nicht in den gleichen Gegenden der Sonnenoberfläche auf. Vielmehr finden wir die ersten Flecke zu Beginn eines Zyklus in sehr großen heliographischen Breiten, bis zu 40° nördlich und südlich des Sonnenäquators. Je weiter sich der jeweilige Zyklus zum Maximum entwickelt, desto äquatornäher liegen die Sonnenflecke: Zu Beginn eines Zyklus treten viel mehr Flecke in großen heliographischen Breiten auf, während zum Maximum eines Zyklus weit mehr Flecke in geringen heliographischen Breiten erscheinen. Die graphische Darstellung dieses Zusammenhangs ergibt ein Diagramm, dessen Konturen an die gespreizten Flügel von Schmetterlingen erinnern, woher auch der Name rührt.

Solche Beobachtungen lassen sich allerdings nur exakt durchführen, wenn wir sie in ein Netz von Koordinaten eintragen. Die Sonne ist – ähnlich wie die Erde – in Längen- und Breitenkreise eingeteilt, die als heliographische Längen und Breiten bezeichnet werden. Der Beobachter muß die Lage eines international vereinbarten Nullmeridians, auf den sich alle Längen beziehen, und gleichzeitig die Lage der Sonnenachse zur Nord-Süd-Richtung (Positionswinkel) sowie die heliographische Breite des Sonnenscheibenmittelpunkts kennen.

Wer solche Beobachtungen durchführen möchte, setzt sich am besten mit einer der Volks- und Schulsternwarten in seinem Heimatkreis in Verbindung, wo er entweder unmittelbare Beratung oder Literaturhinweise erhalten kann.

Spaziergang auf dem Mond

Der Mond ist unser Nachbar im kosmischen Raum. Von ihm trennen uns im Mittel nur 384 400 km – lächerlich wenig im Verhältnis zu der schon rund vierhundertmal größeren Entfernung der Sonne; ganz zu schweigen von den Distanzen, die bis zu den großen Planeten Jupiter und Saturn zu überbrücken sind.

Da der Mond mit 3 476 km Durchmesser fast ein Drittel des Erddurchmessers besitzt, erscheint er uns aus seiner mittleren Entfernung fast unter demselben Durchmesser wie die Sonne. Für den Fernrohrbeobachter ist unser natürlicher Begleiter allein aus diesem Grund ein außerordentlich dankbares Objekt. Hinzu kommt der Reichtum der verschiedenen Mondformationen, der Krater, Gebirgszüge, Rillen, ausgedehnten Ebenen und Hochländer.

Seit Galileo Galilei zum erstenmal ein Fernrohr auf den Erdtrabanten richtete, sind Jahrhunderte vergangen. Hervorragende Beobachter haben mit immer besseren Instrumenten den benachbarten Himmelskörper nach allen Regeln der Kunst durchforscht. Die lange Reihe berühmter Mondkarten reicht von der „Selenographia" (griech. selene=Mond) des Johann Hevelius im Jahre 1661 bis zu der riesigen Karte des Volksschullehrers und Privatastronomen Johann Philipp Heinrich Fauth (1867–1941), der den Mond im Maßstab 1:1 000 000, das heißt mit einem Durchmesser von 350 cm, abbildete. Später kamen die fotografischen Darstellungen der Mondoberfläche hinzu. Inzwischen hat die Erforschung unseres kosmischen Begleiters durch die Raumsonden der UdSSR und der USA sowie durch die bemannten „Apollo"-Unternehmen derartige Fortschritte gemacht, daß uns seine Beobachtung und zeichnerische Darstellung unter Verwendung kleinerer oder selbst größerer Fernrohre keine Neuigkeiten mehr zu bringen vermag. Jedoch sollte der Sternfreund bedenken, daß sich gerade der Mond gut dazu eignet, die Beobachtungsgabe zu schulen und persönliche Erfahrungen im Beobachten zu sammeln, die dann bei der Ausführung anderer Aufgaben von Nutzen sein können.

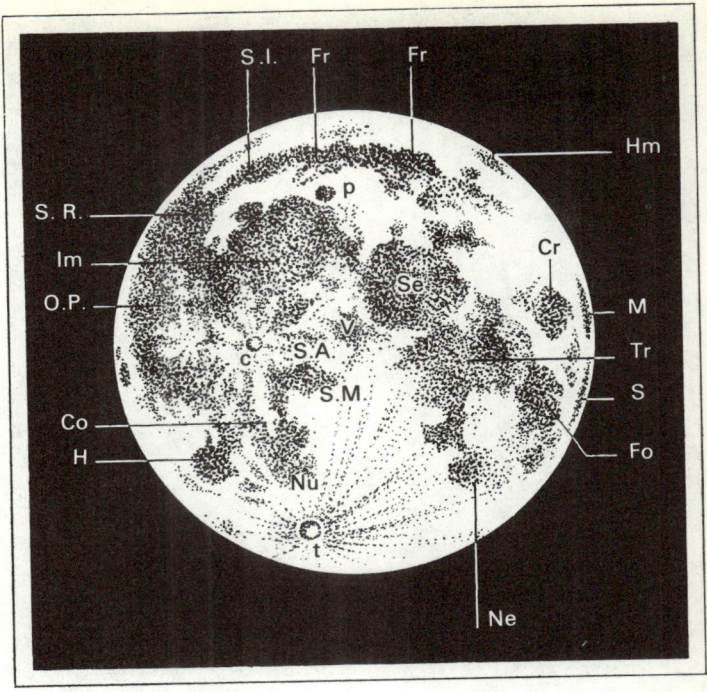

Mit bloßem Auge sichtbare Mondformationen

S. I. = *Sinus Iridum (Regenbogenbucht); Fr = Mare Frigoris (Meer der
Kälte); Hm = Mare Humboldtianum (Humboldt-Meer); S. R. = Sinus
Roris (Bucht des Taues); Im = Mare Imbrium (Regenmeer); p = Krater
Plato; O. P. = Oceanus Procellarum (Meer der Stürme); Se = Mare Seri-
nitatis (Meer der Heiterkeit); Cr = Mare Crisium (Meer der Gefahren);
M = Mare Marginis (Randmeer); S. A. = Sinus Aestuum (Bucht der
Fluten); V = Mare Vaporum (Meer der Dämpfe); Tr = Mare Tran-
quillitatis (Meer der Ruhe); Co = Mare Cognitum (Meer der Erkennt-
nis); S. M. = Sinus Medii (Zentralbucht); Fo = Mare Foecunditatis
(Meer der Fruchtbarkeit); S = Mare Smythii (Smithmeer); H = Mare
Humorum (Meer der Feuchtigkeit); Nu = Mare Nubium (Wolkenmeer);
Ne = Mare Nectaris (Nektarmeer); t = Krater Tycho; c = Krater Co-
pernicus*

Mond am 4. Januar 1974 um 19.30 Uhr, Fokalaufnahme mit dem Zeiss-„meniscas"-Teleskop in Verbindung mit der Praktica FX 2 (Aufnahme: Bernd Hübel, Magdeburg)

Obwohl bereits Mondkarten von nicht mehr zu überbietender Qualität vorliegen, wird es sich für den Amateur, der sich der Beobachtung des Erdtrabanten zuwendet, lohnen, eine eigene Mondkarte zu zeichnen. Das erfordert allerdings viel Fleiß und Geduld. Auch dürfte es sich oft als zweckmäßig erweisen, Fotografien bestimmter Gebiete der Mondoberfläche zu Hilfe zu nehmen.

Probleme entstehen bei der zeichnerischen Darstellung von Objekten der Oberfläche dieses Himmelskörpers vor allem wegen der unterschiedlichen Beleuchtung der Formationen, die aus der ständig wechselnden Stellung des Mondes zur Sonne folgt. Der Sternfreund muß daher die zu jeder Beobachtung gehörenden spezifischen Beleuchtungsverhältnisse angeben, indem er die Lage der Licht-Schatten-Grenze, des Terminators, notiert. Im Laufe eines Jahres wandert der Terminator 25mal über jedes Objekt. Hieraus ersehen wir bereits, unter wie vielen verschiedenen Beleuchtungsverhältnissen die Objekte der Mondoberfläche erscheinen. Die tatsächliche Gestalt vieler Formationen zu erkennen wird daher dem Anfänger erhebliche Schwierigkeiten bereiten.

Die Lage des Terminators können wir für jeden Tag dem „Kalender für Sternfreunde" von Paul Ahnert entnehmen, wo sie unter der Rubrik „Physische Ephemeriden" verzeichnet ist. Der dort enthaltene Winkel (mit positivem oder negativem Vorzeichen) gibt den selenographischen Längengrad an, auf dem die Sonne zum jeweiligen Zeitpunkt bei zunehmendem Mond aufgeht oder bei abnehmendem Mond untergeht.

Die Längenzählung des Mondes verläuft im Unterschied zur Längenzählung auf der Erde nicht durch alle Winkel des Vollkreises. Da sich unser Begleiter in derselben Zeit einmal um seine Achse dreht, in der er seinen Bahnumlauf um die Erde vollzieht, können wir stets nur eine Seite dieses Himmelskörpers beobachten. Die Längengrade werden deshalb einfach vom mittleren Mondmeridian westwärts positiv und ostwärts negativ gezählt. Allerdings sind die Sichtbarkeitsbedingungen trotz der als gebunden bezeichneten Rotation nicht immer gleich. Einerseits durchläuft der Mond seine Bahn mit unterschiedlicher Geschwindigkeit und stehts teils nördlich, teils südlich der Erdbahnebene, während andererseits der irdische Beobachter aus verschiedenen Richtungen auf den Mond blickt. Diese drei verschiedenen Schwankungen, bezeichnet als Libration, führen dazu, daß wir trotz gleichförmiger Rotation des Mondes nicht – wie zu er-

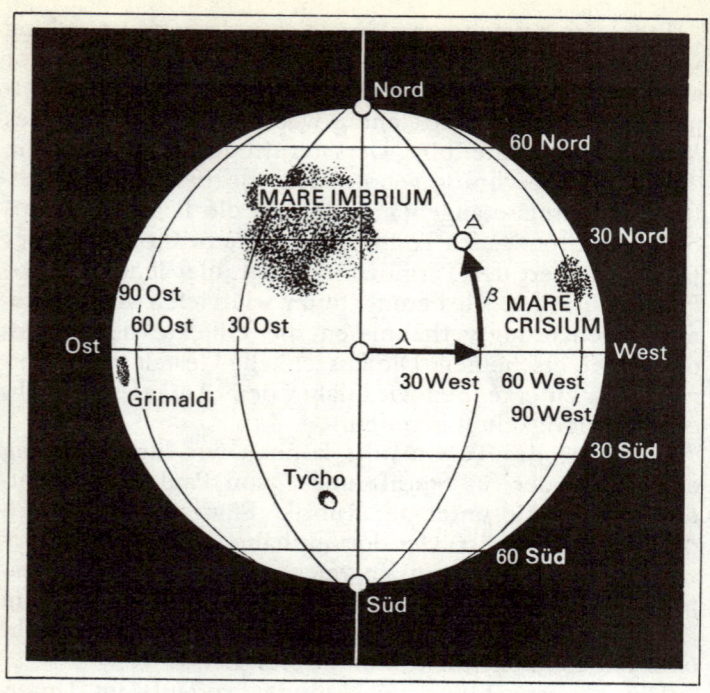

Selenographische Koordinaten
λ, β = selenographische Länge beziehungsweise Breite des Punktes A. In der Raumfahrtpraxis werden Ost und West bei der Angabe von Längen gegenüber obiger Zeichnung miteinander vertauscht.

warten – die Hälfte seiner Gesamtoberfläche sehen, sondern 60 Prozent. Der Mondrand kann sich insgesamt bis zu 10° verschieben, so daß sich der Anblick der Randpartien für den Beobachter erheblich ändert. Hinzu kommt die perspektivische Verkürzung der Objekte am Mondrand. All dies macht die Beobachtung randnaher Gebiete schwierig.

Für die visuelle Mondbeobachtung eignen sich langbrennweitige Linsenfernrohre und Spiegelteleskope am besten. Das Öffnungsverhältnis kann zwischen 1:15 und

1:20 betragen. Dämpfgläser bilden für den Mondbeobachter einen unverzichtbaren Teil seiner Ausrüstung, da die
Helligkeit des Mondbilds im Fernrohr recht beträchtlich
ist.

Ausschnitt aus der großen Mondkarte von Fauth mit dem Krater Mö-
sting in der Bildmitte

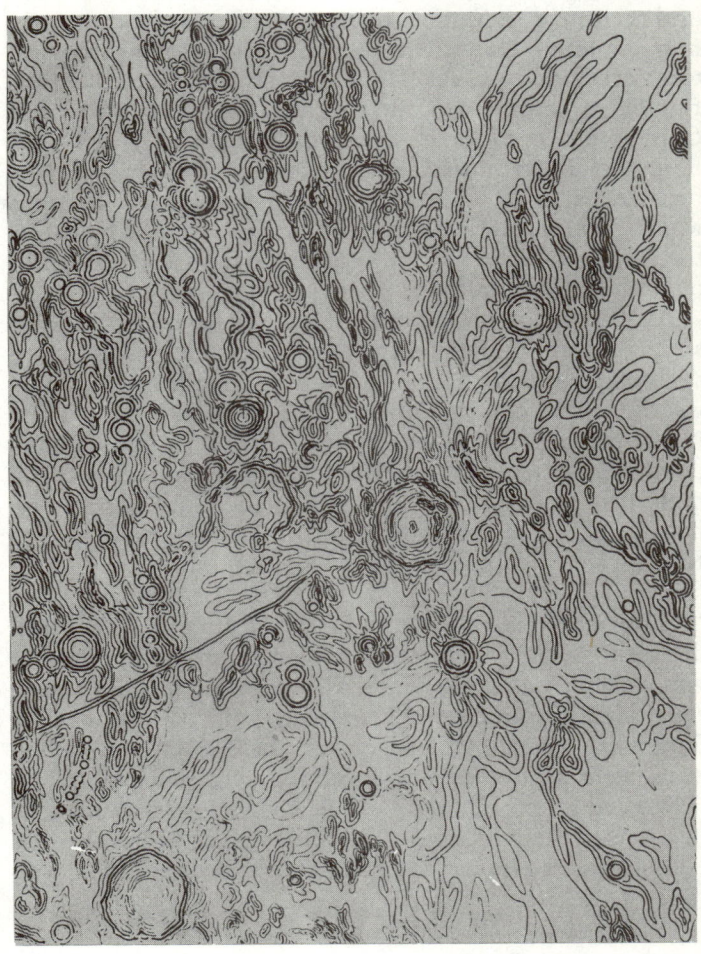

Die Mondbeobachter vor Jahrhunderten mußten zunächst den Grund für eine zuverlässige Topographie der Oberfläche des Erdtrabanten legen. Der Amateurbeobachter von heute sollte sich aber, bevor er mit seiner zeichnerischen Darstellung beginnt, eingehend über die Oberflächendetails dieses Himmelskörpers informieren. Dazu können gute Mondkarten dienen, die mit dem Fernrohrbild verglichen werden, so daß sich der Sternfreund nach und nach auf dem Mond auskennt. Als Gerüst für die Zeichnungen benutzen wir Umrißkarten, die wir uns selbst unter Verwendung eines Mondatlasses anfertigen können. Entweder pausen wir die Umrisse des zu zeichnenden Gebiets aus dem Atlas, oder wir fotografieren sie blaß. Beim Zeichnen müssen wir natürlich beachten, daß die für den Laien so eindrucksvollen Schattenwürfe auf dem Mond, die verblüffende plastische Wirkungen beim Betrachten hervorrufen, für das Erfassen der Oberflächendetails unwichtig sind.

Als Beispiel einer mustergültigen topographischen Darstellung kann die Zeichnung des Kraters Fauth durch dessen Namenspatron gelten. Als die Internationale Astronomische Union diesen Doppelkrater im Jahre 1932 auf den Namen Fauth taufte, entschloß sich der Mondforscher, dem Objekt „noch eingehendere Aufmerksamkeit zu widmen, damit die Zeichnung wirklich alles Erreichbare enthält"[*]. Der Krater Fauth liegt südlich des prachtvollen Ringgebirges Copernicus und läßt sich daher sehr leicht finden.

Zum Schluß sei noch eine Liste von Fragen aufgeführt, die der Mondbeobachter beim zeichnerischen Erfassen von hellen Strahlensystemen klären sollte. Die Fülle dieser Fragen vermittelt eine Vorstellung davon, mit welcher Sorgfalt der Amateurforscher an sein Objekt herangehen muß, wenn er brauchbare Ergebnisse erzielen will:

Wo setzt der Strahl an? – Wie verläuft er? – Wo endet er? – Wie breit ist er? – Wie hell ist er? – Variiert die Helligkeit des Strahls in der Länge und Breite und an wel-

---

[*] Hermann Fauth, Professor Philipp Fauth zum Gedächtnis, in: „Die Sterne", 7–8/1957, S. 159

chen Stellen und zu welchen Zeiten? – Wie ist die Boden-
beschaffenheit im Gebiet des Strahls? – Wird der Strahl
eventuell nur vorgetäuscht, zum Beispiel durch einander
folgende helle Punkte, weiße Krater oder Bodenwellen? –
Welche Form hat der Strahl (gerade, gekrümmt, Abbie-
gungspunkte)? – Wo ist er unterbrochen, wie groß ist die
Unterbrechung? – Zeigen irgendwelche Formen im Strahl
Bodenverfärbung, während der Strahl infolge bestimmter
Beleuchtungsverhältnisse nicht sichtbar ist? – Wann erscheinen die Strahlen, und wann verschwinden sie?*

Für den Mondtopographen gäbe es noch viele weitere
Hinweise. Wie in jedem anderen Fall, so ist es auch hier
am günstigsten, wenn er sich mit Gleichgesinnten in einer
Interessengemeinschaft, an einer Volkssternwarte zusam-
menfindet, wo ihm außerdem Speziallitteratur zur Verfügung steht.

Von Polkappen, Flecken und Ringen

Die systematische Beobachtung des Mondes, deren Ergebnisse sich nach vorhandenen Mondkarten beurteilen
lassen, stellt eine ausgezeichnete Übung für das Studium
der Planetenoberflächen dar. Ein solches Training ist die
Grundvoraussetzung für eine nützliche Planetenbeobachtung.

Die Planeten befinden sich in beträchtlich größeren
Entfernungen als der Mond. Selbst der äußere Nachbar-
planet der Erde, der Mars, nähert sich uns im günstigen
Fall nur auf etwa 56 Millionen km. An das Wahrneh-
mungsvermögen des Beobachters werden daher erhebliche Anforderungen gestellt. Zudem handelt es sich gerade bei der Planetenbeobachtung durch Amateure im allgemeinen um Überwachungsaufgaben, die dem Ziel
dienen, Veränderungen an den Oberflächen der Planeten
festzustellen, und insofern mit keiner vorgegebenen
Karte unmittelbar verglichen werden können.

* Vgl. Friedrich Billerbeck-Gentz, Anregungen zu vergleichenden selenologischen und geolo-
gischen Beobachtungen, in: „Die Sterne", 9–10/1951, S. 158.

181

Durch die Entwicklung der Raumfahrt ist bekanntlich auch die Erforschung der Planeten in eine qualitativ neue Phase getreten. Raumflugkörper fotografierten aus nächster Nähe die Oberflächen von Merkur, Mars und Jupiter, sowjetische Sonden setzten weich auf der Venus auf. Die amerikanischen Sonden „Pioneer" und „Voyager" passierten Jupiter und Saturn. Sogar zu den fernsten Planeten des Sonnensystems, zu Uranus, Neptun und Pluto, sind Sondenflüge geplant. Demgegenüber besitzt selbst die berufsmäßige Planetenforschung recht bescheidene Möglichkeiten. Amateurarbeit kann überhaupt nur noch nützen, wenn sie mit langjähriger Konsequenz und in höchster Qualität betrieben wird.

Aus den tatsächlichen Dimensionen der Planeten und ihren wechselnden Abständen zur Erde ergeben sich folgende scheinbare Durchmesser:

Planet	Scheinbarer Durchmesser in "
Merkur	4,8–13,3
Venus	10,0–64,0
Mars	4,0–25,0
Jupiter	31,0–48,0
Saturn	15,0–21,0
Uranus	3,0– 4,0
Neptun	2,5
Pluto	0,25

Hieraus lassen sich nun die Vergrößerungen ableiten, die der Sternfreund – entsprechend der Objektivöffnung des verwendeten Instruments – für die Beobachtung von Einzelheiten wählen sollte. Als Richtwerte gelten die Angaben der Tabelle auf Seite 183.

Für die Darstellung von Einzelheiten der Planetenoberflächen bedient man sich am besten vorgedruckter Schablonen mit außen eingezeichnetem Achsenkreuz. Die Beleuchtung durch die Sonne verändert sich zumal bei den inneren Planeten Merkur und Venus so stark, daß der Phasenwinkel als Maß für den nichtbeleuchteten Teil der

Planetenoberfläche angegeben werden muß. Besonders auffällig treten die Phasen bei der Venus in Erscheinung, die sich leichter beobachten läßt als Merkur, da sie größere östliche und westliche Abstände von der Sonne erreicht als dieser. Bei beiden Planeten kommen zwischen „Neu"- und „Voll"phase alle Beleuchtungswinkel vor. Der Phasenwinkel des außerhalb der Erde um die Sonne laufenden Mars kann maximal 46° betragen, was zur Folge hat, daß dann etwa ein Achtel der Planetenscheibe unsichtbar ist. Von den weiter außen umlaufenden Planeten Jupiter, Saturn, Uranus und Neptun (auf Pluto lassen sich mittels Fernrohren des Amateurs keine Einzelheiten erkennen) finden wir praktisch immer die gesamte Scheibe beleuchtet.

Traditionelle Beobachtungsobjekte unter den Planeten sind für den Amateur in erster Linie Mars, Jupiter und Saturn.

Mars steht jeweils im Abstand von durchschnittlich 780 Tagen der Sonne, von der Erde aus gesehen, am Himmel gegenüber. Diese Konstellation wird als Opposition bezeichnet. Der Abstand zwischen Erde und Mars nimmt dann einen minimalen Wert an.

Allerdings müssen wir bedenken, daß die Marsbahn eine besonders starke Exzentrizität aufweist, das heißt mehr von der Kreisform abweicht als die Bahnen der anderen Planeten. Infolgedessen fallen die Oppositionen sehr unterschiedlich aus, je nachdem, ob Mars sich gerade

Objektivöffnung in mm	Vergrößerung für Beobachtung von Einzelheiten bei						
	Merkur	Venus	Mars	Jupiter	Saturn	Uranus	Neptun
75	150	150	175	150	175	175	–
135	200	225	275	200	250	300	300
250	300	300	325	275	350	350	350
300	350	350	350	300	375	450	500

Marsoppositionen der kommenden Jahre
mit dem jeweiligen Abstand des Mars von der Erde
und dem zugehörigen Scheibendurchmesser

Monat der Opposition		Abstand in Mill. km	Scheinbarer Durchmesser in "
September	1988	57	23
November	1990	76,5	18
Januar	1993	94,5	14
Februar	1995	102	13

im sonnenfernsten oder im sonnennächsten Punkt seiner
Bahn (Aphel oder Perihel) befindet oder eine Zwischen-
stellung einnimmt. Bei den Periheloppositionen beträgt
der Abstand zur Erde nur rund 56 Millionen km, so daß
sein Scheibenbild einen scheinbaren Durchmesser von
25,5" aufweist. Die Apheloppositionen hingegen bedingen einen Abstand zwischen Erde und Mars von 101 Millionen km, woraus sich ein Scheibenbilddurchmesser von
14" ergibt. Gleich günstige Marsoppositionen wiederholen
sich jeweils nach Ablauf von 79 Jahren.

Mars bietet also nur in der Zeit um die Opposition
herum ein dankbares Beobachtungsobjekt, wobei noch erhebliche Unterschiede auftreten. Er wird daher auch während der Oppositionsstellung verstärkt beobachtet. Die le-
gendären „Marskanäle", von denen wir heute wissen, daß
es sich bei den „klassischen", 1877 entdeckten Gebilden
um optische Täuschungen handelt, wurden ebenso während einer Annäherung des Mars an die Erde gefunden
wie die beiden Monde des Planeten, Phobos und Deimos.

Faszinierende Objekte der Marsoberfläche sind die Polkappen. Ihre Ausdehnung zeigt jahreszeitliche Veränderungen: Während des Marssommers schrumpfen die Kappen zusammen, in den Wintermonaten hingegen wachsen
sie unübersehbar an. Ihre weiße Decke wird von Kohlen-
säure- und Wassereis gebildet (CO_2 und H_2O im gefrore-
nen Zustand). Die auch im Sommer zurückbleibenden
Kappenreste scheinen aus Wassereis zu bestehen.

Planet Mars bei 235facher Vergrößerung in einem Spiegelteleskop mit 200 mm Öffnung, Zeichnung von Dietmar Böhme, Nessa

Der erfahrene Amateurplanetenbeobachter Dr. Werner Sandner aus der BRD schlägt für Zeichnungen des Mars die Benutzung von Schablonen mit Durchmessern zwischen 21 und 50 mm vor. Zu Beginn der zeichnerischen Wiedergabe sollte der Sternfreund das jeweils markanteste Gebilde eintragen. Dies werden meist die mehr oder weniger ausgedehnten Polkappen des Planeten sein. Im Okular verwenden wir möglichst ein Mikrometersystem, das wir längs der Nord-Süd-Richtung des Himmelskörpers einstellen. Dann zeichnen wir mit einem spitzen weichen Bleistift die Umrisse der dunklen Einzelheiten der Marsoberfläche. Für die spätere Berechnung des Zentralmeridians des Planeten legen wir den Zeitpunkt, zu dem wir diese Details gezeichnet haben, zugrunde. Am Schluß machen wir die auf dem Mars erkennbaren Schattierungen durch Verwischen sichtbar. Stark aufgehellte Gebiete sollten durch Umrißlinien gekennzeichnet werden.

Da es natürlich darauf ankommt, die aerographische Position (eine Ortsangabe auf dem Mars) durch ein Koordinatensystem in aerographischer Länge und Breite anzugeben, müssen wir für markante Gebilde den Moment des Durchgangs durch den Zentralmeridian erfassen. Hierzu eignen sich einige äquatornahe Objekte, die wir mit Hilfe einer Marskarte aufsuchen. Für jede Zeichnung gilt es allerdings, den Zentralmeridian zu berechnen. Da die Marsachse geneigt ist, müssen wir außerdem auch das Gradnetz jedesmal konstruieren. Die Auswertung erfordert also einiges Geschick und Geduld. Die Einzelheiten kann der Sternfreund auf einer Volkssternwarte erfahren oder in der Literatur nachlesen.

Was die Objekte auf der Oberfläche des Planeten anlangt, so haben die Raumfahrtunternehmen der letzten Jahre unsere Kenntnisse gewaltig anwachsen lassen. Der Detailreichtum von Marskarten, die mit den Hilfsmitteln der Raumfahrt gewonnen wurden, berührt die Arbeit des Amateurs insofern nicht, als er diese Objekte ohnehin nicht beobachten kann. Um einer einheitlichen Bezeichnungsweise zu folgen, sei empfohlen, die im Jahre 1958 von der Internationalen Astronomischen Union bestätigte Marskarte mit 128 Namen und Positionen zugrunde zu legen. Ein gutes Hilfsmittel für den Marsbeobachter ist der „Taschenatlas Mond, Mars, Venus" von Antonín Rükl (Artia-Verlag, Prag). Hier findet der Sternfreund auch Hinweise über das aerographische Koordinatensystem und anderes.

Jupiter ist zweifellos der von Amateuren am meisten beobachtete Planet, und dies aus gutem Grund: Er zeichnet sich nicht nur durch einen großen scheinbaren Durchmesser aus, sondern zeigt auch bereits in kleineren Fernrohren eine Fülle von Einzelheiten, die sich wegen der ra-

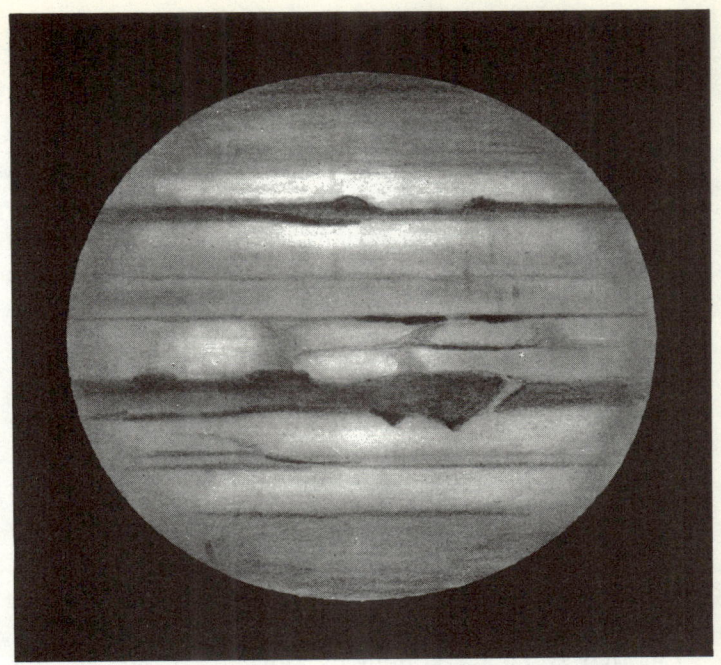

Planet Jupiter bei 160facher Vergrößerung in einem Refraktor von 150 mm Öffnung. Zeichnung von Günter Schirdewahn, Berlin

schen Rotation dieses Himmelskörpers – ein Umlauf um seine Achse dauert nur 9 Stunden 50 Minuten – unablässig verändern. Vom Planeten Jupiter kann ohne Übertreibung gesagt werden, daß Amateure einen bemerkenswerten Beitrag zu seiner Erforschung geleistet haben.

Einer der bekanntesten Jupiterbeobachter unter den Amateuren war der vogtländische Kunstmaler Walther Löbering (1885–1969). In der Nähe von Plauen widmete er sich unter Verwendung von Spiegelteleskopen zwischen 20 und 28 cm Öffnung Jahrzehnte hindurch der Beobachtung des Planeten. Die von der Fachwelt hochgeschätzten Ergebnisse finden wir in verschiedenen Veröffentlichungen. Eine Krönung seines Lebenswerkes bilden die „Jupiterbeobachtungen von 1926 bis 1964", erschienen im Verlag Johann Ambrosius Barth, die unter anderem farbige Jupiterzeichnungen enthalten.

Auch Jupiterzeichnungen werden unter Verwendung von Schablonen angefertigt. Hierbei ist die auffallend starke Abplattung des Planeten von 1:16,3 unbedingt zu berücksichtigen. Bewährt haben sich Schablonen im Maß 67 mm : 62,5 mm. Die Auswertung nehmen wir mit Hilfe eines durchsichtigen Gradnetzes vor, das wir auf die Zeichnung legen. Der Zentralmeridian muß für jede Zeichnung – wie bei Mars – gesondert berechnet werden. Hinzu kommt aber, daß die Äquatorgebiete des Planeten schneller rotieren als die mittleren Breiten. Daher ist die Berechnung des Zentralmeridians für die Äquatorzone von der für mittlere Breiten zu unterscheiden. Der stündliche Rotationswinkel der Äquatorzone (System I) beträgt 36,6°, der der mittleren Breiten (System II) hingegen 36,3°. Die Zentralmeridiane für 0 Uhr Weltzeit finden wir – ebenso wie für Mars – zum Beispiel in Ahnerts „Kalender für Sternfreunde".

Für den Anfänger kommt es zunächst darauf an, die charakteristischen Gebilde der Jupiterscheibe erkennen zu lernen, um sie mit Sicherheit identifizieren und dann auch ihre Position feststellen zu können. Dabei handelt es sich um drei verschiedene Arten von Objekten: die *Bänder*, die *Zonen* (beides Streifen, die parallel zum Äquator verlaufen) und die *Flecke*.

Eines der markantesten und interessantesten Objekte auf Jupiter ist der Große Rote Fleck, der sich schon auf Zeichnungen des 17. Jahrhunderts findet. Er führt eine von der Rotation des Planeten unabhängige Bewegung aus, deren Geschwindigkeit nicht konstant ist. Dieses Gebilde zählt – im Gegensatz zu vielen anderen Einzelheiten – zu den besonders beständigen Erscheinungen. Seine Position in der Südlichen Tropischen Zone hat es unverändert beibehalten, ebenso seine Größe und Form (Länge 40 000 km, Breite 12 000 km). Hingegen schwankt seine Intensität, so daß den Helligkeitsangaben bei der Beob-

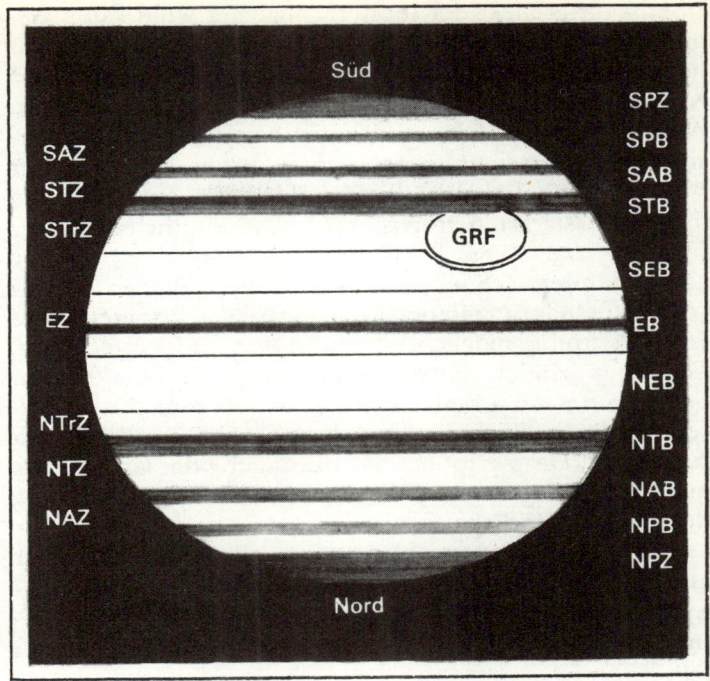

Nomenklatur der Grundformationen der Jupiteroberfläche (nach Büdeler)
N = Nord; S = Süd; B = Band (dunkel); Z = Zone (hell); E = Äquatorial-; Tr = tropisch; T = gemäßigt (temperiert); A = arktisch; P = Polar-; GRF = Großer Roter Fleck

achtung große Bedeutung zukommt. Obwohl inzwischen bereits Sonden in die unmittelbare Nähe des Planeten Jupiter geflogen sind, gibt es über die Natur des Großen Roten Flecks noch keine endgültige Gewißheit. Möglicherweise stellt er eine mächtige Kontinentalscholle dar, die auf einer nicht ganz erstarrten Oberfläche schwimmt und bisweilen durch Wolken verdeckt wird. Vielleicht handelt es sich aber auch – wie Fachleute neuerdings annehmen – um einen riesigen atmosphärischen Wirbel.

Überhaupt erblickt der Jupiterbeobachter wohl kaum Gebilde der Planetenoberfläche, sondern Erscheinungen seiner oberen atmosphärischen Schichten. Es sind gewaltige Anzeichen stürmischer Vorgänge, die sich vor unseren Augen abspielen. Die zeitlichen Veränderungen der verschiedenen Erscheinungen deuten darauf hin, daß hier Windgeschwindigkeiten bis zu 400 km/h auftreten, die damit die stärksten irdischen Orkane deutlich übertreffen.

Der Jupiterzeichner muß sich beeilen. Wegen der raschen Veränderung in der Atmosphäre des Planeten sollte eine Zeichnung möglichst in 5 Minuten fertiggestellt sein. Die Hauptbänder können vorgefertigt und die aktuellen Strukturen dann jeweils eingezeichnet werden. Dabei halten wir die Strukturen wegen der Rotation von links nach rechts fest. Der Zeitpunkt der Eintragung der Grobdetails gilt – minutengenau – als maßgebend für die Berechnung des Zentralmeridians.

Der Planet Saturn bietet dem Planetenbeobachter ähnliche Einzelheiten wie Jupiter. Auch die Bezeichnungsweise der Streifen ist mit der der Jupitererscheinungen identisch. Flecke treten jedoch nur selten auf.

Saturn ist vor allem wegen seines auffallenden Ringsystems ein beliebtes Beobachtungsobjekt. Freilich läßt sich der Ring nicht immer gleich gut beobachten. Er liegt in der Äquatorebene des Planeten, die gegen die Bahnebene der Erde um 28° geneigt ist. Während eines Umlaufs des Saturns um die Sonne (Saturnjahr) sehen wir einmal von oben, einmal von unten auf die Ringe. Dazwischen fällt der Blick des irdischen Beobachters genau auf ihre Kante. Dann ist lediglich eine feine helle Linie wahrzunehmen, da die Dicke der Ringe nur etwa 15 km beträgt – außerordentlich wenig, verglichen mit deren größtem Durchmesser von 278 000 km.

Bei günstigen Beobachtungsbedingungen reicht schon ein kleines Fernrohr aus, um die Zweiteilung des Ringsystems zu erkennen. Durch diese von Giovanni Domenico Cassini (1625–1712) entdeckte und nach ihm benannte Teilung wird der Außenring vom Innenring getrennt. Die Lücke ist auf die Anziehungskraft mehrerer Monde des Planeten zurückzuführen.

Unsichere Kandidaten

Zu den zahlreichen Objekten unserer näheren kosmischen Umgebung, die ihrer Gesamtmasse nach gegenüber den großen Planeten nur eine untergeordnete Rolle spielen, aber für das Verständnis des Sonnensystems sehr wichtig sind, zählen die Kleinen Planeten, auch Planetoiden genannt.

Die meisten dieser Kleinkörper des Sonnensystems bewegen sich im Raum zwischen Mars und Jupiter auf Ellipsen geringer Exzentrizität um die Sonne. Ohne Fernrohre können wir sie nicht beobachten. Selbst die hellsten unter ihnen sind schwächer als 6^m, so daß wir zumindest einen Feldstecher benötigen, um sie zu sehen.

Das Problem bei der Erforschung der Kleinen Planeten besteht darin, daß sie sich wohl mit ausgeklügelten Methoden massenweise entdecken lassen, aber schwer zum „gesicherten Besitz" werden. Denn dazu ist es erforderlich, ihre Bahnen zu bestimmen, das heißt mehrere Beobachtungen entsprechender Zuverlässigkeit zu erlangen. Nach internationaler Vereinbarung erhalten die Planetoiden mit gesicherten Bahndaten zur Kennzeichnung eine Nummer (früher auch einen Taufnamen). Dabei fällt auf, daß es viel weniger numerierte als entdeckte Planetoiden gibt.

Die Beobachtung der Kleinen Planeten erfolgt zweckmäßigerweise, wenn diese in Opposition stehen, weil sie dann die größte Helligkeit aufweisen. Das Institut für Theoretische Astronomie in Leningrad veröffentlicht jährlich die Ephemeriden für alle in Opposition gelangenden Kleinen Planeten. Darunter tragen nicht wenige einen „Makel" – das kleine Kreuz, das nach internationaler Absprache hinter jene Zahlen gesetzt wird, welche unsicher

191

oder durch eine nicht genügende Anzahl von Beobachtungen belegt sind. Jedes Jahr handelt es sich um mehr als hundert Planetoiden, die dringend der Beobachtung bedürfen, wobei auch dem Amateur Aufgaben zufallen.

Allerdings besitzen diese Objekte relativ geringe Oppositionshelligkeiten; sie liegen zwischen den Größenklassen 13,5 und 18 und sind somit nur unter Verwendung anspruchsvoller Hilfsmittel zugänglich. Das Vorhaben empfiehlt sich folglich für fortgeschrittene und gut ausgerüstete Sternfreunde oder an Volkssternwarten tätige Gruppen von Beobachtern. Und dies auch aus einem weiteren Grund: Das Instrumentarium, über das wir noch sprechen werden, reicht allein nicht aus zur Lösung der Aufgabe. Wir benötigen außerdem einige spezielle Werke, die ebenfalls nicht überall vorhanden sind: die Leningrader Ephemeriden für Kleine Planeten, einen fotografischen Sternatlas, der auch die Sterne geringer Helligkeit enthält, und einen Sternkatalog, aus dem wir die Koordinaten benachbarter Sterne entnehmen können, um damit die Position des Kleinplaneten festzulegen.

Zum Erfassen schwacher Kleinplaneten empfiehlt sich die Himmelsfotografie. Ein fotografisches Spezialinstrument, ein Astrograph, mit einer Brennweite von etwa 50 cm gestattet bei einer Belichtungszeit von 10 Minuten unter Verwendung von ORWO-Spezialmaterial ohne weiteres die Abbildung von Objekten der 15. Größenklasse. Befindet sich im fotografierten Sternbild ein Kleiner Planet, so können wir dessen Weiterbewegung vor dem Hintergrund der Fixsterne bereits durch eine zweite Aufnahme feststellen, die etwa eine Stunde später gemacht wird.

Das Problem besteht aber darin, auf diesen belichteten Fotoplatten den gesuchten Kleinplaneten zu finden, zumal die Vorherberechnungen seiner Position nur angenäherte Werte ergeben, weil die relativ massearmen Körper auf ihrer Bahn starken Störungen unterliegen. Kleine Planeten, deren Helligkeit unterhalb der 14. Größenklasse bleibt, auf der Platte im Gewimmel anderer lichtschwacher Sterne ohne weitere Hilfsmittel, das heißt nur mit

Kleiner Planet 737 Arequipa (siehe Pfeil)
Die Platte wurde im Abstand von 53 Minuten zweimal belichtet. Die
Sterne sind infolge Versetzung der Platte bei der zweiten Aufnahme alle
in gleicher Richtung verschoben. Der Planetoid weist demgegenüber eine
andere Verschiebung auf, da er sich in den 53 Minuten am Himmel wei-
terbewegt hat. (Aufnahme: Michael Greßmann, Falkensee-Finkenkrug)

Lupe und Auge, zu suchen ist aussichtslos. Hier müssen
wir einen Blinkkomparator verwenden. Dieses Gerät gestattet es, zwei zu verschiedenen Zeiten in demselben
Abbildungsmaßstab hergestellte fotografische Aufnahmen
von derselben Himmelsgegend miteinander zu vergleichen. Dabei erscheinen die beiden Aufnahmen in rascher
Folge abwechselnd vor dem Auge des Betrachters. Sind
die beiden Platten identisch, so sieht man im Okular das
etwas flimmernde Bild eines ruhenden Sternhimmels. Hat
aber beispielsweise ein Objekt auf einer Platte gegenüber
der anderen seine Position gewechselt, dann „tanzt" dieses Sternchen hin und her. Auf solche Weise läßt sich ein
Kleiner Planet mit Hilfe des Blinkkomparators auch im
dichtesten Gewimmel winziger Lichtpünktchen schnell
und sicher entdecken.

Wer sich nicht selbst einen Blinkkomparator bauen will oder kann, dem helfen vielleicht benachbarte Volks- oder Fachsternwarten beim Auswerten seiner Platten, indem sie die Ausmessung an den dort vorhandenen Geräten gestatten.

Ist der Planetoid auf der Platte gefunden, dann gilt es noch, seine Position zum Zeitpunkt der Aufnahme festzulegen. Hierzu empfiehlt es sich, eine Ausschnittsvergrößerung der Platte anzufertigen, die möglichst genau dem Maßstab des zur Koordinatenbestimmung benutzten Sternatlasses entspricht, so daß die Position des Himmelskörpers auf das Kartenblatt übertragen und mit entsprechenden Schablonen abgelesen werden kann. Wenn wir den Ort exakt genug (bis auf $0^s\!,\!1$ in Rektaszension und bis auf $1''$ in Deklination) bestimmt haben, können wir das Resultat getrost an die Herausgeber der Ephemeriden der Kleinen Planeten senden, wo es nützliche Verwendung findet.

Sternenfinsternisse

Bis zum heutigen Tag hat das Beobachten von Bedeckungen hellerer Fixsterne durch unseren natürlichen Begleiter, den Erdmond, für den Amateur einen hohen Reiz, und zugleich kann der Wissenschaft damit ein Dienst erwiesen werden. Solche Vorhaben erfordern nur einen relativ geringen Aufwand, so daß Sternbedeckungen einen festen Bestandteil der Beobachtungsprogramme vieler Liebhaberastronomen bilden.

Die Fläche unseres Mondes entspricht etwa einem Zweihunderttausendstel der gesamten Himmelsfläche. Doch schon innerhalb von 24 Stunden überstreicht er ein Sechstausendstel der Himmelssphäre. Da wir unter günstigen Bedingungen am Nord- und Südhimmel insgesamt

Bedeckung des Saturns durch den Mond am 3. März 1974 in drei verschiedenen Phasen, aufgenommen unter Verwendung eines 63-mm-Zeiss-Refraktors (Aufnahme: Alfred Langmach, Fredersdorf)

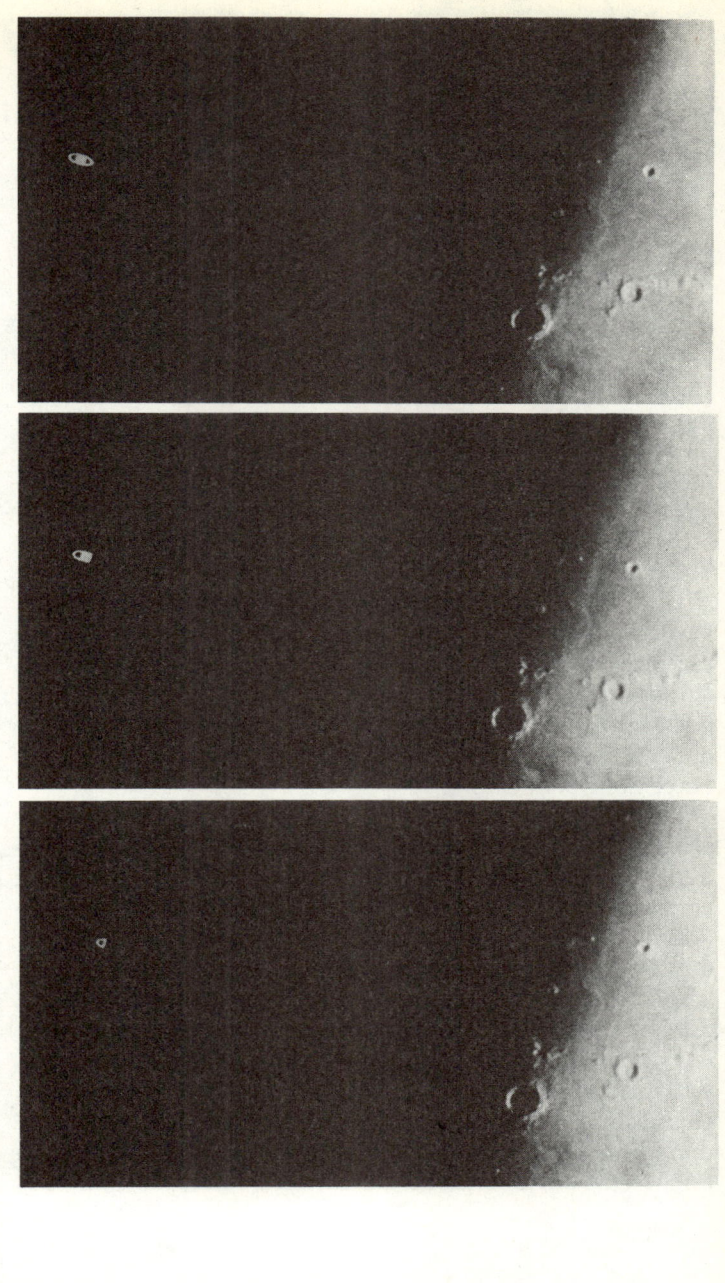

rund 6000 Sterne beobachten können, müßte der Mond – eine gleichmäßige Verteilung dieser Sterne vorausgesetzt – jeden Tag *einen* mit dem bloßen Auge sichtbaren Stern bedecken. Beziehen wir für den Fernrohrbesitzer auch lichtschwächere Sterne ein, so steigt die Anzahl der Ereignisse selbstverständlich an: Unter Einschluß aller Sterne bis 12^m haben wir durchschnittlich 400 Sternbedeckungen je Tag zu erwarten. Natürlich sind die Sterne nicht gleichmäßig verteilt, insbesondere die helleren nicht. Zum Beispiel findet man nur insgesamt 15 Sterne heller als 3^m, die vom Mond bei seiner Bahnbewegung bedeckt werden können. Drei davon, nämlich α Tau (Aldebaran), α Leo (Regulus) und α Sco (Antares), gehören sogar der 1. Größenklasse an. Die Bedeckung dieser Himmelskörper durch den Mond ist selbst für den Betrachter ohne Fernrohr eindrucksvoll. Da unser Erdnachbar keine Atmosphäre besitzt, führt eine Sternbedeckung zu einem blitzartigen Verschwinden des betreffenden Sterns, der nach dem Ende der Bedeckung ebenso plötzlich wieder auftaucht.

Eine berühmte historische Sternbedeckung ist die des Planeten Mars im Jahre 157 v. u. Z., die von Aristoteles beobachtet wurde. Der griechische Gelehrte zog aus dem Ereignis den zutreffenden Schluß, daß die Entfernung des Mars größer sein müsse als die des Mondes. Dies war das erste wissenschaftliche Ergebnis der Beobachtung einer Sternbedeckung.

Doch auch heute sind Sternbedeckungen von wissenschaftlichem Interesse. Infolge des *plötzlichen* Verschwindens läßt sich nämlich dem Augenblick der Bedeckung eine streng definierte Stellung des Mondes zuordnen, so daß man auf einfache Weise genaue Anhaltspunkte über die Mondbewegung erhält. Da unser natürlicher Begleiter wegen seiner relativ geringen Masse von etwa $1/81$ der Erdmasse vielerlei Störungen ausgesetzt ist, stellt seine Bahn ein recht kompliziertes Gebilde dar. Kennt man sie aus praktischen Messungen sehr genau, können himmelsmechanische Berechnungen und Hypothesen überprüft werden. Die Exaktheit der Ergebnisse ist außerordentlich hoch. Obwohl der Mond im Mittel 384 400 km von uns entfernt umläuft, läßt sich bei Einsatz moderner Technik der Moment der Sternbedeckung auf einige tausendstel Sekunden genau bestimmen, woraus eine Definition des Mondorts bis auf 1 m genau folgt.

Kennt man die Mondbahn theoretisch genau, was heute in hohem Maße der Fall ist, kann die Beobachtung von Sternbedeckungen einem anderen wichtigen Zweck dienen: der Festlegung der Ephemeridenzeit. Dabei handelt es sich um eine spezielle Zeitskale, die auf der Bestimmung der Himmelskörperbewegungen mittels des Gravitationsgesetzes beruht. Das einfache Ableiten der Zeit aus der Bewegung der Erde genügt nicht dem Anspruch eines völlig gleichmäßigen Ablaufs, da die Erde nicht mit konstanter Winkelgeschwindigkeit rotiert. Die Unregelmäßigkeiten der „Normaluhr" Erde werden zum Beispiel dadurch beseitigt, daß man diese natürliche Uhr durch Vergleich mit dem Mondumlauf korrigiert.

Wer sich an Programmen der Beobachtung von Sternbedeckungen beteiligen will, benötigt nur relativ wenige und einfache Hilfsmittel.

Natürlich ist ein Beobachtungsinstrument erforderlich, mit dem das Ereignis wahrgenommen werden kann. Hierzu reicht unter Umständen schon ein Feldstecher aus, wenn wir – bei klarem Himmel – Sterne bis zu etwa $7^m_\cdot5$ berücksichtigen wollen. Für schwächere Sterne bedarf es entsprechend leistungsfähigerer Teleskope.

In den Jahrbüchern, in denen die Bedeckungen hellerer Fixsterne im voraus bis auf 0,1 Minuten genau angegeben sind, finden wir außerdem noch den Positionswinkel des Verschwindens oder Wiedererscheinens des Sterns. Er bezieht sich auf die Mondmitte und wird entgegen dem Uhrzeigersinn von Nord über Ost gemessen. Zu beachten ist, daß sich die für einen Ort berechneten Kontaktzeiten für Orte anderer geographischer Breite und Länge beträchtlich ändern können. Unter Kontaktzeit verstehen wir den Moment des Verschwindens oder Wiederauftauchens des Sterns. Die Differenz $t - t_0$ gegenüber der berechneten Kontaktzeit ergibt sich in Minuten aus der einfachen Formel $t - t_0 = a(\lambda - \lambda_0) + b(\varphi - \varphi_0)$. Hierin bedeuten a und b zwei Koeffizienten, die wir in den Jahrbüchern finden, λ_0 und φ_0 die geographischen Koordinaten des Bezugsortes sowie λ und φ die geographischen Koordinaten des Beobachtungsortes. Die Koordinaten sind in Grad einzusetzen, östliche geographische Längen bekommen ein negatives Vorzeichen. Die Korrektion des im Jahrbuch enthaltenen Wertes ergibt sich dann in Minuten. Die Genauigkeit ist hinreichend. Bei Entfernungen zwischen Beobachtungsort und Bezugsort bis zu 450 km betragen die Abweichungen höchstens $\pm$ 2 Minuten. Die geographischen Koordinaten brauchen dabei nur auf zehntel Grade genau angegeben zu werden.

Für die Zeitmessung können wir im einfachsten Fall eine Stoppuhr benutzen, die Zehntelsekunden zu stoppen gestattet. Um über ihre Eigenheiten genau informiert zu sein, stellen wir den Gang der Uhr fest. Dabei stoppen wir einen Zeitraum von 10 bis 60 Minuten unter gleichzeitiger Benutzung einer gewöhnlichen Uhr mit Sekundenzeiger. Daraus ergibt sich die Abweichung der Stoppuhr in Sekunden je Minute.

Außerdem muß der Sternfreund seine „persönliche Gleichung" kennen, die Zeit, die zwischen dem plötzlichen Eintritt eines Ereignisses und der Reaktion des Beobachters verstreicht. Sie setzt sich aus der Reaktionszeit des Beobachters und einer Verzögerung des Zeitmeßinstruments zusammen und muß daher an derselben Stoppuhr bestimmt werden, die wir für die Messung selbst benutzen. Die „persönliche Gleichung" ermitteln wir zweckmäßigerweise direkt nach der ausgeführten Bedeckungsbeobachtung, da sie auch von der „Tagesform" des Beobachters abhängig ist.

Den Zeitpunkt einer Sternbedeckung stellen wir folgendermaßen fest: Etwa 1,5 Minuten vor dem angekündigten Zeitpunkt beginnen wir mit der Beobachtung. Wenn der Stern hinter dem Mond verschwindet und wenn er wieder auftaucht, wird die Stoppuhr gedrückt. Dann begeben wir uns zu einer Uhr, deren Zeitangabe in MEZ durch entsprechende Vergleiche und Kontrolle als sicher gelten kann. Wenn der Sekundenzeiger der normalen Uhr eine volle oder halbe Minute anzeigt, drücken wir die

Stoppuhr. Die zu diesem Augenblick gehörige Zeit wird als Signalzeit bezeichnet. Wir notieren sie ebenso wie die von der Stoppuhr angezeigte Zeit.

Nun können wir die persönliche Gleichung bestimmen. Der ermittelte Gang der Stoppuhr läßt eine Korrektion zu, die zu der gestoppten Zeit addiert oder subtrahiert wird.

Neben der einfachen Stoppuhrmethode können Sternbedeckungen auch mittels anderer Verfahren beobachtet werden, auf die wir hier jedoch nicht eingehen wollen.

Die Auswertung der gewonnenen Daten ist kompliziert und nicht vom Amateur vorzunehmen. Für das Ephemeridenzeitprogramm werden die Messungen vielmehr an das Hydrografic Department Tokio (Japan) gemeldet. Hier findet die Auswertung aller internationalen Beobachtungen statt.

Damit aber das Hydrografic Department mit den Amateurbeobachtungen etwas anfangen kann, ist es erforderlich, die geographischen Koordinaten des Beobachtungsortes sehr genau anzugeben. In horizontaler Richtung darf die Abweichung höchstens 33 m betragen. Andernfalls würden die gemessenen Kontaktzeiten um mehr als $1/_{10}$ Sekunde verfälscht, und die Beobachtungen wären für die Wissenschaft ohne Wert. Stehen dem Amateur topographische Karten im Maßstab 1:25000 zur Verfügung, so gilt es, die Lage der Beobachtungsstation auf $\pm 1,3$ mm genau abzulesen, um den Anforderungen an die Exaktheit genügen zu können. Die Höhe muß bis auf ± 50 m genau bekannt sein. Sie läßt sich aus den Höhenschichtlinien der Karten ohne weiteres entnehmen.

Eine Meldung über eine beobachtete Sternbedeckung, die – am besten über eine Volkssternwarte – an die zentrale internationale Auswertungsstelle geschickt wird, muß folgende Angaben enthalten:

1. bedeckter Stern
2. Datum und Kontaktzeit in MEZ auf $\pm 0,1$ Sekunden genau
3. geographische Koordinaten des Beobachtungsortes auf $\pm 1''$ genau sowie Höhe über dem Normalniveau auf ± 50 m genau mit Quellenangabe
4. Daten über das benutzte Beobachtungsinstrument

5. Angaben über das Beobachtungsverfahren
6. Angaben über die besonderen Beobachtungsbedingungen
7. Bemerkungen (zum Beispiel wenn der Stern nicht plötzlich, sondern unter kurzen Intensitätsschwankungen verlischt)
8. Name und Adresse des Beobachters

Insgesamt ist also der Aufwand für das Beobachten von Sternbedeckungen nicht allzuhoch. Jedoch bedarf es großer Gewissenhaftigkeit und Übung, wenn sich die erhaltenen Daten wissenschaftlich verwenden lassen sollen.

Abschließend sei noch darauf hingewiesen, daß Beobachtungen von Sternbedeckungen durch die Berufsastronomen neuerdings wieder große Aktualität erlangt haben. Verfügt man nämlich über eine fotometrische Meßeinrichtung, die den Lichtabfall des Himmelskörpers während der Bedeckung mit hoher zeitlicher Auflösung erfassen kann, so zeigt sich, daß der Stern doch nicht ganz plötzlich verschwindet. Dazu muß der Helligkeitsverlauf des Ereignisses allerdings auf tausendstel Sekunden genau festgehalten werden. Diese Erscheinung kommt durch die Lichtbrechung zustande. Der Verlauf solcher hochauflösenden Lichtkurve einer Sternbedeckung durch den Mond läßt Rückschlüsse auf den scheinbaren Durchmesser der Lichtquelle zu. Kennt man außerdem die Entfernung des betreffenden Sterns, so kann aus dieser Angabe der wahre Durchmesser bestimmt werden.

Der kleinste bisher aus Beobachtungen bei Sternbedeckungen ermittelte Sterndurchmesser liegt bei 0,0025″. Dies entspricht dem Winkeldurchmesser eines Pfennigstücks, das wir aus etwa 1300 km Entfernung betrachten. Der größte gemessene Winkeldurchmesser wurde bei R Leonis mit 0,076″ gefunden. Der Durchmesser des Sterns ergab sich unter Berücksichtigung seiner Entfernung von 155 Lj zu etwa 400 Sonnendurchmessern. Das Beispiel zeigt, welche Informationen uns mit dem Licht der Sterne erreichen, wenn wir nur diese Sprache zu übersetzen verstehen.

Wenn die Sternschnuppen nahen

Alljährlich im August geht durch viele Zeitungen die Meldung, daß die Perseiden kommen. Die Leser werden aufgefordert, ihren Blick in den klaren Sommernächten zum Himmel zu richten und nach Sternschnuppen zu suchen. Die Perseiden erfreuen sich deshalb so großer öffentlicher Aufmerksamkeit, weil es sich bei ihnen um einen besonders ergiebigen Sternschnuppenstrom handelt, der auch dem Himmelsunkundigen ein sehenswertes Schauspiel bietet. 60 Sternschnuppen je Stunde sind keine Seltenheit.

Warum erscheinen die Perseiden jedes Jahr zur gleichen Zeit wieder?

Im Sonnensystem existieren zahlreiche Kleinkörper mit Massen zwischen etwa $1/1000$ g und einigen Gramm, die beim Eintritt in die Erdatmosphäre mehr oder weniger intensive Leuchterscheinungen, die Meteore, hervorrufen. Diese Kleinkörper werden als Meteorite bezeichnet. Je nach ihrer Masse fallen die Leuchterscheinungen sehr unterschiedlich aus. Die massereichen Meteoriten bewirken Feuerkugeln. Häufig gelangen die Meteorite dann auch bis auf die Erdoberfläche. Die Mikrometeorite mit Massen zwischen etwa 2 mg und 2 g erzeugen die bekannten Sternschnuppen mit Helligkeiten bis zu 6^m. Die kleineren Teilchen verursachen in der Atmosphäre die nur noch mit Teleskopen zu beobachtenden Leuchterscheinungen oder sinken ohne solche Erscheinungen hernieder. Ein Schwarm von Meteoriten, dessen Mitglieder sich auf parallelen Bahnen gleichsam in riesigen „Schläuchen" um die Sonne bewegen, ruft bei der Begegnung mit der Erde die Meteorströme hervor.

Die Perseiden beispielsweise entstehen dadurch, daß die Erde jedes Jahr in der Zeit vom 29. Juli bis zum 17. August den gleichnamigen Meteorstrom durchläuft und dabei entsprechend häufige Zusammenstöße mit seinen Teilchen erleidet. Infolge einer perspektivischen Wirkung scheinen die Sternschnuppen dieses Stromes alle von einem Punkt im Sternbild Perseus auszugehen, und deshalb erhielt der Strom seinen Namen.

Die Wissenschaft interessiert sich neben anderen Fragen auch für die Herkunft und Entwicklung der Meteorströme. Von vielen dieser Ströme wissen wir, daß sie als Auflösungsprodukte von Kometen anzusehen sind. Die ehemaligen Kometenelemente verteilen sich im Laufe der Zeit längs der Bahn und bilden den Meteorstrom. Die Herkunft anderer Ströme ist zweifelhaft. Entscheidungen über die interessierenden Fragen können nur Beobachtungen bringen. Auf diesem Gebiet vermögen Amateure durchaus ernsthafte Beiträge zu leisten. Die Bedeutung der Amateurarbeit bei der Meteorbeobachtung ist allerdings in der jüngeren Vergangenheit dadurch eingeschränkt worden, daß die radioastronomischen Radarechomethoden, die sich auch während der Tagesstunden und bei bewölktem Himmel anwenden lassen, ein sehr wirkungsvolles Hilfsmittel der Meteorforschung darstellen.

Für den Amateur wird im allgemeinen die visuelle Beobachtungsmethode zu empfehlen sein. Daß man auf diese Weise wertvolle Ergebnisse erzielen kann, hat der

Bekannte Meteorströme

Name	Zeit	Radiant*	Ergiebig-keit (Meteore je Stunde)
Quadrantiden	1./ 4. 1.	$230° + 50°$	30
Lyriden	20./23. 4.	$273° + 31°$	5
η Aquariden	2./ 6. 5.	$340°\quad 0°$	5
δ Aquariden	14.7./19. 8.	$344° - 15°$	10
Perseiden	29.7./17. 8.	$40° + 55°$	40
Orioniden	18./26.10.	$94° + 14°$	13
Leoniden	14./20.11.	$151° + 22°$	6
Geminiden	7./15.12.	$113° + 32°$	55
Ursiden	17./24.12.	$217° + 76°$	15

* Scheinbarer Ausgangspunkt der Bahnen eines Meteorstroms an der Himmelssphäre

Bahnebene des Perseiden- und des Leonidenstroms sowie Erdbahnebene

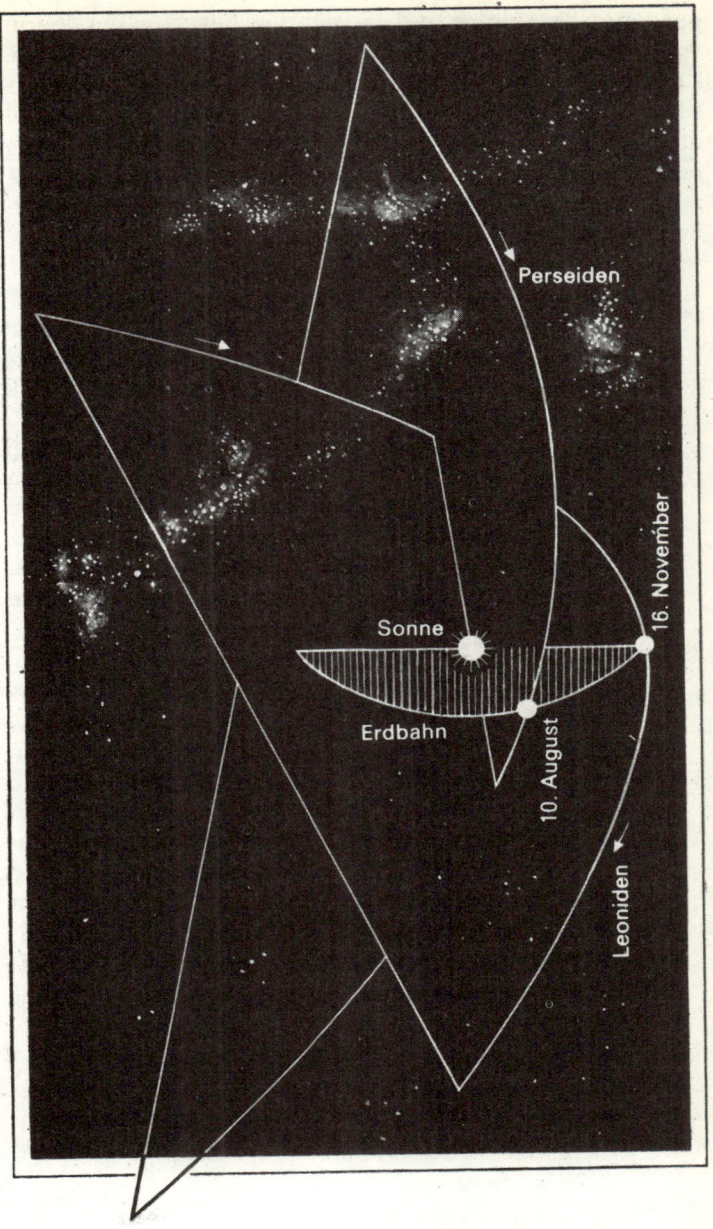

bekannte Begründer und langjährige Direktor der Sternwarte Sonneberg, Professor Cuno Hoffmeister, bewiesen. Er führte Jahrzehnte hindurch Sternschnuppenbeobachtungen unter allen möglichen Bedingungen und Umständen durch, sogar während längerer Bahnfahrten aus dem fahrenden Zug. Cuno Hoffmeister, der zu den anerkannten Spezialisten dieses Forschungsgebiets zählte, veröffentlichte 1948, zum Teil auf Grund eigener Beobachtungen, sein oft genanntes Buch „Meteorströme".

Der Amateur kann zur Erforschung der planetaren Kleinkörper, die als Meteore und Mikrometeore in Erscheinung treten, nützliches Material beisteuern, wenn er gewissenhaft auf folgende Einzelheiten achtet:

1. Scheinbare Bahn der Meteore
   Anfangs- und Endpunkt der scheinbaren Bahn, möglichst genau bezogen auf benachbarte Fixsterne, sollten erfaßt werden. Hat man den Anfangspunkt der Bahn nicht gesehen, so ist es notwendig, den Punkt anzugeben, an dem die Sichtbarkeit des Meteors begann. Man muß dann allerdings vermerken, daß dieser mit dem Anfangspunkt der Bahn nicht übereinstimmt.

2. Zeit und Ort der Beobachtung
   Die für die Zeitangaben benutzte Uhr muß im Interesse der Genauigkeit möglichst kurz vor oder nach der Beobachtung mit den Zeitzeichen des Rundfunks verglichen werden. Bei Einzelbeobachtungen genügt eine Zeitangabe auf die volle Minute genau. Handelt es sich jedoch um Simultanbeobachtungen, bei denen zwei Beobachter etwa 80 bis 100 km voneinander entfernt tätig sind, dann kommt es auf Sekundengenauigkeit an, um die Identität der Erscheinungen zu sichern. Solche Simultanunternehmen dienen dem Ziel, aus der von den beiden Beobachtungsorten aus unterschiedlich verlaufen-

Perseidenbeobachtungen von H. Urbanski (1973)
Die starken Pfeile geben die tatsächlich beobachtete Leuchtspur wieder, deren rückwärtige Verlängerungen zum Radianten führen. Die unterbrochenen Pfeile kennzeichnen sporadische Meteore, die nicht zum Perseidenstrom gehören.

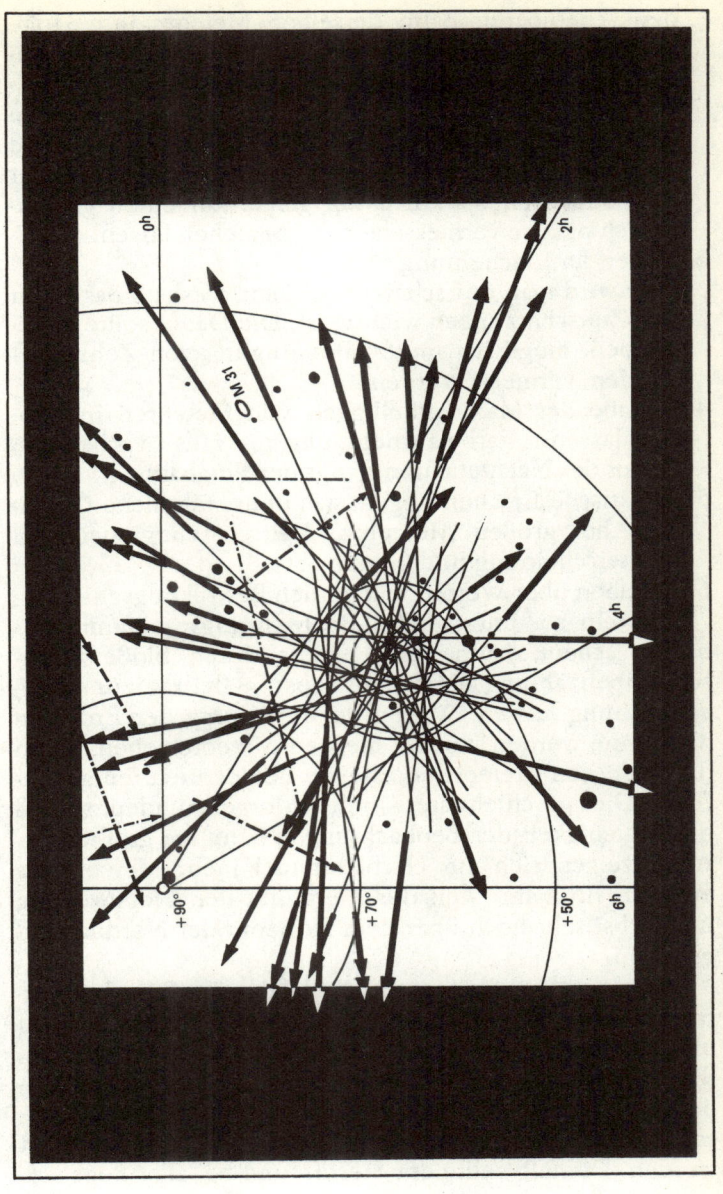

den scheinbaren Bahn derselben Meteore ihre Höhe und damit die tatsächliche Bahn im Raum zu bestimmen.

Auch an die Exaktheit der Ortsangaben müssen hohe Anforderungen gestellt werden. Geographische Länge und Breite sollten auf Bogenminuten genau bekannt sein oder sich bis auf 1 km genau auf einen geographisch präzise vermessenen Ort beziehen lassen.

3. Dauer der Erscheinung

Hier wird man nur schätzen können, weshalb das Üben von Zeitschätzungen wichtig ist. Die Dauer sollte in Sekunden, möglichst unter Hinzufügung von Zehntelsekunden, vermerkt werden.

4. Angabe der Maximalhelligkeit von Meteoren in Größenklassen; Farbwahrnehmungen, falls vorhanden; Dauer des Nachleuchtens längs der Flugbahn

5. Akustische Erscheinungen, wie donnerähnliche Geräusche bei großen Meteoren; Zeitschätzung zwischen Lichterscheinung und Geräusch

6. Angaben über Wetter, namentlich Bewölkungszustand

Wer ein so umfassendes Beobachtungsprogramm zunächst scheut, kann auch bereits durch bloße Sternschnuppenzählung einen brauchbaren Beitrag zur Meteorforschung leisten. Wegen der Bewegung der Erde um die Sonne werden wir die meisten Meteore sehen, wenn die Erde den Meteoriten, die sie hervorrufen, entgegenfliegt. Dies geschieht stets in den Morgenstunden, so daß die Ergiebigkeit der Beobachtungen dann am größten ist. Auch zeigen sich am Herbsthimmel mehr Meteore als etwa im Frühjahr, weil der Zielpunkt der Erdbewegung im Herbst sehr hoch über dem Horizont der Nordhalbkugel steht.

Meteorbeobachtungen sind nicht nur zur Zeit des Auftretens von Meteorströmen interessant. Vielmehr kann man ständig solche Leuchterscheinungen wahrnehmen, die dann als sporadische bezeichnet werden. Grundsätzlich gilt, daß die Beobachtungen um so größeren wissenschaftlichen Wert besitzen, je genauer sie durchgeführt werden. Deshalb sollte der Sternfreund bei aller Begeiste-

Meteor des Perseidenstroms, aufgenommen am 13. August 1975 mit fest-
stehender Kamera
Die Meteorspur wurde für spezielle Zwecke durch eine schnellaufende
Blende vor dem Objektiv unterbrochen. (Aufnahme: Jürgen Rendtel, Pots-
dam)

rung für ein umfassendes Programm nur solche Angaben
weiterleiten, von denen er guten Gewissens sagen kann,
daß sie verläßlich sind.

Mal hell – mal dunkel

Die Veränderlichen, Sterne mit nichtkonstanter Helligkeit, stehen heute im Mittelpunkt zahlreicher Forschungen der internationalen Astronomie. Ihre Bedeutung für
das Verständnis von Entwicklungsprozessen der Sterne
ist groß. Dabei hat alles so bescheiden angefangen: Gegen
Ende des 18. Jahrhunderts waren insgesamt nur 12 Sterne
mit veränderlicher Helligkeit bekannt. Damals wurde
ihnen kaum Aufmerksamkeit zugewendet. Im Jahre 1844
jedoch veröffentlichte der deutsche Astronom Friedrich

Wilhelm Argelander (1799–1875) eine „Aufforderung an Freunde der Astronomie", in der er alle Astronomen einschließlich der interessierten Laien zu intensiver Beobachtung der veränderlichen Sterne aufrief. Wenn Argelander damals als besonderen Ansporn den Genuß hervorhob, den die Gewißheit verschaffe, zur Erkenntnis der Natur des Universums beizutragen, dann gilt dies gerade in bezug auf die Veränderlichen in unseren Tagen genauso. Denn die von Argelander begründete Wissenschaft von den veränderlichen Sternen befindet sich heute in voller Blüte und gestattet nach wie vor auch dem Amateur, der Wissenschaft nützliches Material zu gewinnen und so am Ausbau unserer Kenntnisse mitzuwirken.

Gegenwärtig beträgt die Zahl der sicher als Veränderliche bekannten Sterne etwa 26 000. Die Art und Weise ihres Lichtwechsels, die Periode der Helligkeitsschwankungen, die Größe dieser Schwankungen und die Ursachen des Lichtwechsels sind äußerst vielfältig und haben schon früh zu einer heute recht detaillierten Klassifizierung in verschiedene Typen veränderlicher Sterne geführt.

Den Amateuren fallen bei der Erforschung der Veränderlichen zahlreiche Aufgaben zu. Am wichtigsten ist jedoch die Untersuchung langperiodisch Veränderlicher, das heißt solcher Sterne, deren Helligkeit sich nur sehr langsam verändert. Bei kurzperiodisch Veränderlichen steht die genaue Ermittlung des Unterschieds zwischen der maximalen und der minimalen Helligkeit im Vordergrund des Interesses. Die hier mit Hilfe spezieller Geräte erreichbare Präzision von einigen tausendstel Größenklassen ist dem Amateur, der am Fernrohr mit dem „Fotometer" seines Auges arbeitet, nicht möglich.

Über die Mitarbeit der Amateure bei der Erforschung der veränderlichen Sterne schreibt Cuno Hoffmeister: „Als Betätigungsfeld für Sternfreunde ist das Gebiet der veränderlichen Sterne wie kaum ein anderes geeignet. Das hat mehrere Gründe: Erstens ist der instrumentelle Aufwand gering; vom Feldstecher bis zum lichtstarken Spiegelteleskop erlaubt jedes Instrument die Aufstellung eines Programms. Zweitens ist die Methode der Beobachtung leicht erlernbar, wenn dies auch einige Sorgfalt und Ausdauer erfordert. Drittens kann man bei sachgemäßer Ausführung der Beobachtungen des Erfolgs sicher sein und hat ein äußerst umfangreiches Tätigkeitsgebiet vor sich."*

Das entscheidende bei der Beobachtung veränderlicher Sterne ist natürlich die Schätzmethode für die jeweiligen Helligkeiten. Hierbei verwendet man noch heute das von Argelander 1844 angegebene Stufenverfahren, mit dessen Hilfe sich Sternhelligkeiten bis auf etwa $^1/_{10}$ Größenklasse genau bestimmen lassen. Der Stern, dessen Helligkeit es zu ermitteln gilt, wird mit zwei benachbarten Sternen veränderlicher Helligkeit verglichen, von denen einer heller ist als der interessierende Stern und der andere schwächer. Ist der Veränderliche v um einen gerade bemerkbaren Grad dunkler als der Vergleichsstern a, so besteht zwischen beiden ein Helligkeitsunterschied von einer fotometrischen Stufe. Nach Argelander notiert man diesen Befund, indem man a1v schreibt.

Allgemein gelten die folgenden Definitionen für die verschiedenen Stufen:

Stufe 0: Erscheint der Veränderliche (v) ebenso hell wie ein Vergleichsstern (zum Beispiel a) oder abwechselnd bald heller, bald schwächer als dieser, dann bezeichnen wir den Stufenunterschied der Helligkeiten der beiden Sterne als 0 und schreiben a0v oder v0a.

Stufe 1: Erscheint der Vergleichsstern nach wiederholter sorgfältiger Beobachtung gerade etwas heller als der Veränderliche, dann bezeichnen wir den Stufenunterschied zwischen beiden als 1 und schreiben a1v. Erscheint der Veränderliche hingegen um denselben Betrag heller als der Vergleichsstern, so schreiben wir v1a, das heißt, der hellere Stern steht in der Notierung an erster Stelle.

Stufe 2: Erscheint der Stern a gut erkennbar heller als v, dann bezeichnen wir den Stufenunterschied zwischen beiden als 2 und schreiben a2v.

---

* Professor Dr. Cuno Hoffmeister, Veränderliche Sterne, Johann Ambrosius Barth, Leipzig 1970, S. 183

Stufe 3: Erscheint der Stern a auf Anhieb heller als v, so bezeichnen wir den Stufenunterschied zwischen beiden als 3 und schreiben a3v.

Stufe 4: Erscheint der Helligkeitsunterschied zwischen a und v als groß, dann bezeichnen wir den Stufenunterschied als 4 und schreiben a4v.

Noch stärkere Helligkeitsunterschiede würden wir als 5 bezeichnen, jedoch werden die Einstufungen mit wachsendem Unterschied immer unsicherer, so daß wir zweckmäßig nur bis zu 4 Stufen schätzen und bei größerem Unterschied einen anderen Vergleichsstern wählen.

Jeder Veränderliche wird aber bei der Beobachtung zwischen zwei Vergleichssternen eingeschätzt. In der Notiz schachteln wir ihn gleichsam zwischen den beiden Vergleichssternen ein. So bedeutet a1v3b, daß der Veränderliche um eine fotometrische Stufe schwächer als der Vergleichsstern a und um 3 Stufen heller als der Vergleichsstern b ist.

Nun müssen wir natürlich die Bedeutung der geschätzten Stufen kennenlernen. Hierzu ist die Stufenskale festzulegen. Dabei verfahren wir folgendermaßen*:

1. Wir bestimmen den mittleren Stufenabstand zwischen den benutzten Vergleichssternen, zum Beispiel

		a	=	0,0 Stufen
a−b	4,2 Stufen	b	=	4,2 Stufen
b−c	3,5 Stufen	c	=	7,7 Stufen
c−d	4,6 Stufen	d	=	12,3 Stufen

2. Wir ordnen die jeweils geschätzten Helligkeiten des beobachteten veränderlichen Sterns, der zu verschiedenen Zeiten mit verschiedenen Sternen verglichen wurde, in diese Stufenskale ein. Das geschieht auf folgende Weise: Haben wir für v die Schätzung a2v2b erhalten, so bedeutet dies, daß v 2 Stufen schwächer als a und gleichzeitig 2 Stufen heller als b ist. Entsprechend der Stufenskale ist a = 0,0 Stufen, so daß sich für v = 0,0 + 2 = 2,0 Stufen ergibt. Der Vergleich zwischen

* Vgl. H. J. Blasberg, Der Sternfreund als Beobachter veränderlicher Sterne, in: „Die Sterne", 3–4/1957, S 57f.

v und b liefert für v = 4,2 − 2,0 = 2,2. Als Mittelwert ergibt sich für v = 2,1.

Für zahlreiche Aufgaben, zum Beispiel für die Feststellung der Zeit des Minimums oder Maximums des Veränderlichen, reicht diese Einordnung der Helligkeit des Sterns in die Stufenskale bereits aus. Wollen wir außerdem noch die Differenz zwischen größter und kleinster Helligkeit, die Amplitude des Lichtwechsels, bestimmen, ist es allerdings erforderlich, die Stufenwerte in Größenklassenbruchteile umzurechnen.

Bei stärkeren Veränderungen der Helligkeit des Variablen wird es sich gegebenenfalls notwendig machen, die Vergleichssterne zu wechseln. Die Unterschiede der Helligkeiten sollten nicht mehr als eine halbe Größenklasse betragen. Nicht immer wird sich diese Forderung verwirklichen lassen, da man andererseits auch darauf achten muß, daß die zum Vergleich herangezogenen Sterne nicht allzuweit von dem jeweiligen Veränderlichen entfernt stehen.

Die fotometrische Stufe ist – wie bereits angedeutet – kein absolut objektives Helligkeitsmaß; sie weist von Beobachter zu Beobachter Abweichungen auf und wird auch zu unterschiedlichen Zeiten verschieden empfunden. Für die Anwendung der Methode stellt dies jedoch keinen Nachteil dar. Wichtig ist aber die Übung des Beobachters. Im allgemeinen bedarf es eines Jahres fleißiger Beobachtung, bis der vom einzelnen Beobachter geschätzte Stufenwert einen einigermaßen konstanten Bruchteil der Größenklasse annimmt. Dieser wird dann etwa 0,06 bis 0,07 Größenklassen betragen. Da die Helligkeit des Veränderlichen nahe bei den Helligkeiten zweier Vergleichssterne liegt, gelingt es jedenfalls, den gesuchten Wert bis auf etwa $^1/_{10}$ Größenklasse genau festzustellen.

Für das unbedingt erforderliche Übungsprogramm werden auf Seite 214 einige veränderliche Sterne empfohlen, die wir ohne Fernrohr beobachten und außerdem wegen ihrer Helligkeit am Himmel größtenteils sogar ohne Benutzung einer Sternkarte finden können.

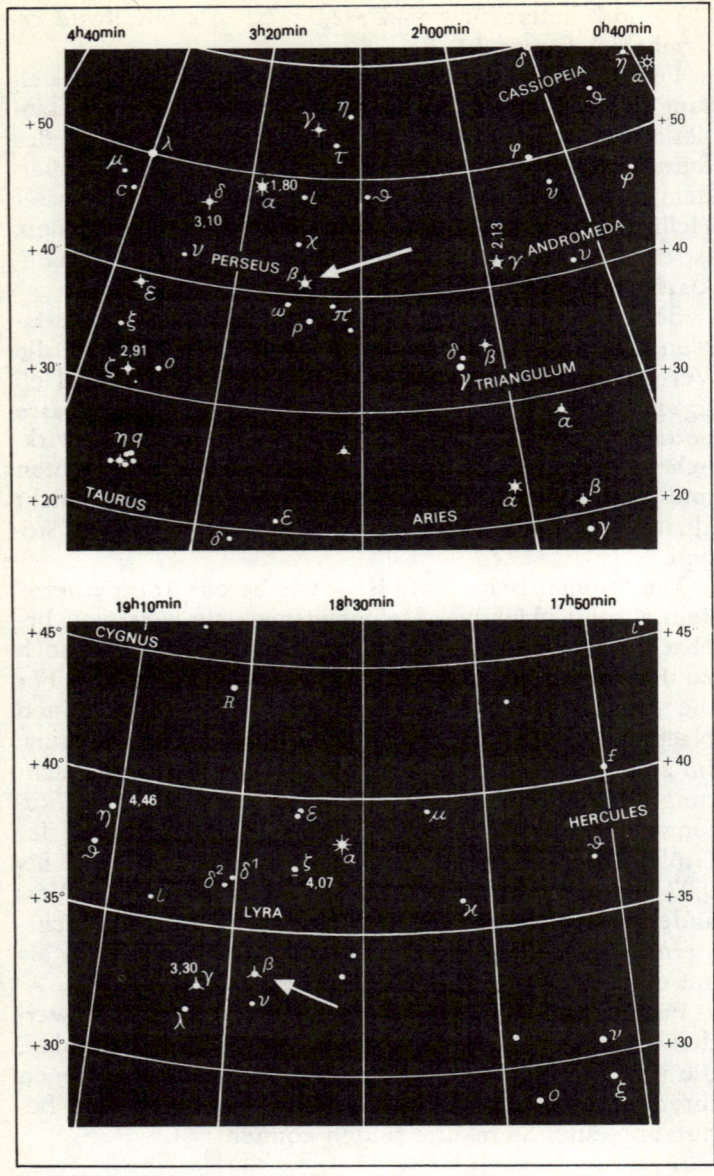

Umgebungskarte des Veränderlichen β Persei (oben) und des Veränderlichen β Lyrae (unten)

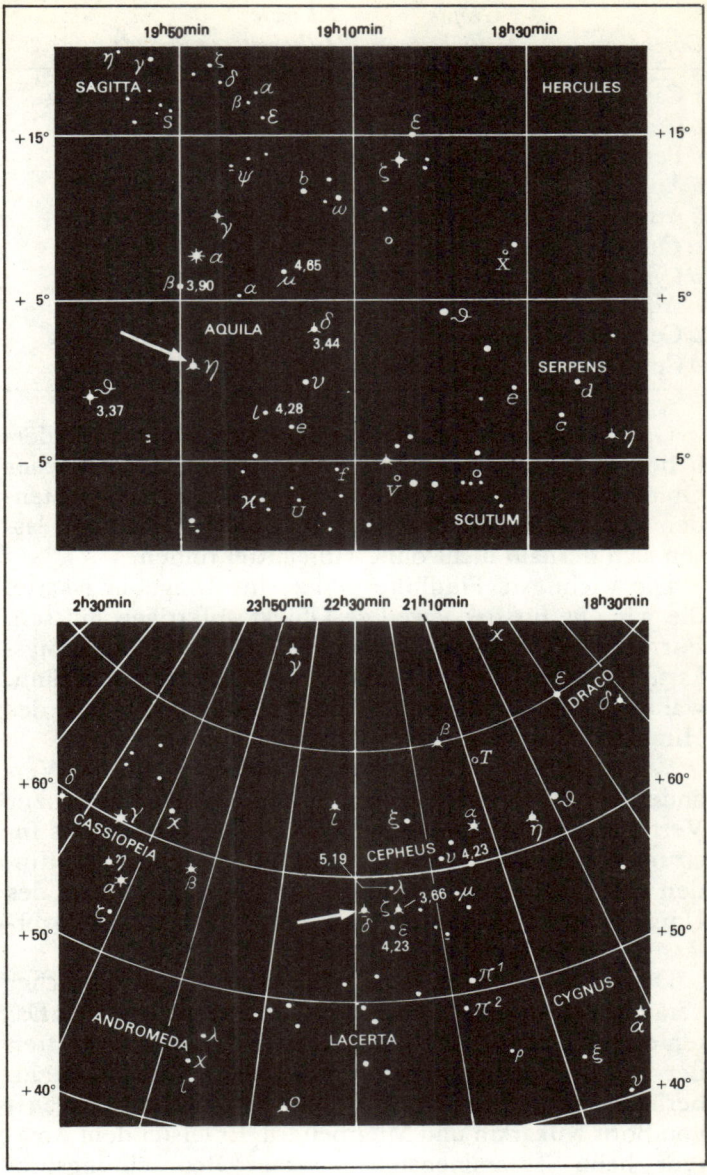

Umgebungskarte des Veränderlichen η Aquilae (oben) und des Veränderlichen δ Cephei (unten)

Objekt	Größte Helligkeit	Kleinste Helligkeit	Periode
γ Cas	1,6	2,9	unregelmäßig
o Cet	3,4	9,2	331 Tage
β Per	2,4	3,5	2,867 Tage
ζ Aur	4,9	5,6	972 Tage
ε Aur	3,3	4,1	9900 Tage
α Ori	0,5	1,1	2070 Tage
β Lyr	3,4	4,1	12,908 Tage
η Aql	3,8	4,5	7,176 Tage
μ Cep	3,7	4,7	unregelmäßig
δ Cep	3,6	4,2	5,366 Tage

Ganz so einfach wie bei den oben genannten veränderlichen Sternen hat es der ernsthafte Beobachter solcher
Objekte in der Praxis natürlich nicht. Die zu beobachtenden Veränderlichen sind weitaus lichtschwächer und lassen sich deshalb nicht ohne Hilfsmittel finden.

Die wichtigste Findhilfe bildet eine Umgebungskarte,
die wir uns für das jeweilige Objekt anfertigen müssen.
Für eine Fernrohrbeobachtung gilt es, die Umgebungskarte so zu beschriften, daß man die Schrift lesen kann,
während die Sterne gleichzeitig mit dem Anblick des
Himmels im umkehrenden Fernrohr übereinstimmen.

Wünschenswert ist es, in unmittelbarer Nähe des Veränderlichen Vergleichssterne bekannter Helligkeit zur
Verfügung zu haben, die mit ihm im Gesichtsfeld des Instruments erscheinen. Andernfalls muß das rasche Auffinden der Vergleichssterne mit dem Fernrohr an Hand des
Umgebungskärtchens geübt werden, da sonst kein zuver-
lässiger Helligkeitsvergleich gelingt.

Der umfassendste Katalog, der alle bis heute als sicher
veränderlich erkannten Sterne mit den dazugehörigen Daten enthält, ist der von der Akademie der Wissenschaften
der UdSSR herausgegebene „Allgemeine Katalog veränderlicher Sterne" („Общий каталог переменных звезд")
von Boris Kukarkin und Mitarbeitern. Er leistet dem Amateur beim Zusammenstellen seines Beobachtungspro-

gramms ebenso gute Dienste wie beim Nachschlagen zahlreicher erforderlicher Einzelheiten. Allerdings ist das Werk nur in den wissenschaftlichen Bibliotheken oder den Bibliotheken der Sternwarten vorhanden.

Die Art und Weise der Bezeichnung veränderlicher Sterne mutet auf den ersten Blick kompliziert an. Nach Argelander wurden zu ihrer Kennzeichnung die anderweitig noch nicht vergebenen großen Buchstaben des lateinischen Alphabets von R bis Z benutzt. Da man jedoch bald mehr als 9 Veränderliche in den einzelnen Sternbildern entdeckte, mußte dieses System der Benennung entsprechend erweitert werden. So kam es zur Einführung von Doppelbuchstaben vor dem lateinischen Genitiv des Sternbildnamens, wie RR, RS usw. bis ZZ. Später wurden noch die Kombinationen von AA bis AZ, von BB bis BZ usw. hinzugenommen. Insgesamt kann man auf diese Weise 334 veränderliche Sterne in jedem Sternbild kennzeichnen. Existieren darüber hinaus weitere Variable, so werden diese mit V und einer nachfolgenden Ziffer ab 335 „beschildert".

Da wir hier nicht auf alle Einzelheiten eingehen können, die für den künftigen Veränderlichenbeobachter Bedeutung haben, seien abschließend noch einige wesentliche Ziele der Betätigung auf diesem Gebiet genannt, wie sie unter anderen auch Cuno Hoffmeister für den Amateur umrissen hat:

Hervorzuheben ist das Forschungsfeld der Periodenänderungen. Sie treten sowohl bei den physischen Veränderlichen, deren Lichtwechsel beispielsweise durch einen Wandel ihrer Oberfläche entsteht, wie bei bedeckungsveränderlichen Sternen auf, deren Helligkeitswechsel durch die gegenseitige Bedeckung zweier oder mehrerer sich umkreisender Sterne verursacht wird. Unter den zahlreichen Typen veränderlicher Sterne gibt es auch solche mit sprunghaften Periodenänderungen, zum Beispiel die Mira-Sterne, deren Vorbild Mira im Walfisch (o Cet) ist. Es kommt darauf an, den Zeitpunkt der Periodenänderung zu kennen. Dazu benötigt man genau Helligkeitsmaxima und -minima. Besonders bei kurzperiodischen Veränderungen haben solche visuellen Helligkeitsbeobachtungen große Bedeutung. Auf fotografischen Platten, die im Rahmen von Überwachungsprogrammen angefertigt werden, ist zwar meist eine Fülle von Veränderlichen gleichzeitig abgebildet, jedoch kann man nur die mittlere Helligkeit während des Belichtungszeitraums angeben. Die Genauigkeit, mit der man die Helligkeitsschwankung erfaßt, hängt somit sehr stark von der verwendeten Belichtungszeit ab. Eine visuelle Lichtkurve des Veränderlichen hingegen gestattet mitunter, den entscheidenden Zeitpunkt bis auf ±5 Minuten festzulegen.

Auch novaähnliche Veränderliche und alte Novae sind dankbare Forschungsobjekte für Liebhaber. Unter Novae versteht man Sterne, die plötzlich aufleuchten, während zuvor an dieser Stelle des Himmels kein Stern vorhanden schien. In Wirklichkeit handelt es sich um einen Stern (Praenova), der innerhalb kurzer Zeit einen Helligkeitsanstieg um 7 bis 16 Größenklassen zeigt. Zwischen 1900 und 1985 sind 4 sehr auffällige Erscheinungen dieser Art beobachtet worden: die Nova Persei (1901), die Nova Aquilae (1918), die Nova Puppis (1942) und die Nova Cygni (1976). Letztere wurde wegen ihrer großen Helligkeit auch von zahlreichen Amateuren gleichzeitig entdeckt. Novaähnliche Veränderliche beanspruchen die Aufmerksamkeit der Wissenschaft, weil sie in manchen Eigenschaften mit den Novae übereinstimmen, in anderen aber nicht. Die Beobachtung dieser novaähnlichen Sterne ist daher dringend notwendig.

Besonderes Interesse gilt auch den Novae, von denen bereits mehrere Lichtausbrüche beobachtet wurden und die deshalb rekurrierende (lat. recurrere = zurückkehren) Novae heißen. Man nimmt heute an, daß möglicherweise alle Novae mehrere Ausbrüche zeigen und daß diese Eigenschaft aus dem Entwicklungsstadium der Sterne abzuleiten ist, die sie als Novae offenbaren. Um solche Sterne genau studieren zu können, muß man ihr Lichtwechselverhalten möglichst frühzeitig vor dem auffallenden Ausbruch der Helligkeit kennen. Sie sind deshalb eigens zur Überwachung empfohlen. Auf der Prager Generalversammlung der Internationalen Astronomischen Union (1967) wurde eine Liste von insgesamt 11 Novae veröffentlicht, deren Wiederaufleuchten wir in der nächsten Zeit bis etwa um die Jahrtausendwende mit einiger Sicherheit erwarten können. Dabei handelt es sich um folgende Objekte:

Nova	Letzter Ausbruch	Amplitude in m
IM Nor	1920	7,5
X Ser	1903	6,0
V 999 Sgr	1910	8,4
FM Sgr	1926	8,5
V 1016 Sgr	1899	6,5
V 441 Sgr	1930	7,3
HS Sgr	1900	6,5
V 1017 Sgr	1919	7,0
FN Sgr	1925	5,0
HR Lyr	1919	8,5
Eu Sct	1949	8,4

Welche Freude würde es für einen Amateur sein, wenn er seine Aufmerksamkeit und seinen Fleiß durch die Beobachtung des Wiederausbruchs einer Nova belohnt sähe. Doch auf einen derartigen Erfolg kann man sich natürlich nicht verlassen. Ständige systematische Beobachtung von solchen Veränderlichen, die durch Fachleute empfohlen werden, ist der sicherste Weg, um einen nützlichen Beitrag zur Erkenntnis dieser Erscheinung zu leisten.

Fotometer aus Weihnachtsbaumkugeln

Bleiben wir noch ein wenig beim Bestimmen der Helligkeit – diesmal des Mondes. Hier geht es uns aber nicht um die nahezu konstante Helligkeit des strahlenden Vollmonds, sondern um die Helligkeitsveränderungen während einer Verfinsterung des Erdtrabanten. Mondfinsternisse sind bekanntlich relativ häufig zu beobachten, weil sie stets nicht nur von einem kleinen Gebiet, sondern von der halben Erde aus gesehen werden können. Durchschnittlich treten in jedem Jahrhundert rund 150 Verfinsterungen auf. Diese Himmelsschauspiele ziehen die Öffentlichkeit in ihren Bann und bieten auch dem Sternfreund Gelegenheit zu interessanten Beobachtungen. Dazu zählt unter anderem die Messung des Helligkeitsverlaufs einer Finsternis mit einfachen Hilfsmitteln, die Anwendung der Silberkugelfotometrie. Wie der Name des Verfahrens bereits andeutet, benutzt man zur Helligkeitsmessung spiegelnde Kugeln, die allerdings nicht unbedingt mit Silber belegt sein müssen.

Eine solche Kugel wirkt wie ein nach außen gewölbter Spiegel. Betrachten wir das Bild des Mondes, das sie entwirft, aus einiger Entfernung, so erscheint es wie ein heller Stern. Wir können daher diesen „Mondstern" unmittelbar mit einem wirklichen Stern am Himmel vergleichen und auf solche Weise die Helligkeit des Mondes messen. Die Helligkeit des Reflexbilds muß gleichsam auf die bekannte Helligkeit eines Sterns abgestimmt werden. Dies geschieht dadurch, daß wir den Abstand unseres Auges von der Kugel verändern. Hierfür kommt ein Bereich von 1:10 in Frage; so lassen sich 5 Größenklassen überdecken. Die zum Vergleich benutzten Sterne können ebenfalls nur 5 Größenklassen umfassen, da dies dem Unterschied zwischen den hellsten und den gerade noch mit dem bloßen Auge sichtbaren Sternen entspricht. Die Helligkeitsschwankung des Erdtrabanten während einer totalen Mondfinsternis ist jedoch größer. Deshalb muß der Beobachter mit verschieden großen Silberkugeln arbeiten. Für den Amateur bieten sich von innen versilberte Weihnachtsbaumkugeln aus Glas an, bei deren Auswahl man allerdings auf eine gute Kugelform achten sollte.

Im Interesse einer zuverlässigen Meßreihe haben wir ferner zu bedenken, daß sich die Farbe des Mondes mit zunehmender Verfinsterung verändert, da das Innere des Kernschattenbereichs der Erde rötlich aussieht. Wir sollten deshalb die Farbe der Vergleichssterne der des Mondes einiger-

Helligkeitsverlauf während der Halbschattenfinsternis des Mondes im November 1976, ermittelt nach der Methode der Silberkugelfotometrie von K. Guhl

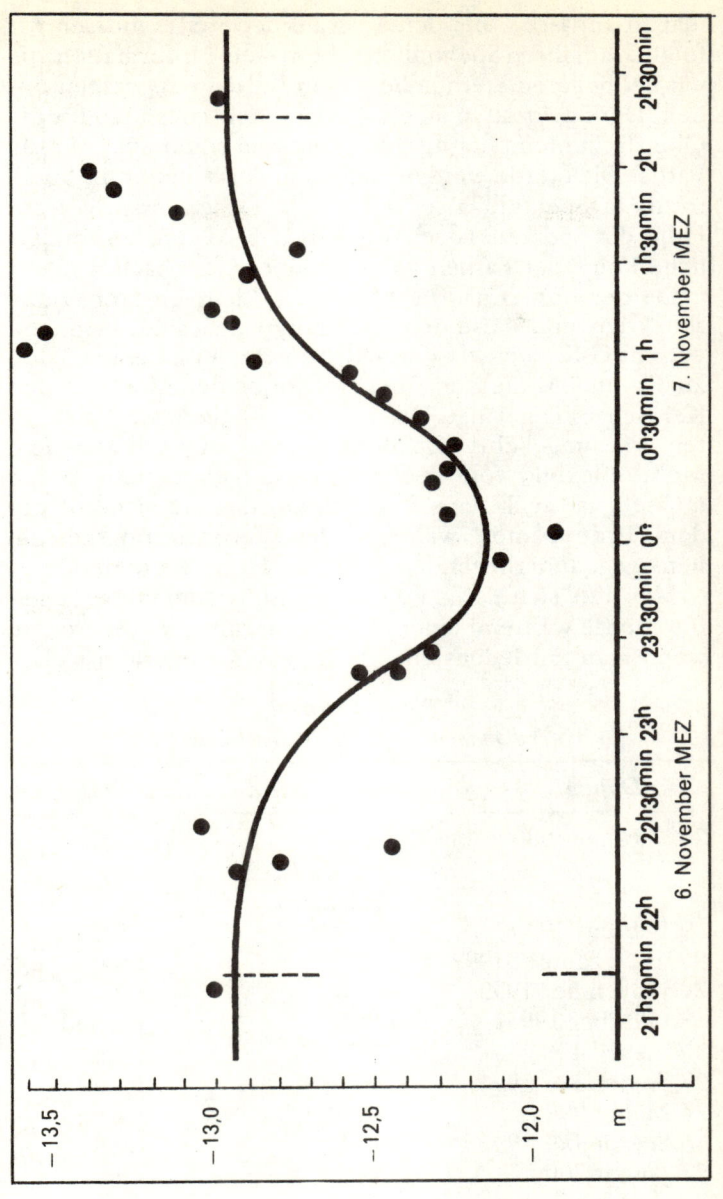

maßen anpassen. Bei der Auswahl der Sterne müssen wir folglich auf ihren Spektraltyp achten – eine Information, die wir bei helleren Sternen bereits in Karten eingetragen finden. Der Spektraltyp ist ein charakteristisches Maß für die Oberflächentemperatur der Sterne und somit auch für die Farbe. Die Sterne werden nach dem Aussehen ihres Spektrums in Spektralklassen eingeteilt. Dabei entspricht der Folge der Spektralklassen 0-B-A-F-G-K-M eine kontinuierliche Folge der Farben von Blau über Gelb nach Rot.

Da der unverfinsterte Mond das Licht unserer Sonne reflektiert und diese den Spektraltyp G besitzt, beginnen wir mit G-Sternen als Vergleichsobjekten und gehen dann zu K- und M-Sternen über, je weiter der Mond in den Kernschatten gelangt. Bei seinem Wiederaustritt verfahren wir umgekehrt. Da diese Sterne zugleich mit dem Mondreflexbild vom Beobachter wahrgenommen werden müssen, ist auch darauf zu achten, daß sie sich auf der dem Erdtrabanten während des Verfinsterungsgeschehens gegenüberliegenden Seite des Himmels befinden.

Man muß sich also auf die Ausführung einer Silberkugelfotometrie während einer Mondfinsternis gut vorbereiten, wenn man zufriedenstellende Ergebnisse erhalten will.

Mondfinsternisse
der kommenden Jahre in Mitteleuropa

Datum	Beginn in MEZ	Art der Finsternis
20. Februar 1989	14^h43^{min} (nur Ende beobachtbar)	total
9. Februar 1990	18^h29^{min}	total
9./10. Dezember 1992	22^h59^{min}	total
29. November 1993	5^h40^{min}	total
8. Oktober 1995	14^h58^{min}	partiell
3./4. April 1996	23^h21^{min}	total
27. September 1996	2^h13^{min}	total
24. März 1997	3^h58^{min}	partiell
16. September 1997	18^h08^{min}	total
21. Januar 2000	4^h02^{min}	total

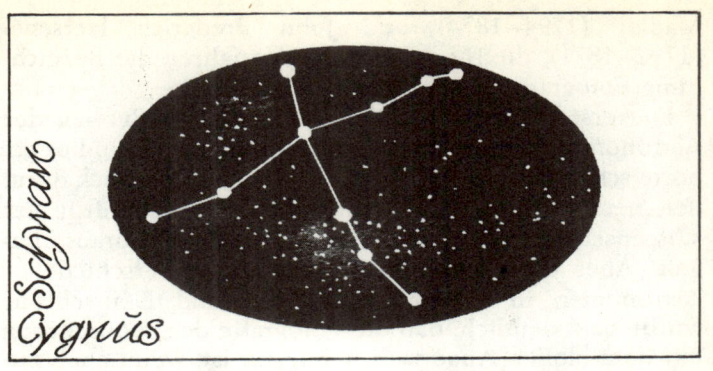

Schwan
Cygnus

Der Himmel vor der Kamera

Die Fotografie –
Diener und Förderer der Astronomie

Bis jetzt war davon die Rede, wie wir den Himmel unter Einsatz unseres Auges in Verbindung mit den verschiedensten optischen Hilfsmitteln beobachten und erforschen können. In der Berufsastronomie wird diese Methode der Beobachtung heute kaum noch angewendet. Warum nicht?

Um die Mitte des vergangenen Jahrhunderts hatten langjährige Versuche über die chemische Wirkung von Lichtstrahlen zu einem bedeutenden Erfolg geführt: zur Begründung der Fotografie. Einer der ersten Wissenschaftler, die von dem Erfinder Louis-Jacques-Mandé Daguerre (1789–1851) in das neue Verfahren eingeweiht wurden, war der Astronom D. François J. Arago (1786–1853). Bereits im Januar 1839 gab Arago vor der Pariser Akademie der Wissenschaften einen Bericht über das „Lichtbilden". Und noch in demselben Jahr waren es wiederum Astronomen, nämlich Johann Heinrich von

Mädler (1794–1874) und John Frederick Herschel (1792–1871), die für dieses neue Verfahren die Bezeichnung Fotografie vorschlugen.

Die ersten Ergebnisse der Fotografie im Bereich der Astronomie erwiesen sich als recht bescheiden, und es gehörte schon eine Menge Optimismus und Weitblick dazu, der „neuen Verfahrensart" eine glänzende Zukunft in der Wissenschaft, insbesondere der Astronomie, vorauszusagen. Aber dank intensiver Experimente verschiedener Astronomen in England, den USA und Deutschland wurde bald deutlich, daß die Fotografie der Beobachtung mit dem bloßen Auge weit überlegen ist, wenn auch zunächst nur auf einigen Gebieten der Forschung: Offenkundige Erfolge ergaben sich beim Einsatz kurzbrennweitiger Porträtobjektive für die Zwecke der Himmelsfotografie. Auf den fotografischen Platten wurden feinste Nebelgebilde sichtbar, von denen sich bei der Beobachtung mit dem bloßen Auge selbst unter Einsatz lichtstarker Teleskope keine Spur zeigte. Doch binnen kurzem stellte sich heraus, daß auch traditionelle Forschungsrichtungen gefördert werden konnten: So bestimmte der Amerikaner William Cranch Bond (1789–1859) die Entfernungen von Doppelsternen aus fotografischen Aufnahmen schon Ende der fünfziger Jahre des 19. Jahrhunderts mit größerer Genauigkeit als der berühmte russische Astronom Friedrich Georg Wilhelm von Struve (1793–1864) aus den Direktmessungen am Fernrohr mittels Mikrometer.

Mit der Zeit wurde immer deutlicher, daß die fotografische Platte im Dienste der Astronomie gegenüber der herkömmlichen visuellen Beobachtung eine Reihe von Vorteilen aufweist, die ihren Siegeszug in der Wissenschaft beschleunigten: Erstens sind fotografische Aufnahmen objektive Dokumente. Zweitens können diese Dokumente praktisch beliebig lange aufbewahrt und mit später angefertigten Fotos derselben Motive verglichen werden. Drittens zeigen fotografische Himmelsaufnahmen zahlreiche Objekte *gleichzeitig* und speichern insofern in der gleichen Zeit mehr Informationen, als ein noch so geschickter

Beobachter am Okular eines Fernrohrs gewinnen könnte. Und viertens haben fotografische Platten die Eigenschaft, Lichteindrücke zu summieren, das heißt bei längerer Belichtung tiefer in den kosmischen Raum vorzudringen als das menschliche Auge am Fernrohr.

Handelte es sich bei der Fotografie zunächst um ein exklusives Verfahren, dessen Anwendung nur wenigen möglich war, so hat die Entwicklung einer weltweiten fotografischen Industrie dazu geführt, daß Fotografieren heute zu einem „Massensport" geworden ist, den sich in den industriell fortgeschrittenen Ländern jedermann leisten kann.

Diese Fakten zusammengenommen lassen erkennen, daß auch dem Amateur die Fotografie als Hilfsmittel seiner Untersuchungen offensteht. Mehr und mehr Liebhaber widmen sich der fotografischen Abbildung astronomischer Objekte und haben dabei eine Reihe von Erfolgen erzielt, die zu weiteren Versuchen anspornen. Natürlich sollte der Sternfreund in diesem Fall zugleich ein geübter Fotoamateur sein, für den die Grundlagen des Fotografierens kein Buch mit sieben Siegeln bedeuten.

Fotomodelle für den Sternfreund

Himmelskameras tragen die Fachbezeichnung Astrograph. Im Prinzip handelt es sich dabei um eine Kamera, die auf den Himmel gerichtet wird. Ein Astrograph kann folglich auch eine gewöhnliche Kleinbildkamera sein, wie sie viele Familien ohnehin besitzen.

Da die astronomischen Objekte mit Ausnahme von Sonne und Mond sehr schwach leuchten, sollte man ein möglichst lichtstarkes Objektiv verwenden, etwa mit dem Mindestöffnungsverhältnis 1:2,8. Je lichtstärker das Objektiv, desto kürzer sind die Belichtungszeiten. Bei der Belichtung wird ausnahmslos die größte Blende eingestellt, das heißt, wir arbeiten immer mit der vollen Öffnung, um recht viel Licht einzufangen. Die übliche Messung oder Schätzung der Belichtungszeit entfällt ebenfalls, da Himmelsaufnahmen stets eine längere Belichtung erfordern und wir insofern immer „Zeitaufnahmen" anfertigen. Wir drehen deshalb den Verschluß auf B und verwenden einen feststellbaren Drahtauslöser.

Wollen wir nun unseren ersten Versuch unternehmen, so ergibt sich sofort eine erhebliche Schwierigkeit: Während der längeren Belichtungszeit bewegen sich die Objekte des Firmaments infolge der Erddrehung weiter. Wir benötigen daher eine Hilfseinrichtung, die es gestattet, die Kamera mit großer Präzision nachzuführen, damit stets dieselben Objekte auf der gleichen Stelle des Films abgebildet werden.

Lediglich in Einzelfällen können wir mit einer fest auf einem Stativ aufgestellten ruhenden Kamera arbeiten: etwa wenn ein heller Komet am Himmel steht, der sich schon in einer so kurzen Belichtungszeit auf einen hochempfindlichen Film bannen läßt, daß die Rotation des Sternhimmels noch keine Rolle spielt.

Darüber hinaus sollte jeder Sternfreund, der mit fotografischen Experimenten beginnt, den sich drehenden Himmel mit ruhender Kamera erfassen. Wir richten zu diesem Zweck die fest auf einem Stativ installierte Kamera so ein, daß in der Bildmitte der Himmelsnordpol erscheint. Infolge der Erdrotation entsteht bekanntlich der Eindruck, als drehe sich der ganze Himmel um eine durch Himmelsnordpol und -südpol verlaufende Weltachse. Jeder Stern scheint sich auf einer Kreisbahn um den Nordpol des Himmels zu bewegen. Öffnen wir also den Verschluß unserer Kamera und belichten den Film 20 oder 30 Minuten, dann erhalten wir statt der sonst punktförmigen Sterne eine Schar konzentrischer Kreisausschnitte. Solche Strichspuraufnahmen sind ebenso eindrucksvoll wie leicht zu gewinnen.

Mit einigem Geschick können wir aus derartigen Aufnahmen sogar Sternkarten herstellen. Als Belichtungsdauer wählen wir Zeiten zwischen 5 und 10 Minuten. Von den Negativen fertigen wir uns Vergrößerungen auf möglichst extrahartem Papier an. Die Anfangs- oder Endpunkte der Strichspuren werden nun durchlöchert, wobei wir sogar die unterschiedlichen scheinbaren Helligkeiten herausarbeiten können, indem wir verschieden starke Nähnadeln verwenden. Wir durchstechen also die Enden der Strichspuren jeweils entsprechend der Spurstärke, die angenähert die scheinbare Helligkeit des Sterns repräsentiert, der die Spur hervorgerufen hat.

Allerdings sind die Fehlermöglichkeiten recht beträchtlich. Denn einerseits spielt für die erreichten Strichstärken die Extinktion, die Abschwächung des Sternlichts in der irdischen Atmosphäre, eine Rolle. Sie hängt von der Höhe des Sterns über dem Horizont ab. Zum anderen wird die Grenzgröße der erreichbaren Sternhelligkeit noch von der Deklination der Objekte bestimmt. Vom Beobachter aus betrachtet, bewegt sich ein Stern je Stunde bekanntlich um 15° weiter. Diese stündliche Bewegung τ beträgt für ein Objekt der Deklination δ $\tau = 15° \cdot \cos \delta$. Ein Stern mit der Deklination 0° bewegt sich folglich in derselben Zeit auf der Filmfläche um den doppelten Betrag weiter als ein Stern der Deklination 60°. Das Licht wirkt demnach für einen Stern in $\delta = 60°$ doppelt solange auf den Film ein wie für einen Stern am Himmelsäquator. Da die tägliche Drehung am Himmelspol selbst verschwindet, können dort unter Verwendung eines Objektivs von 50 mm Öffnung (Lichtstärke 2,8) Sterne der 11. Größenklasse abgebildet werden, wenn wir einen Film der Empfindlichkeit 27 DIN verwenden. Um solche Objekte mit dem Auge zu beobachten, benötigen wir immerhin schon einen Refraktor mit 63 mm Öffnung.

Eine Sternkarte läßt sich jedoch auch ohne die Anwendung der Strichspurmethode herstellen. Dazu müssen wir die Belichtungszeiten so kurz wählen, daß sich die Sterne noch punktförmig abbilden. Benutzen wir wieder eine Kleinbildkamera mit dem Objektiv 2,8/50 und einen Film der Empfindlichkeit 27 DIN, so ergibt sich eine Belichtungszeit von 18 Sekunden. Der Film bildet dann die einzelnen Sterne nahezu punktförmig ab und erreicht noch Objekte bis zu einer scheinbaren Helligkeit von 6 Größenklassen.

Erstaunlich gering ist der Aufwand, den man betreiben muß, um auf diese Weise eine Sternkarte des gesamten Himmels herzustellen. Dies hängt damit zusammen, daß eine Kleinbildkamera ein recht großes Gesichtsfeld besitzt, das heißt einen beträchtlichen Winkelbereich erfaßt. Bei einem Aufnahmeformat von 24 mm × 36 mm beträgt die dargestellte Fläche 28° × 42°. Eine einfache Rechnung zeigt, daß wir den gesamten Himmel mit nur 69 Fotos abzubilden vermögen, wenn wir von jedem einen Ausschnitt im Format 20° × 30° nutzen. Da in unseren Breiten lediglich ein Teil des Himmels zu sehen ist und die Aufnahmen sich gegenseitig überlappen sollten, kommt man mit 45 Fotos aus, wenn man den sichtbaren Himmel erfassen will.

Wer sich dieser Aufgabe zuwenden möchte, erhält hier noch einen Überblick über die Anzahl der in den einzelnen Deklinationsbereichen erforderlichen hochformatigen Aufnahmen:

Mittlere Deklination	Anzahl der Aufnahmen
− 15°	13
+ 15°	13
+ 45°	12
+ 75°	7

Für alle anderen Aufgaben der Himmelsfotografie ist es – wie bereits erwähnt – erforderlich, die Kamera den Sternen nachzuführen, das heißt deren durch die Rotation der Erde entstehende scheinbare Bewegung auszugleichen. Hierzu eignet sich naturgemäß ein parallaktisch montiertes Fernrohr. Unsere Kleinbildkamera wird an das Instrument in der Nähe des Objektivs angeklemmt. Im Okular des Fernrohrs, das jetzt als Leitrohr dient, benötigen wir ein Fadenkreuz. Auf den Kreuzungspunkt der beiden Fäden bringen wir einen „Leitstern" des Gesichtsfeldes. Während der Belichtung müssen wir nun darauf achten, daß dieser Stern stets im Kreuzungspunkt der Fäden bleibt. Dies geschieht dadurch, daß wir unser Fernrohr in

Exakta VX 500 als Astrograph
Das Fernrohr dient als Leitrohr. Mit dieser Einrichtung wurde die fol-
gende Abbildung in Kuba gewonnen.

Milchstraße des Südhimmels zwischen Schildwolke und Altar, aufgenommen während der Weltfestspiele 1978 in Kuba (Aufnahme: Wolfram Fischer, Cottbus)

Deklination festklemmen und in Rektaszension durch eine Feinbewegung entweder mit der Hand oder mit Hilfe eines Laufwerks nachführen. Auch bei Verwendung eines Antriebs gilt es natürlich, die Güte der Nachführung ständig optisch zu kontrollieren. Da die Brennweiten der Kleinbildkameras bei normalen Objektiven zwischen etwa 35 und 80 mm liegen, sind die Ansprüche an die Nachführung nicht allzu hoch. Der kleine Abbildungsmaßstab läßt nicht so rasch merkliche Fehler entstehen.

Im allgemeinen wird der Sternfreund auf diese Weise Dokumente gewinnen, die Freude bringen, ohne einen nennenswerten wissenschaftlichen Wert zu besitzen. Die Leistungsfähigkeit der Fotografie zeigt sich bei solchen Aufnahmen insbesondere, wenn man großflächige Himmelsgebilde als Motive wählt, wie sie beispielsweise die Milchstraßenwolken oder auch ausgedehnte Sternbilder darstellen. Als Material kommen die hochempfindlichen Filme ORWO 20 DIN bis 27 DIN in Frage. Allerdings ist zu berücksichtigen, daß die Körnigkeit mit wachsender Empfindlichkeit zunimmt.

Die günstigsten Belichtungszeiten sollte jeder Sternfreund selbst durch Probieren ermitteln. Sie hängen nämlich stark von den Bedingungen am Beobachtungsort ab. Weist der Himmelshintergrund eine große Helligkeit auf, wie dies zum Beispiel in Großstädten der Fall ist, dann kann man nicht so lange belichten wie bei tiefdunklem Himmel abseits größerer menschlicher Siedlungen.

Das Fernrohr diente uns hier zunächst nur als „passives" Hilfsinstrument, um die Kamera den Sternen nachzuführen. Wir können aber auch von seiner Optik Gebrauch machen und separate Fokalaufnahmen (Fokus = Brennpunkt) herstellen. Hierbei wird der Film unter Benutzung einer handelsüblichen Kamera, deren Objektiv wir entfernt haben, in die Brennebene des Fernrohrobjektivs gebracht. Als Motive eignen sich besonders Sonne, Mond und Planeten. Allerdings gilt es zu berücksichtigen, wie groß das vom Objektiv entworfene Bild des jeweiligen Gegenstands ist. Sollte es infolge geringer Brennweite des Objektivs zu klein ausfallen, bekommen wir bei der Nachvergrößerung Schwierigkeiten, da der Film eine bestimmte Körnigkeit besitzt, die mitvergrößert wird. Der Mond – und ebenfalls die Sonne – ergibt in der Brennebene des Telementors ein Originalbild von 7,8 mm Durchmesser.

Das technische Problem besteht nun darin, die Kamera mit dem Fernrohr zu verbinden. Der Okularauszug des Fernrohrs besitzt jedoch ein Innengewinde, das die Anbringung eines entsprechenden Zwischenrings ermöglicht, der mit einem Gegengewinde auf der Teleskopseite und mit einem Fotogewinde auf der Kameraseite ausgestattet ist. Für die Praktica Super TL, die Exa Ib und weitere Kameras benötigen wir ein Gewinde M 42 × 1. Solche Zwischenringe liefert der VEB Carl Zeiss JENA. Die Belichtungszeiten für Mondfotos liegen bei Verwendung von 20-DIN-Material zwischen $1/2$ Sekunde bei schmaler

Mondsichel und etwa $^1/_{125}$ Sekunde bei Vollmond, verändern sich aber je nach der Mondhöhe, den atmosphärischen Verhältnissen und anderem.

Um ein hochwertiges Foto zu erhalten, müssen wir die Filmebene genau in die Brennebene des Teleskops bringen. Bei einer Spiegelreflexkamera ist das durch Benutzung des Prismensatzes leicht möglich, da wir die Bildschärfe auf diese Weise kontrollieren können. Anderenfalls setzen wir zunächst eine Mattscheibe an die Stelle des Films. Das Mattscheibenbild des jeweiligen Objekts, zum Beispiel des Mondes, läßt sich dann gut fokussieren (in den Brennpunkt bringen), indem wir den Okularauszug bewegen. Um die Schärfe beurteilen zu können, empfiehlt es sich, das Mattscheibenbild mit einer etwa zehnfach vergrößernden Lupe zu betrachen. Erst wenn wir uns vergewissert haben, daß die Scharfeinstellung gegeben ist, legen wir den Film ein. Selbstverständlich darf an der Fokussierung nun nicht mehr das geringste verändert werden. Ein Abnehmen der Kamera vom Okularstutzen ist ebenfalls nicht ratsam.

Der Mond läßt sich natürlich auch unter Verwendung des Fernrohrokulars fotografieren. Man spricht dann von der Okularprojektionsmethode. Hierzu müssen wir allerdings ein spezielles Ansatzstück verwenden. Die Helligkeit des Mondbilds sinkt, so daß die Belichtungszeiten länger werden. Die richtige Belichtungszeit ermitteln wir am besten durch Probieren. Sie hängt von verschiedenen Umständen ab, wie von dem verwendeten Okular, der Deklination des Mondes, den atmosphärischen Bedingungen usw.

Die irdische Atmosphäre macht sich bei astronomischen Aufnahmen infolge der Szintillation, unregelmäßiger Helligkeits- und Richtungsschwankungen punktförmiger kosmischer Lichtquellen, unliebsam bemerkbar. Besonders bei längeren Belichtungszeiten fällt dieser Umstand ins Gewicht. Eine subjektive Beurteilung der atmosphärischen Bedingungen zum Zeitpunkt der Belichtung ist praktisch nicht möglich. Der Sternfreund sollte deshalb etliche Aufnahmen hintereinander belichten. Dieser geringe Mehraufwand an Zeit und Material zahlt sich aus. Unter 30 kurz hintereinander gemachten Mondfotos finden wir mit größter Wahrscheinlichkeit ein im Hinblick auf die Bildschärfe befriedigenderes Resultat als unter 3 Aufnahmen.

Auch die Sonne eignet sich gut als Modell des Himmelsfotografen. Fokalaufnahmen können wir auf dieselbe Art und Weise gewinnen wie beim Mond. Allerdings muß das gegenüber dem Mondlicht viel intensivere Sonnenlicht zuvor geschwächt werden. Hierzu dienen uns die schon erwähnten Zeiss-Sonnenfilter, die der Objektivgröße des jeweils verwendeten Instruments angepaßt sind und vor dem Objektiv des Fernrohrs befestigt werden. Zeiss liefert bis zu einem Objektivdurchmesser von 100 mm in die Taukappe einsetzbare Filter und für größere Objekte aufsetzbare Filter. Ein Nachführen des Fernrohrs erübrigt sich, da die Bewegung des Objekts während der außerordentlich kurzen Belichtungszeit vernachlässigt werden kann.

Die Okularprojektionsmethode läßt sich bei der fotografischen Beobachtung der Sonne ebenfalls anwenden. Hier wird allerdings auch ein Filter vor dem Objektiv erforderlich. Verwenden wir statt eines Filters ein durch Lochblende verkleinertes Objektiv, gilt es zu beachten, daß die im Okularbereich auftretende Wärme zur Zerstörung der Verkittung von orthoskopischen Okularen führen kann, weshalb in diesem Fall ausschließlich die Huygens-Okulare zu benutzen sind.

Die Sonne als für den Menschen wichtigster Stern und zugleich nächster Fixstern im Weltall zeigt eine Reihe von Oberflächenerscheinungen, deren fotografische Verfolgung außerordentlichen Reiz besitzt. In erster Linie sind hier wiederum die Sonnenflecke zu nennen, die periodisch auftreten und deren Gesetzmäßigkeiten sich in einer über längere Zeit fortgeführten Fotoserie der Sonne eindrucksvoll zu erkennen geben. Genügend große Sonnenfleckengruppen existieren Wochen und manchmal Monate, so daß sich an ihrer Stellung die fortschreitende Rotation der Sonne verfolgen läßt.

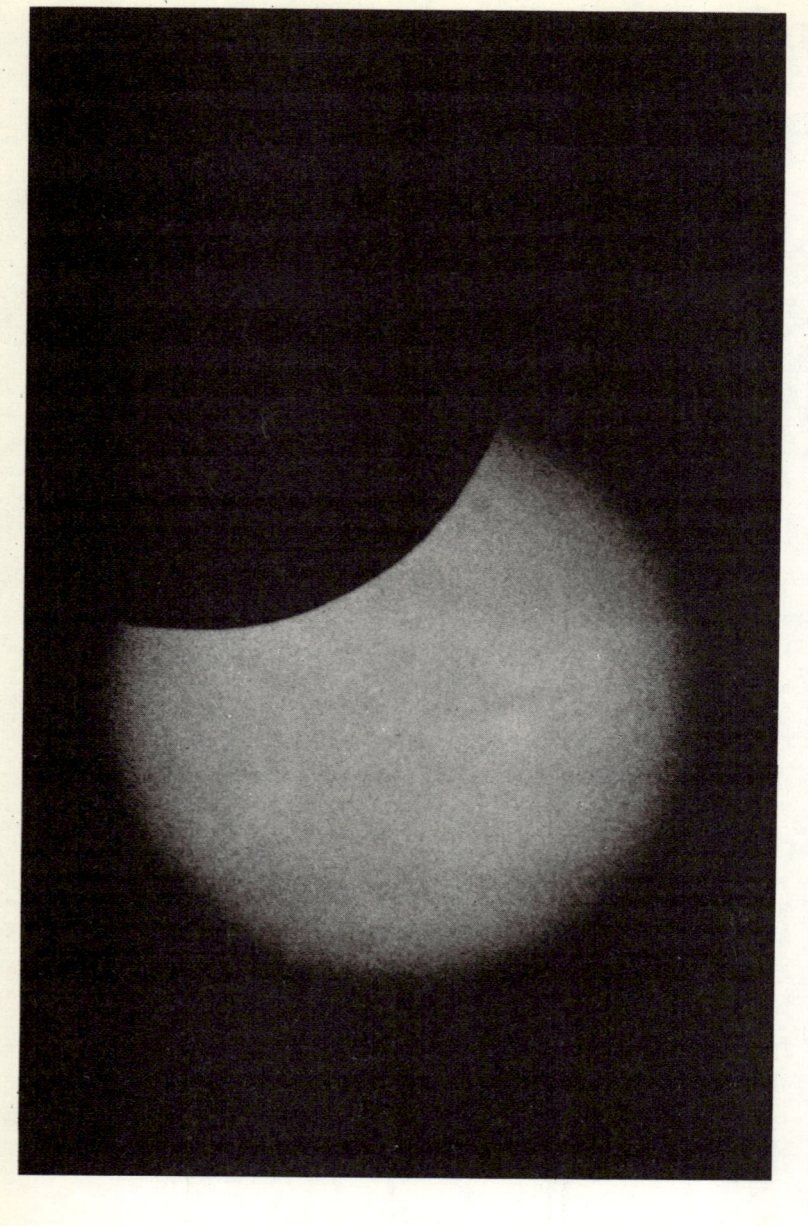

Selbstverständlich können auch die Planeten fotografiert werden. Allerdings liegen die Probleme hier ein wenig anders. Da diese Himmelskörper lichtschwächer sind als Sonne und Mond, müssen wir entsprechend größere Belichtungszeiten wählen. Die stets vorhandene Luftunruhe wirkt sich dann natürlich beträchtlich stärker aus. Auf den ersten Blick enttäuschen daher Planetenfotografien meistens im Vergleich zu der visuellen Beobachtung und der Zeichnung nach der Direktbeobachtung am Fernrohr. Andererseits bereitet eine gut gelungene Planetenaufnahme – gerade wegen der dabei zu überwindenden Schwierigkeiten – viel Freude und kann zudem als Dokument aufbewahrt und vermessen werden.

Die Fokalbilder der Planeten sind recht winzig. So beträgt der Durchmesser des Jupiterbildes bei Oppositionsstellung dieses Planeten nur 0,93 mm, während der Scheibchendurchmesser des Mars selbst bei einer guten Opposition lediglich knapp 0,5 mm erreicht, wenn wir ein Fernrohr mit 4 m Brennweite (!) verwenden. Die Fotografie des Fokalbilds hat folglich nur dann Zweck, wenn wir die Brennweite unseres Fernrohrs vergrößern, um das Verhältnis des Bilddurchmessers zu den durch die Luftunruhe hervorgerufenen Positionsschwankungen zu verbessern. Zu bedenken ist außerdem die Körnigkeit des Filmmaterials, die bei den notwendigen starken Nachvergrößerungen der Bilder unangenehm in Erscheinung tritt. Andererseits hat auch eine beliebig hohe Brennweite keinen Sinn. Wir befinden uns hier in einem Teufelskreis: Größere Brennweite ist gleichbedeutend mit geringerer Lichtstärke, so daß die erforderlichen Belichtungszeiten länger werden. Längere Belichtungszeiten haben aber eine viel stärkere Auswirkung der Luftunruhe auf die Bildqualität zur Folge.

Die Ansichten der verschiedenen Autoren zum Problem einer günstigen Brennweite sind unterschiedlich. Doch haben Amateure mit Äquivalentbrennweiten

Phase der Sonnenfinsternis vom 11. Mai 1975 um 6.49 Uhr (Aufnahme: Hans Pietsch, Fredersdorf)

(Brennweiten des Systems Objektiv + Zusatzoptik) von 8 bis 10 m bei Objektivöffnungen von etwa 100 mm gute Ergebnisse erzielt. Bei Instrumenten mit kleinerer Öffnung sollten die Äquivalentbrennweiten niedriger liegen. Prinzipiell gilt auch hier: selber ausprobieren unter den besonderen atmosphärischen Bedingungen am jeweiligen Beobachtungsort.

Wie kann nun die Brennweitenverlängerung erreicht werden? Hierzu ist zum Beispiel die Barlow-Linse geeignet, die der VEB Carl Zeiss JENA liefert. Dabei handelt es sich um eine Zerstreuungslinse, die kurz vor dem Brennpunkt des Fernrohrobjektivs in den Strahlengang gebracht wird. Das hierdurch vergrößerte Fokalbild entsteht kurz hinter dem Brennpunkt. Die Äquivalentbrennweite des Systems Objektiv + Barlow-Linse läßt sich ermitteln, indem wir die Brennweite des Objektivs mit einem Verlängerungsfaktor n multiplizieren, der sich folgendermaßen berechnet: $n = \dfrac{f_B}{f_B - a}$. Hierin bedeuten f_B die Brennweite der Barlow-Linse und a den Abstand zwischen Barlow-Linse und Brennpunkt des Objektivs. Den Verlängerungsfaktor sollte man nicht größer als 3 wählen, da sonst die guten Eigenschaften des Objektivs gestört werden und somit wiederum eine Beeinträchtigung der Qualität des Planetenbilds eintritt.

Die Brennweitenverlängerung läßt sich auch mit Okularen erreichen, die aus der für die visuelle Beobachtung der optisch unendlich fernen Objekte bestimmten Stellung herausgeschoben werden. Für diesen Zweck eignen sich gut achromatische Okulare der Brennweiten $f = 15$ mm bis $f = 25$ mm.

Mit Kamera und Feldstecher
auf Fotopirsch

Will man eindrucksvolle helle Objekte und Ereignisse des Himmels im Bild festhalten, so bietet sich auch die Kombination eines Feldstechers mit einer Kamera an. Allerdings dürfen wir unsere Erwartungen an die Qualität der Fotografien nicht zu hoch schrauben; denn die Feldstecheroptiken sind ja speziell für die visuelle Beobachtung berechnet. Das Bild des Feldstechers liegt daher auf einer gekrümmten Fläche, so daß die dargestellten Objekte bei Anwendung ebener Abbildungsflächen nur in zentrumsnahen Gebieten der Fläche scharf sind, während zum Rand beträchtliche Unschärfen auftreten. Eine starke Nachvergrößerung der Fotos hat deshalb keinen Sinn.

Die Lichtstärke der Kombination Feldstecher – Kamera ergibt sich als Quotient aus der Brennweite der verwendeten Kamera und der Austrittspupille des Feldstechers. Für die verschiedenen handelsüblichen Feldstecher gelten daher die in der Tabelle aufgeführten Lichtstärken.

Feldstecher	AP in mm	Lichtstärke für eine Kamerabrennweite von 50 mm
6 × 30	5	1 : 10
8 × 30	3,75	1 : 13,5
7 × 50	7,1	1 : 7,2
10 × 50	5	1 : 10
15 × 50	3,3	1 : 15
10 × 60	6	1 : 8,3
12 × 60	5	1 : 10
15 × 60	4	1 : 12,5
20 × 60	3	1 : 16,6

Wie wir sehen, sind die Lichtstärken selbst bei Feldstechern mit großer Öffnung und vergleichsweise geringer Vergrößerung nicht sehr hoch. Wir würden also zur Abbildung lichtschwächerer Objekte relativ lange Belichtungszeiten benötigen. Wegen der scheinbaren Himmelsdrehung ist dies aber nicht möglich. Die Feldstecher-Kamera eignet sich deshalb vorzugsweise zur fotografischen Abbildung der lichtstärksten astronomischen Objekte Sonne und Mond.

Da die Kameraverschlüsse oft gegenüber Wärme recht empfindlich sind, sollte man auch beim Fotografieren mit Hilfe des Feldstechers die Vorsichtsmaßnahmen ergreifen, auf die bereits in dem Abschnitt über die Feldstecher-Sternwarte hingewiesen wurde. Eine Abblendung des Feldstecherobjektivs und die Verwendung eines Sonnenblendschutzglases auf der Okularmuschel sind geeignete Mittel, um Schäden an der Kamera zu vermeiden.

Die Gefahr der Schädigung des Kameraverschlusses läßt sich nahezu völlig ausschalten, wenn wir von vornherein die Blende und den Verschluß ganz öffnen. Die Belichtung erfolgt dann durch Abnehmen einer lose auf das Objektiv gesteckten Pappkappe oder ähnliches. Auch bei Mondfotos können wir so verfahren. Wir vermeiden damit zudem noch Erschütterungen, die manchmal mit dem Auslösen des Verschlusses verbunden sind und die zu verwackelten Bildern führen.

Die Verbindung zwischen Feldstecher und Kamera sollte möglichst lichtdicht sein, um nicht durch eintretendes Nebenlicht die Bilder zu verschleiern. Eine Papphülse, die vom Okularende des Feldstechers bis über das Objektiv der Kamera reicht, genügt hierfür meist.

Der VEB Carl Zeiss JENA bietet innerhalb seines Produktionsprogramms auch zwei Kameras für Aufnahmen astronomischer Objekte an: die Amateurastrokamera 56/250 und die Mond- und Planetenkamera.

Die Amateurastrokamera ist vor allem für Sternfeldaufnahmen gedacht. Sie wird – wie die Kleinbildkamera oder andere Fotoapparate auch – mit einem Fernrohr verbunden, das aber nur als Leitrohr für die Nachführung dient. Die Astrokamera stellt ansonsten eine selbständige optische Einrichtung dar. Das Objektiv besitzt einen Durchmesser von 56 mm und eine Brennweite von 250 mm. Als fotografisches Material werden Platten des Formats 9 cm × 12 cm verwendet, die man in entsprechende Kasset-

Amateurastrokamera vom VEB Carl Zeiss JENA

Mond- und Planetenkamera vom VEB Carl Zeiss JENA

ten einlegt. Unter günstigen atmosphärischen Bedingungen gestattet die Kamera bei etwa einstündiger Belichtung der Platte die Abbildung von Sternen bis zur 14. Größenklasse. Wer für wissenschaftliche Untersuchungen Aufnahmen in bestimmten Farbbereichen machen möchte, kann unmittelbar vor der Kassette die entsprechenden Farbfilter anbringen.

Für die Planetenfotografie eignet sich die Mond- und Planetenkamera. Das eigentliche Kameraauge ist bei Verwendung dieses Apparats mit dem Fernrohr des Objektivs identisch. Wir befestigen die Kamera am Okularauszug des jeweiligen Fernrohrs, nachdem wir das Okular entfernt haben. Das Problem der zu geringen Größe der Fokalbilder von Planeten wird hier durch ein eingebautes Projektiv gelöst, das vierfach nachvergrößert. Zu der Mond- und Planetenkamera liefert Zeiss eine 6 cm × 9 cm-Plattenkamera, die eine nochmalige Nachvergrößerung mit dem Faktor 1,6 bewirkt. Kombiniert man die Mond- und Planetenkamera beispielsweise mit dem Meniskus-Cassegrain-Spiegelteleskop „meniscas", so entsteht auf der Mattscheibe der Plattenkamera ein Mondbild von 80 mm Durchmesser, während Jupiter mit 2 mm Durchmesser abgebildet wird.

Zum Fotografieren können wir selbstverständlich auch andere Kameras verwenden, müssen sie aber durch entsprechende Zwischenringe mit dem Okularauszug des jeweiligen Teleskops verbinden.

Erst überlegen – dann abdrücken

Um gute Bilder astronomischer Objekte zu erzielen, sollte man nicht auf Zufälle warten. Es ist daher auch sinnlos, blind drauflozufotografieren und zu hoffen, daß schon eine der Aufnahmen gelingen wird. Vielmehr sollte der Sternfreund *vor* dem Druck auf den Auslöser die Bedingungen prüfen und mit dem Fotografieren nur dann beginnen, wenn begründete Aussicht auf Erfolg besteht.

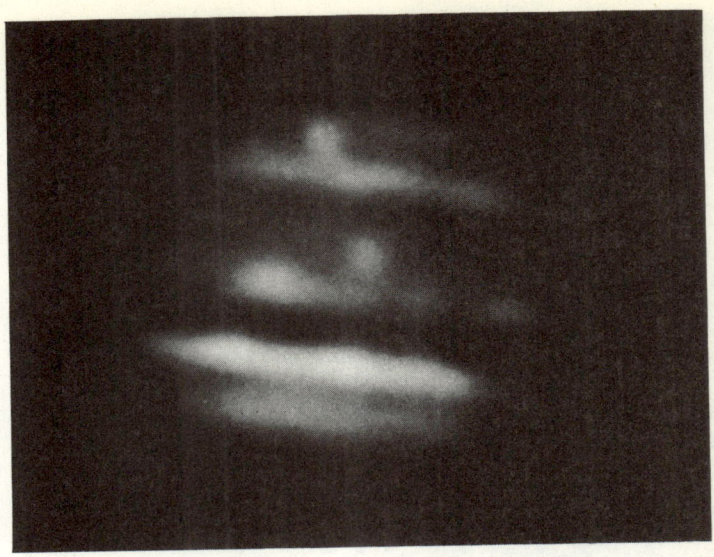

*Planet Jupiter am 20. November 1976 im 450-mm-Spiegelteleskop
(Aufnahme: Michael Greßmann, Falkensee-Finkenkrug)*

Aufnahmen astronomischer Objekte, die tiefer als 30°
über dem Horizont stehen, werden wir tunlichst vermeiden. Turbulenz der Atmosphäre, Unsauberkeit der Luft
und andere Faktoren lassen keine guten Ergebnisse erwarten. Deshalb arbeiten wir unter solchen Bedingungen nur
dann, wenn es sich um das dokumentarische Erfassen
eines astronomischen Ereignisses handelt, das nun einmal
nicht in größerer Höhe über dem Horizont stattfindet.

Die Szintillation, die sich besonders bei Langzeitbelich-
tungen zur Abbildung von Sternfeldern unangenehm aus-
wirkt und bei Planetenfotografien zum Verwischen der
Details führt, tritt nicht zu allen Nachtstunden gleich
stark in Erscheinung. Vielmehr ist sie zu Beginn der
Nacht, um Mitternacht und gegen Morgen am geringsten.
Somit sind dies auch die Stunden, die sich für fotografische Aufnahmen am besten eignen.

239

80/1200-Refraktor auf Ib-Montierung mit Kamera; am Instrument: Amateurastronom Hans Pietsch, Fredersdorf

Für die Auswahl des Film- und Plattenmaterials lassen sich kaum allgemeingültige Ratschläge erteilen. Es kommt auf den Verwendungszweck der Bilder an. Der Farbwahrnehmung des menschlichen Auges entspricht am besten orthochromatisches Filmmaterial.

Ein Problem ist die Empfindlichkeit des Materials. Im Interesse möglichst kurzer Belichtungszeiten und der damit verbundenen Verminderung unerwünschter Wirkungen durch atmosphärische Störfaktoren wird man sich für hochempfindliches Filmmaterial entscheiden. Doch dieses ist erheblich grobkörniger als die weniger empfindlichen Filme und Platten. Bei Nachvergrößerungen macht sich infolgedessen die Körnigkeit des Materials unliebsam bemerkbar. Jedoch kann bei spezieller Entwicklung hochempfindlichen Materials der Vorteil der kurzen Belichtungszeiten so überwiegen, daß man damit letztlich doch die besseren Bilder erhält.

Sehr wichtig ist es, die Kamera dem abzubildenden Objekt präzise nachzuführen. Lediglich bei Belichtungszeiten bis höchstens 0,5 Sekunden kann auf eine Nachführung verzichtet werden, wobei natürlich die Brennweite des verwendeten Geräts eine Rolle spielt. Benutzt man ein Instrument mit einer Äquivalentbrennweite von 10 m, so ist im Fadenkreuz des Leitrohrs schon eine Entfernung des Leitsterns von einer Bogensekunde aus dem Kreuzungspunkt der Fäden unerwünscht. Bei solchen Äquivalentbrennweiten kommt es deshalb darauf an, eine möglichst starke Vergrößerung – mindestens hundertfach – im Leitrohr zu verwenden.

Was uns die Fotoplatte verrät

Als wir über Liebhaberforschungsprogramme sprachen, haben wir bereits die Bedeutung der Fotografie hervorgehoben. So spielt sie bei der Beobachtung der Kleinen Planeten eine vorherrschende Rolle. Auch andere Forschungsprogramme können von Amateuren mit Hilfe der Kamera erfolgreich bearbeitet werden. Zahlreiche Beiträge in der Literatur legen davon Zeugnis ab.

Zwei Arbeitsgebiete, die sich inzwischen mit guten Ergebnissen der Anwendung fotografischer Methoden bedienen, sind die Bestimmung des Lichtwechsels veränderlicher Sterne und spektroskopische Untersuchungen. Es ist nicht möglich, die Verfahren hier in aller Ausführlichkeit zu beschreiben. Daher mögen die folgenden Bemerkungen genügen.

Die während der Belichtungszeit auf eine Fotoplatte einfallende Lichtmenge führt zur Schwärzung der betroffenen Plattenteile. Aus der Schwärzung läßt sich folglich auch auf die eingefallene Lichtmenge schließen. Verfahren, die auf diesem Wege aus Plattenschwärzungen Sternhelligkeiten zu bestimmen gestatten, werden unter dem Sammelbegriff „fotografische Fotometrie" zusammengefaßt. Der Aufwand an Apparatur ist hierfür relativ hoch, und diese Verfahren werden im allgemeinen den Fachsternwarten vorbehalten bleiben müssen.

Jedoch kann auch der Amateur Helligkeiten aus Schwärzungen ableiten, indem er die bereits bei der Direktbeobachtung am Himmel erwähnte Argelandersche Stufenschätzungsmethode anwendet. Die Helligkeit des jeweiligen Veränderlichen schließt man an schon bekannte Helligkeiten von Vergleichssternen an, die unter denselben Bedingungen fotografiert wurden, das heißt sich auf derselben Platte in unmittelbarer Nähe des Veränderlichen befinden sollten. Da dies oft nicht möglich ist, wählt man fotometrisch genau ausgemessene Standardsternfelder aus, wie die um den Himmelsnordpol liegenden Sterne (Internationale Polsequenz) oder die der Sternhaufen Praesepe und Plejaden. Das zum Vergleich herangezogene Sternfeld sollte natürlich dem Veränderlichen am Himmel möglichst nahe stehen. Außerdem ist es erforderlich, das Vergleichsfeld auf derselben Platte abzubilden wie das zu untersuchende Objekt. Ein Teil der Fotoplatte muß also für diesen Zweck reserviert werden, indem man zum Beispiel die Kassette mit der Platte verschiebbar anbringt und nacheinander jeweils eine Hälfte belichtet.

Die unterschiedlichen Schwärzungen der abgebildeten Sterne auf der Platte repräsentieren die verschiedenen scheinbaren Helligkeiten. Natürlich müssen wir berücksichtigen, daß die größeren *Schwärzungen* größeren scheinbaren *Helligkeiten* entsprechen.

Will der Sternfreund die Methode der fotografischen Fotometrie für wissenschaftlich benutzbare und aussagekräftige Untersuchungen verwenden, so kompliziert sich allerdings das Verfahren noch beträchtlich, weil er eine Reihe von Einflüssen zu bedenken hat, die das Resultat verfälschen. Wesentlich ist die Farbempfindlichkeit der Aufnahmeapparatur, die vor allem von der Farbempfindlichkeit des Fotomaterials bestimmt wird. Um uns das zu veranschaulichen, denken wir uns zwei Sterne derselben Gesamthelligkeit. Der eine erscheint aber infolge seiner Oberflächentemperatur bläulich, der andere rötlich. Verwenden wir nun eine blauempfindliche Platte, so hinterläßt der rötliche Stern eine geringere Schwärzung als der bläuliche. Wir müssen also dafür sorgen, daß unsere Aufnahmeapparatur dieselbe spektrale Empfindlichkeit aufweist wie die, mit der die in dem benutzten Katalog enthaltenen Helligkeiten bestimmt wurden. Hierzu dienen spezielle Kombinationen von Farbfiltern und Filmmaterialien.

Die Anwendung spezieller Farbfilter eröffnet dem Amateur noch andere verblüffende Möglichkeiten. Man kann zum Beispiel mit einfachen Mitteln die Temperaturen der Sterne bestimmen. Diese finden ihren Ausdruck in den unterschiedlichen Sternfarben. Gelingt es nun, die Farben genau zu „messen", so erhält man relativ zuverlässige Auskunft über die Sterntemperaturen.

Das Prinzip solcher Messungen besteht in folgendem: Wir belichten eine fotografische Platte mit einem bestimmten Sternfeld unter Verwendung eines speziellen Farbfilters, das im blauen Spektralbereich das Maximum seiner Durchlässigkeit besitzt. Sodann wird dieselbe Himmelsgegend unter Verwendung eines speziellen Gelbfilters fotografiert. Die Schwärzungen der verschiedenen Sterne auf der Platte fallen verständlicherweise unterschiedlich aus. Einmal erhalten wir die Blauhelligkeiten B, im anderen Fall die Gelbhelligkeiten V (von visuell). Die Differenz zwischen der Blau- und der Gelbhelligkeit wird als Farbenindex bezeichnet. Sie ist von der Verteilung der Intensität des Sternlichts über die verschiedenen Wellenlängen, das heißt letztlich von der Temperatur der Sterne, abhängig.

Um angenähert zutreffende Ergebnisse zu erzielen, benutze man die angegebene Beziehung zwischen dem Farbenindex und den Temperaturen des Schwarzen Strahlers.

$B - V$	Temperatur in K
− 0,23	25 000
− 0,17	20 000
+ 0,04	12 000
+ 0,34	8 000
+ 0,61	6 000
+ 0,78	5 000
+ 1,12	4 000
+ 1,14	3 300
+ 1,66	3 000

Der Schwarze Strahler ist ein speziell definierter idealer Strahler. Die Sterne weichen in ihrem Verhalten von dem eines Schwarzen Strahlers aus verschiedenen Gründen mehr oder weniger ab. Deshalb können wir bei der Anwendung unseres sehr einfachen Verfahrens auch keine präzisen Ergebnisse erwarten. Immerhin gewinnen wir aber eine Vorstellung von den Temperaturen der Sterne, deren exakte Bestimmung selbst mit den modernen Hilfsmitteln der Astrophysik erhebliche Schwierigkeiten bereitet.

Für unsere Mehrfarbenfotometrie können wir natürlich keine beliebigen Blau- oder Gelbfilter benutzen. Die Durchlässigkeit der Filter ist vielmehr genau definiert. Wir haben praktisch das international weit verbreitete UBV-System angewendet. Dabei handelt es sich um eine Dreifarbenfotometrie, in der Helligkeiten im ultravioletten, blauen und visuellen Spektralbereich gemessen werden. Für diesen Zweck kommen nur Filter Schott GG 13 (blau) und Schott GG 11 (visuell) in Frage. In Verbindung damit benötigen wir zum Feststellen der Blauhelligkeiten ein blauempfindliches und für die Ermittlung der Gelbhelligkeiten ein gelbempfindliches Film- oder Plattenmaterial.

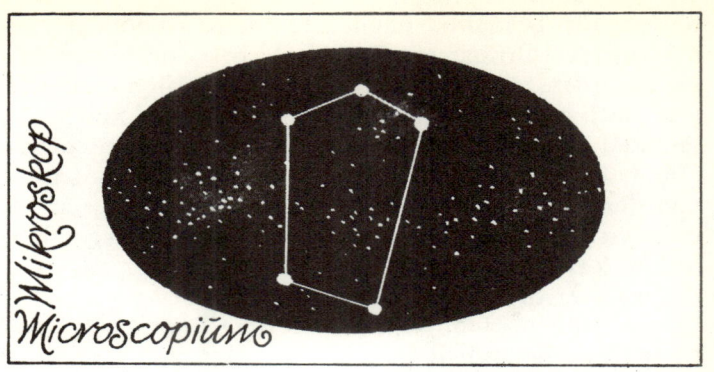

Heimstätten des Liebhabers

Wer heute Astronomie betreiben will, braucht es keineswegs widerrechtlich zu tun, wie im vergangenen Jahrhundert der unglückliche Wilhelm Leberecht Tempel. Gewiß, um als Astronom an den Forschungen einer Sternwarte teilzuhaben, ist nach wie vor ein Diplom notwendig. Aber all jene, die aus den verschiedensten Gründen neben ihrem eigentlichen Beruf den Sternen treu bleiben möchten, haben dazu reichlich Gelegenheit. Und die Berufsastronomen erkennen die Mitarbeit der Amateure an den riesigen Forschungsprogrammen dankbar an. Denn bei der unübersehbar gewordenen Fülle astronomischer Probleme gibt es auch eine große Zahl von Untersuchungen, die keine komplizierten Meßgeräte, keine mathematische Spezialausbildung und keine Gebirgssternwarte erfordern, sondern, mit Liebe, Fleiß und Ausdauer durchgeführt, selbst unter Verwendung einfacher Hilfsmittel nützliche Ergebnisse bringen können, von denen die Forschung profitiert.

Sogar Entdeckungen, die den Namen des erfolgreichen Suchers in Eiltelegrammen zu den Sternwarten der ganzen Erde gelangen lassen, glücken auch heute noch Ama-

teuren. Ein bekannter englischer Laienastronom lebt in
dem kleinen Ort Farcet. Er heißt Alcock. Auf seinen Namen wurden zahlreiche Kometen getauft, die er auffand,
und auch vier Neue Sterne (Novae), die plötzlich am
Himmel erstrahlten und trotz der weltweit betriebenen
Himmelsüberwachung von ihm eher gesehen wurden als
von den berufsmäßigen Sternguckern. Allerdings ist Alcock ein in Tausenden von Beobachtungsstunden geschul-
ter Astroamateur, der sich am Himmel besser auskennt
als mancher in seiner eigenen Wohnung. Und immerhin
frönt er seinem Hobby bereits seit dem Jahre 1924. Doch
gerade sein Beispiel zeigt, daß selbst Entdeckungen noch
Trauben sind, die für den Amateur nicht unbedingt zu
hoch hängen müssen.

Nachts gesehen – tags gelesen

Machen wir uns klar, wie Wissenschaft funktioniert, so
müssen wir der manchmal noch vertretenen Ansicht wider-
sprechen, daß es hierbei hauptsächlich auf den in einsamer
Abgeschiedenheit tätigen einzelnen ankomme. Gewiß –
ohne den einzelnen Forscher, ohne seine Arbeit, seine Begeisterung sind keine wissenschaftlichen Ergebnisse denkbar. Doch jedes wissenschaftliche Ergebnis baut auf der
Forschungsarbeit anderer auf und liefert selbst wieder
einen Mosaikstein im gewaltigen Bild der menschlichen Erkenntnis. Was die Wissenschaft bisher von der Natur bereits enträtselt hat, darf also bei der weiteren Untersuchung
nicht unbeachtet bleiben, wenn nicht das Wagenrad immer
wieder aufs neue erfunden werden soll.

Der Wissenschaftler muß deshalb heute einen erhebli-
chen Teil seiner Zeit darauf verwenden, zu erfahren, was
andere erkannt haben. Er muß über den erreichten Wis-
sensstand im Bilde sein. Dies kann er nicht mehr allein
dadurch, daß er mit den anderen Gelehrten seines Fach-
gebiets in unmittelbaren Kontakt tritt. Gewiß spielen persönliche Begegnungen von Wissenschaftlern und unmit-

telbarer Gedankenaustausch auch heute eine wichtige Rolle im Forschungsprozeß. Sie sind aber kein geeignetes Mittel, um sich ständig über alles Neue zu unterrichten. Dafür gibt es viel zu viele Wissenschaftler, die sich zudem über den gesamten Globus verteilen. Größte Bedeutung besitzt deshalb die Tatsache, daß sich alle Erkenntnisse, die in einsamen Nächten von forschenden Gelehrten an den Teleskopen gewonnen werden, in weltweit verbreiteten Zeitschriften wiederfinden lassen. Die Fachzeitschriften speichern das Wissen der Menschheit und sind insbesondere für Wissenschaftler ein unentbehrliches Hilfsmittel des Informationsaustausches. Aus ihnen kann man erfahren, mit welchen Fragen sich andere Forscher beschäftigen, welche Methoden sie anwenden und welche Ergebnisse sie erzielen.

Vor Jahrhunderten stand als Instrument des Gedankenaustausches unter den Gelehrten der Brief an erster Stelle. Doch die Entwicklung ließ die Zahl der mit Wissenschaft beschäftigten Menschen immer größer werden. So ergab sich eine paradoxe Situation: Wollte man alle auf demselben Gebiet tätigen Kollegen von seinen eigenen Untersuchungen unterrichten, dann mußte man immer mehr Zeit statt auf weitere Untersuchungen auf das Schreiben von Briefen verwenden. Mancher Wissenschaftler beschäftigte sogar Kopisten, die ein und denselben Brief zwanzig- oder dreißigmal abschrieben, damit sein Inhalt allen bekannt wurde, die derartige Informationen benötigten. Die Zeitschriften stellen also letztlich nichts anderes dar als eine Form der Rationalisierung des Informationsaustausches.

Spezialisierte Zeitschriften, die sich mit einzelnen Wissenschaftsdisziplinen beschäftigen, darunter auch die ersten astronomischen Fachzeitschriften, entstanden in größerer Anzahl während des 18. Jahrhunderts. Legendäre Berühmtheit erreichte zum Beispiel die Zeitschrift „Monatliche Correspondenz zur Beförderung der Erd- und Himmels-Kunde", die der Direktor der Sternwarte in Gotha, Franz Xaver von Zach, 1800 gründete und die 14 Jahre lang erschien. Das darin gespeicherte Wissen wird auch in

DIE STERNE

Jahrbuch der Himmelskunde

Erster Band

1921/22

Herausgegeben von R. HENSELING

Mit 5 Kunstdrucktafeln
und zahlreichen Bildern
im Text

✦

Franckhsche Verlagshandlung / Stuttgart

Titelseite des ersten Bandes der Zeitschrift „Die Sterne"

der Gegenwart für zahlreiche Untersuchungen herangezogen. Im Jahre 1821 kam es auf Initiative des Astronomen Heinrich Christian Schumacher (1780–1850) zur Herausgabe der ersten dauerhaft bestehenden Fachzeitschrift, der „Astronomischen Nachrichten", die noch heute im Akademie-Verlag Berlin erscheinen.

Der Amateur wird nun einwenden, daß er mit dem spezialisierten und vielfach in mathematische Form gekleideten Gedankenaustausch der Berufsastronomen nicht allzuviel beginnen kann. Doch je stärker sich in der Astronomie eine Amateurbewegung entwickelte, desto notwendiger erschien es, für sie spezielle Zeitschriften zu gestalten. So wurde schon im Jahre 1868 eine populärwissenschaftliche Zeitschrift unter dem Titel „Sirius" gegründet, die sich die Aufgabe stellte, astronomisches Wissen weiten interessierten Kreisen zugänglich zu machen. Später entstanden auch Journale, in denen Laienastronomen ihre Resultate veröffentlichen konnten. Noch heute erscheint in der DDR die 1921 von dem Verfasser zahlreicher populärwissenschaftlicher Bücher, Robert Henseling (1883–1964), gegründete Zeitschrift „Die Sterne". Neben informierenden Beiträgen enthielt bereits ihr erstes Heft eine „Aufforderung zur Beobachtung Neuer Sterne", mit der sie sich an die Amateure wendete. Diese hatten sich damals im „Bund der Sternfreunde" organisiert, dessen Vorsitzender ebenfalls Robert Henseling war. Die Vereinigung hielt Jahrestagungen ab, die den Sternfreunden Gelegenheit zum Erfahrungsaustausch und zur Koordinierung ihrer Arbeit boten. Obwohl die Zeitschrift „Die Sterne"* heute ein anspruchsvolles Informationsblatt über alle Gebiete der modernen Astronomie darstellt, werden nach wie vor Beiträge fortgeschrittener Astroamateure darin veröffentlicht.

Zahlreiche Informationen, insbesondere auch aus der Feder von Amateuren, finden die Sterngucker in der Zeitschrift „Astronomie und Raumfahrt"**. Wer diese Zeit-

---

* „Die Sterne", Zeitschrift für alle Gebiete der Himmelskunde; jährlich erscheinen 6 Hefte, Preis je Heft 3,60 M
** „Astronomie und Raumfahrt", herausgegeben vom Kulturbund der DDR, Zentrale Kommission Astronomie und Raumfahrt; jährlich erscheinen 6 Hefte, Preis je Heft 1,50 M

schrift abonniert, lernt rasch das Kollektiv der in allen Bezirken der DDR aktiv tätigen Sternfreunde und die von ihnen bearbeiteten Probleme kennen. Das Journal bringt Übersichtsartikel zu aktuellen Problemen der Astronomie und Raumfahrt, daneben aber sind seine Spalten insbesondere den Amateurastronomen vorbehalten. Natürlich vermittelt es außerdem Kurzinformationen über die neuesten Entdeckungen und Besprechungen neuerschienener Bücher, so daß jeder Leser ständig über das Angebot an gedruckten Informationen unterrichtet wird und das für ihn und seine Arbeit Wesentliche erfährt.

Als dritte Zeitschrift, die auch dem Amateur viel zu bieten vermag, sei noch die „Astronomie in der Schule"* erwähnt. Sie dient zwar in erster Linie der Information und Weiterbildung der Astronomielehrer an den allgemeinbildenden polytechnischen Oberschulen der DDR, enthält aber ebenfalls mannigfaltiges Material für den Sternfreund, der selbst beobachten will. Die ständige Rubrik „Wir beobachten" liefert mancherlei Anregungen, wobei vornehmlich von den technischen Ausrüstungen ausgegangen wird, die an den Schulen vorhanden sind.

Je nach seinen finanziellen Möglichkeiten kann sich der Sternfreund diese Zeitschriften selbst abonnieren oder in den zahlreichen Volksbibliotheken ausleihen.

Wir richten eine Astrokartei ein

Der Sternfreund, der sich mit den gedruckten Erfahrungen anderer beschäftigt, sollte das jeweils neueste Heft einer Zeitschrift so auswerten, daß es der eigenen Arbeit maximalen Nutzen bringt. Gewöhnlich liest man die Beiträge nur unter dem Blickwinkel seiner gegenwärtigen Interessen. Doch diese können sich ändern, und ein Anfänger wird für seine amateurastronomische Tätigkeit andere Schwerpunkte setzen als ein Fortgeschrittener. Auch hän-

---

* „Astronomie in der Schule", Zeitschrift für die Hand des Astronomielehrers, erscheint zweimonatlich, Preis je Heft 0,60 M

Mitglieder der Arbeitsgemeinschaft Astronomiegeschichte der Archenhold-Sternwarte an der Literaturkartei

gen die jeweils bearbeiteten Probleme von dem gerade zur Verfügung stehenden Instrument ab. Es erweist sich daher als zweckmäßig, die wesentlichsten Beiträge, die in einem Zeitschriftenheft enthalten sind, in einer Kartei zu erfassen.

Die einfachste und wirkungsvollste Form einer solchen „Fachkartei" besteht in Kärtchen des Formats A 7 oder A 6, auf denen neben dem Vor- und Nachnamen des Verfassers der Titel des Aufsatzes sowie die jeweilige Zeitschrift mit Band, Jahr und Seiten vermerkt werden. Wichtig ist es, dieser Karte ein passendes Stichwort zu geben, damit man sie später auch wiederfindet. Dazu können wir uns ein Stichwortsystem selbst zusammenstellen und die Karten dann alphabetisch nach diesen Wörtern ordnen. Innerhalb der einzelnen Stichwörter empfiehlt sich die alphabetische Reihenfolge nach den Nachnamen der Verfasser.

Nehmen wir ein Beispiel. In der Zeitschrift „Die Sterne" erschien im Heft 3/1978 auf den Seiten 154 bis

158 ein Artikel von W. Schulze unter dem Titel „Untersuchungen über die Größe der Sonnenflecke". Nachdem wir die bibliographischen Daten auf die Karte übertragen haben, geben wir ihr das Stichwort „Sonne" und sortieren sie in unserer Kartei darunter ein. Wir werden sie dann schnell und sicher wiederfinden, wenn wir uns mit den Problemen der Sonne beschäftigen wollen. Dem Sternfreund, der sich auf das Gebiet der Sonnenbeobachtung spezialisiert hat, genügt es zweifellos nicht, die Karte unter das Stichwort Sonne einzuordnen. Denn dort würden sich bald Hunderte von Karten sammeln, deren Durchsicht viel zuviel Zeit erforderte, so daß die Kartei ihren Sinn verfehlte. Deshalb gliedert der Sonnenspezialist das Stichwort Sonne weiter in Teilgebiete, beispielsweise: Methodik der Sonnenbeobachtung, Sonnenflecke, Sonnenfleckenzyklus usw. Geht es neben den Beobachtungsproblemen auch um eine Dokumentation zu Fragen der Sonnenforschung, so muß die Gliederung noch viel feiner sein. Sie wird dann auch solche Stichwörter aufweisen wie Sonnenatmosphäre, Sonnenkorona, Sonnenspektrum und andere.

Die Kartei sollte aber nicht nur Angaben über Artikel in Zeitschriften enthalten, sondern auch Bücher erfassen. Um sich über die neuesten Buchpublikationen zu Problemen der Astronomie auf dem laufenden zu halten, genügt es, die Rezensionsteile der genannten Zeitschriften aufmerksam zu verfolgen. Denn die Redaktionen bemühen sich, auf alle wichtigen Neuerscheinungen hinzuweisen.

Eine zusätzliche Informationsquelle bilden die in den Tageszeitungen oder allgemeinen Zeitschriften veröffentlichten Artikel zur astronomischen Forschung. Häufig stammen solche Beiträge aus der Feder bekannter Wissenschaftler und geben Überblicke über neue Erkenntnisse; sie erscheinen früher als Aufsätze in Fachzeitschriften und sind erst recht bedeutend aktueller als Bücher zu der entsprechenden Thematik. Allerdings müssen wir beim Auswerten von Beiträgen aus der Tagespresse beachten, daß die Mitteilungen nicht immer endgültige Ergebnisse der Wissenschaft darstellen. Es ist deshalb auch nicht verwunderlich, wenn mitunter Monate oder Jahre später ein neuer Beitrag erscheint, dessen Inhalt im Widerspruch zu früheren Artikeln steht. Aktuelle Beiträge zu astronomischen Themen gilt es daher besonders kritisch zu lesen.

Da Tageszeitungen in allen Haushalten vorhanden sind, bereitet die Auswertung der Presse in dieser Hinsicht nicht viel Schwierigkeiten. Durch Ausschneiden und Aufkleben der Artikel und Einordnen in Mappen kann eine interessante Dokumentation entstehen. Die einzelnen Beiträge sollten jedoch ebenfalls auf Karteikarten notiert werden, damit der Überblick über die Sammlung nicht verlorengeht.

Eine thematische Zeitungsartikelsammlung kann – wenn sie mit Ausdauer und Gründlichkeit über lange Zeit fortgeführt wird – einen großen historischen Wert erlangen. Denn viele Ereignisse der Wissenschaft findet man in den Tageszeitungen dokumentiert und sonst nirgends. Natürlich gewinnt die Sammlung um so größere Bedeutung, je mehr verschiedene Zeitungen wir auswerten. Damit das Unternehmen nicht zu kostspielig wird, sollte der Sternfreund Verwandte und Bekannte um Mithilfe bitten und sich die von ihnen abonnierten Zeitungen aufheben lassen, um sie dann nach einschlägigen Artikeln zu „durchforsten".

Die umfangreichste astronomische Zeitungsartikelsammlung, die dem Verfasser bekannt ist und die ein Sternfreund mit viel Geduld und Mühe anlegte, umfaßt 100 000 Artikel und einen Zeitraum von 1822 bis heute.

In der Gemeinschaft der Sternfreunde

Sternfreunde brauchen den persönlichen Kontakt und den Erfahrungsaustausch mit Gleichgesinnten. Die beste Sammlung von Büchern und Zeitschriftenbeiträgen vermag die persönliche Begegnung nicht zu ersetzen. Die Mitteilungen eines „alten Hasen" geben dem Anfänger mitunter in wenigen Sätzen Hinweise, die er in der Literatur nur mit großer Mühe finden oder gar vergeblich suchen würde. Deshalb haben sich schon vor vielen Jahr-

Teilnehmer eines astronomischen Sommerkurses in Ungarn bei Übungen an verschiedenen Instrumenten

zehnten in allen Ländern mit einer hochentwickelten Forschung auch Vereinigungen von Sternfreunden gebildet. Sie tagen regelmäßig, sind nach fachlichen Gesichtspunkten gegliedert, tragen zur Organisation und zur Abstimmung der Arbeiten von Amateuren bei und ermöglichen einen zwanglosen Erfahrungsaustausch.

Die älteste Amateurvereinigung der Welt und zugleich eine der erfolgreichsten ist die British Astronomical Association, die bereits im Jahre 1890 gegründet wurde. Sie umfaßt etwa 4500 aktive Mitglieder, die auf allen Gebieten der Amateurastronomie arbeiten. Die 1946 gegründete Association française d'astronomie zählt 6500 Mitglieder. Sie veröffentlicht die Zeitschrift „Ciel et Espace" („Himmel und Weltraum"), die mit einer Auflage von 18 000 Exemplaren erscheint. Bekannt sind ebenfalls die ungarischen Amateursterngucker. Unter dem Dach der Tudományos Ismeretterjesztö Társulat (TIT), der Gesellschaft zur Verbreitung wissenschaftlicher Kenntnisse, wurde bereits im Jahre

1946 eine Astronomische Gesellschaft gegründet, die auch die Amateurastronomie koordiniert. Das Zentrum dieser volkstümlichen Wissenschaftsbewegung ist die Urania-Sternwarte in der Hauptstadt des Landes. Die Kästen der Mitgliederkartei nehmen einen ganzen Schrank im Büro der Budapester Sternwarte ein und enthalten inzwischen mehr als 10 000 Karten. Hinter jeder Karte aber verbirgt sich ein Name, dessen Träger sich mit Liebe und Begeisterung der Wissenschaft von den Sternen widmet.

Ein junger amerikanischer Amateurastronom, James Gall, ärgerte sich darüber, daß man über Sternfreunde im Ausland so wenig weiß. Auf seinen Reisen war er manchmal an einer interessanten Einrichtung für Amateurastronomie vorübergegangen, von deren Existenz er erst später erfuhr. Er begann deshalb damit, systematisch alle ihm erreichbaren Fakten über astronomische Amateureinrichtungen und -vereinigungen zu sammeln und als Buch zu veröffentlichen.

Obwohl die erste Ausgabe noch äußerst lückenhaft ist und insbesondere die zahlreichen Aktivitäten in den sozialistischen Ländern unzulänglich nachgewiesen wurden, enthält allein die Liste der amateurastronomischen Arbeitsgruppen insgesamt 725 kleinere und größere Vereinigungen. Die Mitgliederzahl dieser vielen Gruppen kann man nur annähernd angeben. Sie dürfte nicht erheblich unter 100 000 liegen. Dies zeigt, daß heute weltweit ein riesiges Heer zumeist junger Sternfreunde „unter Waffen" steht – friedlichen Geschützen, die dazu dienen, Erkenntnis, Freude und Erholung zu bringen.

Die Amateure der DDR arbeiten im Kulturbund zusammen. Die Zentrale Kommission Astronomie und Raumfahrt des Kulturbundes, die ihre Tätigkeit anleitet und koordiniert, gibt auch die schon genannte Zeitschrift „Astronomie und Raumfahrt" heraus.

Hauptsächlich wird die Arbeit innerhalb der Kreis- und Bezirksorganisationen des Kulturbundes geleistet. Meist bildet eine in dem jeweiligen Bezirk oder Kreis vorhandene Volks- oder Schulsternwarte das Leitzentrum der Tätigkeit der Amateure. Darüber hinaus haben sich auch spezielle Arbeitskreise des Kulturbundes entwickelt, die sich verschiedenen Themen widmen und deren Mitglieder manchmal über das ganze Land verstreut sind. Auf der IX. Zentralen Tagung für Astronomie, die im Jahr 1983 in der Archenhold-Sternwarte Berlin-Treptow stattfand, wurden folgende DDR-offene Arbeitskreise bestätigt:

Arbeitskreis	*Sitz*
Kometen	Karsten Kirsch, Otto-Schwarz-Str. 27, Jena, 6908
Planeten	Hans-Joachim Blasberg, Tolkewitzer Str. 44, Dresden, 8053
Meteore	Astronomisches Zentrum „Bruno H. Bürgel", Neuer Garten, Potsdam, 1500
Sonne	Pionier- und Jugendsternwarte „Johannes Kepler", Straße der Jugend 8, Crimmitschau, 9630
Sternbedeckungen	Volks- und Schulsternwarte „Juri Gagarin", Eilenburg, 7280
Veränderliche Sterne	Bruno-H.-Bürgel-Sternwarte, Gallberg, Hartha, 7302
Kleine Planeten	Michael Greßmann, Falkensee-Finkenkrug, 1542
Geschichte der Astronomie	Archenhold-Sternwarte, Alt-Treptow 1, Berlin, 1193
Raumfahrt	Dipl.-Ing. H. D. Naumann, Straße der Thälmannpioniere 19, Radeberg, 8142
Numerische Astronomie	Astronomisches Zentrum Schkeuditz, Bergbreite, PF 29, Schkeuditz, 7144

180-mm-Spiegelteleskop-Eigenbau des Sternfreunds Heinz Rost, Freital

Während die Zentralen Tagungen die Aufgabe haben, Bilanz über das Erreichte zu ziehen und die zukünftigen Entwicklungslinien festzulegen, dienen die Treffen der Mitglieder einzelner Arbeitsgruppen, die in der Zwischenzeit stattfinden, der konkreten Arbeit auf den verschiedenen Gebieten. Fast stets sind dabei auch Fachastronomen anwesend, die den Amateuren mit dem reichen Schatz ihres Wissens zur Seite stehen. Oft nimmt das Gespräch zwischen den „Profis" und den „Laien" den Charakter von Fachdiskussionen an. Hierin kommt einerseits der hohe Entwicklungsstand der Amateurastronomie, andererseits aber auch die Anerkennung der Liebhaberforschung durch die Fachleute zum Ausdruck.

Die traditionsreiche Gruppe Veränderliche Sterne arbeitet zum Beispiel eng mit dem Forschungszentrum für veränderliche Sterne zusammen, mit der Sternwarte Sonneberg des Zentralinstituts für Astrophysik der Akademie der Wissenschaften der DDR. Die Arbeitsgruppe selbst hat weite Kreise gezogen: Ihre Mitglieder sind nicht nur an der Volks- und Schulsternwarte Hartha zu finden, sondern im ganzen Land. Auf diese Weise läßt sich eine wirksame Arbeitsteilung organisieren. Ein Berliner Sternfreund fertigte zum Beispiel für die gesamte Gruppe Umgebungskarten besonders interessierender Veränderlicher nach modernsten Katalogwerken an. Damit ist allen Mitgliedern die Möglichkeit gegeben, auf einheitlicher Basis mit kriminalistischem Spürsinn das Verhalten der auf dem Beobachtungsprogramm stehenden „Kandidaten" zu verfolgen. Die Ergebnisse des Arbeitskreises verstauben keineswegs in Schubfächern. Sie werden vielmehr veröffentlicht – sogar in den international verbreiteten Publikationen der Akademie der Wissenschaften.

Mit großem Erfolg arbeitet auch der Arbeitskreis Sternbedeckungen an der Volks- und Schulsternwarte „Juri Gagarin" in Eilenburg. In klaren Nächten kommen die Registrierapparate in dem Heiligtum dieses Observatoriums, dem Uhrenraum, nicht zum Stillstand, wenn eine Sternbedeckung durch den Mond angekündigt ist. Der Eifer der jungen Eilenburger Sternfreunde zahlt sich aus: Ihre Beobachtungen werden regelmäßig an die internationale Zentralstelle in Japan geschickt, wo die wissenschaftliche Verwertung erfolgt.

Ebenso wie in Eilenburg steht auch an der bekannten Schulsternwarte Rodewisch (Vogtland) die optische Bahnverfolgung von Satelliten auf dem Programm, die als künstliche Sterne unter ihren natürlichen Geschwistern hellstrahlend dahinziehen. Aus Moskau erhalten die jun-

Bahnspur von „Sojus 29", „Sojus 31", „Salut 6" am 27. August 1978 über Schneeberg (Aufnahme: Bernd Zill, Schneeberg)

gen Amateure präzise Informationen über die zu erwartenden Erscheinungen bestimmter künstlicher Erdmonde, so daß sie im voraus recht genau wissen, wann der Satellit am Firmament auftaucht. Mit Hilfe von Spezialteleskopen, welche die Akademie der Wissenschaften der UdSSR zur Verfügung stellte, vermessen sie dann den Bahnverlauf und leiten die Beobachtungsdaten nach Moskau an die Zentralstelle.

Beliebt unter jungen Sternfreunden sind auch die astronomischen Sommerlager, die bereits mehrere Male stattfanden. In landschaftlich schönen Gegenden, zum Beispiel im Zittauer Gebirge, treffen sich während der Sommerferien begeisterte Sterngucker, um mehrere Tage lang ihrem Hobby ungestört zu frönen. Zum Programm solcher Sommerlager zählen astronomische Beobachtungen an einer gut ausgestatteten Schul- oder Volkssternwarte ebenso wie Debatten über das Wie und Warum der astro-

Sternfreunde der ČSSR beobachten auf der Volkssternwarte in Prag

nomischen Amateurarbeit oder über fachliche Spezialprobleme. Auch der Anfänger kann an solchen Veranstaltungen teilnehmen, die oft gerade für ihn bestimmt und inhaltlich seiner Vorbildung angepaßt sind.

In vielen Bibliotheken, die kaum jemand kennt, in entlegenen Schulbüchereien, in Büchersammlungen von Kirchen oder Klöstern verbergen sich zahlreiche wertvolle alte Drucke, die einstmals große Bedeutung für die astronomische Forschung besaßen und heute zu den Rarissima zählen, also höchst selten sind. Sie zeugen von einer reichen und fruchtbaren Vergangenheit der Wissenschaft und gehören zu den unveräußerlichen Kulturschätzen unseres Landes. Eine wichtige Aufgabe ist es daher, diese Bestände zu erfassen und sich so einen Überblick über das Vorhandene zu verschaffen. Wer weiß schon, daß sich in den Bibliotheken und Archiven der DDR noch mehrere Exemplare der Erstausgabe des berühmten Buches von Nicolaus Copernicus „Über die

Umschwünge der himmlischen Kreise" (1543) befinden. Doch dies ist nur ein Beispiel. Niemand vermag zu sagen, welche Schätze im Verborgenen schlummern, und oftmals bedarf es regelrechter kriminalistischer Ermittlungsarbeit an Ort und Stelle, um sie zu entdecken. Junge Liebhaber der Geschichte der Astronomie beteiligen sich gegenwärtig an einer Erfassung wertvoller alter astronomischer Bücher in Bibliotheken und stöbern in ihren Heimatkreisen astronomiegeschichtliche Denkmale auf, wie Wohn- und Arbeitsstätten berühmter Astronomen und anderes.

Jeder Sternfreund, der sich einer solchen Gruppe – auch als Anfänger – anschließen möchte, erhält die dazu erforderlichen Auskünfte von der zuständigen Kreis- oder Bezirksorganisation des Kulturbundes der DDR.

Sternwarten für jedermann

Sammelpunkte der Aktivitäten der Sternfreunde bilden in der DDR die Volks- und Schulsternwarten. Gemessen an der Bevölkerungszahl, ist die Zahl dieser Einrichtungen erfreulich hoch. Entschließen wir uns, als Sternwarte jede Einrichtung zu bezeichnen, die in einem eigens dafür errichteten Gebäude über ein astronomisches Beobachtungsinstrument verfügt und durch einen oder mehrere Begeisterte, mögen diese nun hauptberuflich oder ehrenamtlich tätig sein, lebendig gehalten wird, so finden wir etwa 150 Volks- und Schulsternwarten. Hinzu kommen noch „Privatsternwarten", die oft mit viel Liebe, Geduld und materiellem Aufwand aufgebaut wurden und mitunter ebenfalls einer kleineren Öffentlichkeit zur Verfügung stehen.

Durchblättern wir die Spalten solcher Zeitschriften wie „Astronomie und Raumfahrt" oder „Astronomie in der Schule", dann erkennen wir, daß der Prozeß der Entstehung von Volks- und Schulsternwarten immer noch anhält und daß sich folglich die Bedingungen für alle an der

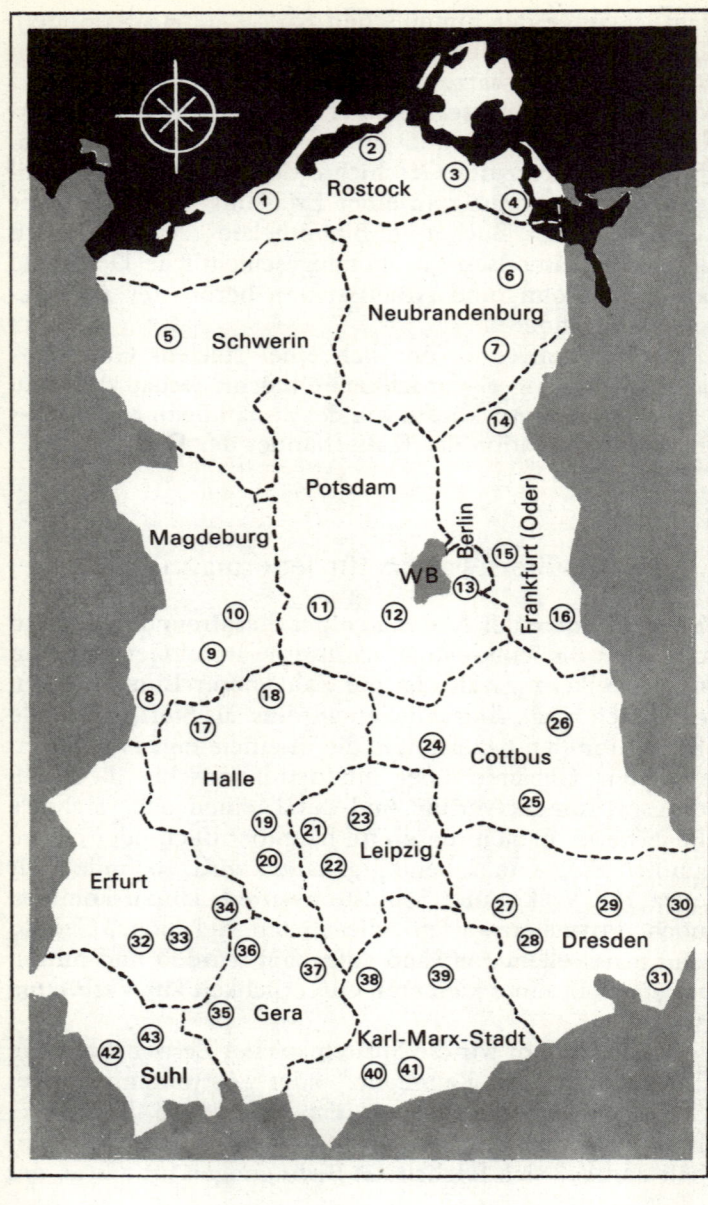

Rostock

① ② ③ ④

⑥

Neubrandenburg

⑤ Schwerin

⑦

⑭

Potsdam

Magdeburg

Berlin

⑮ Frankfurt (Oder)

WB

⑩ ⑪ ⑫ ⑬

⑨ ⑯

⑧ ⑱

⑰ ⑯

Halle

⑳ ⑲ ㉑ ㉓

㉔ Cottbus

㉕

㉖

Leipzig

Erfurt

㉒

㉛ ㉝ ㉞

㉗ ㉙ ㉚

㉜ ㉘ Dresden

㊱

㊲ ㊳

Gera

㉟

Karl-Marx-Stadt

㊳ ㊴

㊷ ㊸

Suhl

㊵ ㊶

Bezirk Rostock: **1** Astronomische Station Rostock (Schul- und Volkssternwarte mit Planetarium), Nelkenweg, Rostock, 2500; **2** Schulsternwarte Barth, Diesterweg-Oberschule, Bleicherwall 1a, Barth, 2380; **3** Sternwarte der Ernst-Moritz-Arndt-Universität Greifswald, Schillstr. 11, Greifswald, 2200; **4** Volkssternwarte „Manfred von Ardenne" Heringsdorf, Postanschrift: Karl-Marx-Str. 17 (Herrn R. Stadelmann), Seebad Ahlbeck, 2252

Bezirk Schwerin: **5** Schulsternwarte und Planetarium Schwerin, Weinbergstr. 17, Schwerin, 2700

Bezirk Neubrandenburg: **6** Schulsternwarte der Copernicus-Oberschule Torgelow (Planetarium im Bau), Ueckermünder Str. 5, Torgelow, 2110; **7** Volkssternwarte Prenzlau, Straße der Republik 72, Prenzlau, 2130

Bezirk Magdeburg: **8** Planetarium der Maxim-Gorki-Oberschule Wernigerode, Walter-Rathenau-Straße, Wernigerode, 3700; **9** Schulsternwarte der Oberschule Nordpark (mit Planetarium), Pablo-Picasso-Str. 20, Magdeburg, 3018; **10** Astronomisches Zentrum Burg (Planetarium und Beobachtungsstation), Ernst-Thälmann-Allee 3 (Hermann-Matern-Schule), Burg, 3270

Bezirk Potsdam: **11** Betriebssternwarte des Stahl- und Walzwerkes Brandenburg, Straße der Aktivisten, Brandenburg, 1800; **12** Astronomisches Zentrum „Bruno H. Bürgel" (Volkssternwarte mit Planetarium und Bruno-H.-Bürgel-Gedenkstätte), Neuer Garten, Potsdam, 1500

Berlin, Hauptstadt der DDR: **13** Archenhold-Sternwarte (Volkssternwarte mit Planetarium), Alt-Treptow 1, Berlin, 1193

Bezirk Frankfurt (Oder): **14** Schulsternwarte der Pestalozzi-Oberschule, Postfach 03–04, Greiffenberg, 1321; **15** Planetarium Strausberg, 5. Oberschule „Friedrich Engels", Peter-Göring-Str., Strausberg, 1260; **16** Schulsternwarte Frankfurt (Oder) (mit Planetarium), Mühlenweg, Frankfurt (Oder), 1200

Bezirk Halle: **17** Planetarium und astronomische Beobachtungsstation Aschersleben, Auf der alten Burg (Tierpark), Aschersleben, 4320; **18** Astronomische Station „Heinrich S. Schwabe" (Beobachtungsstation und Planetarium), Peterholzstr. 58, Dessau, 4500; **19** Astronomische Station „Johannes Kepler" (mit Planetarium), Zur Sternwarte 1–3, Halle (Saale), 4013, und Raumflugplanetarium Halle, Peißnitz, Halle (Saale), 4020; **20** Astronomische Station Merseburg (mit Planetarium), Oberaltenburg 2, Merseburg, 4200

Bezirk Leipzig: **21** Astronomisches Zentrum Schkeuditz (Schul- und Volkssternwarte mit Planetarium), Bergbreite, PSF 29, Schkeuditz, 7144; **22** Kleine Sternwarte der Karl-Marx-Universität, Stieglitzstr. 40, Leipzig, 7031, und Planetarium des Naturwissenschaftlichen Museums Leipzig, Lortzingstr. 3, Leipzig, 7010; **23** Volks- und Schulsternwarte „Juri Gagarin" (mit Planetarium und Satellitenbeobachtungsstation), Am Mansberg, Eilenburg, 7280

Bezirk Cottbus: **24** Schulsternwarte Herzberg (mit Planetarium) „Alexej Leonow", Am Wasserturm, PSF 29, Herzberg (Elster), 7930; **25** Planetarium Senftenberg, An der Ingenieurschule, Senftenberg, 7840; **26** Raumflugplanetarium „Juri Gagarin", Heinrich-Mosler-Str. 39, Cottbus, 7500, und Schulsternwarte der EOS „Artur Becker", Gartenstr. 14, Cottbus, 7500

Bezirk Dresden: **27** Volkssternwarte „Adolph Diesterweg" Radebeul (mit Planetarium), Auf den Ebenbergen, Radebeul 2, 8122; **28** Volkssternwarte „Manfred von Ardenne", Zeppelinstr. 7, Dresden, 8051; **29** Schulsternwarte Bautzen (mit Planetarium), Czornebohstr. 82 (Naturpark), Bautzen, 8600; **30** Einstein-Sternwarte Görlitz, Klosterplatz 20, Görlitz, 8900; **31** Volkssternwarte Zittau, Straße der Jungen Pioniere 21c, Zittau, 8800

Bezirk Erfurt: **32** Rohrbachsche Sternwarte, Gahlbergsweg 12, Gotha, 5800; **33** Volkssternwarte Erfurt, Futterstr. 13, Erfurt, 5000; **34** Volkssternwarte Apolda, Am Brückenborn 16, Apolda, 5320

Bezirk Gera: **35** Schulsternwarte „Johannes Kepler" Rudolstadt/Mörla, Weinbergstr, 22, (Herrn H. Hilbert), Rudolstadt, 6820; **36** URANIA-Sternwarte Jena, Schillergäßchen, Jena, 6900, und Planetarium der Carl-Zeiss-Stiftung Jena, Am Planetarium 5, Jena, 6900; **37** Pionier- und Jugendsternwarte Gera, Geschwister-Scholl-Straße 3, Gera, 6500

Bezirk Karl-Marx-Stadt: **38** Pionier- und Jugendsternwarte „Johannes Kepler", Straße der Jugend 8, Crimmitschau, 9630; **39** Schulsternwarte „Bruno H. Bürgel", Park der Opfer des Faschismus 2, Karl-Marx-Stadt, 9001; **40** Schulsternwarte „Fliegerkosmonaut Sigmund Jähn" (mit Satellitenbeobachtungsstation), Rodewisch, 9706; **41** Sternwarte und Planetarium Schneeberg, Heinrich-Heine-Str., Schneeberg, 9412

Bezirk Suhl: **42** Schulsternwarte Meiningen, Juri-Gagarin-Oberschule, Am Drachenberg, Meiningen, 6100; **43** Schul- und Volkssternwarte „K. E. Ziolkowski" (mit Planetarium), Auf dem Hohenloh, Suhl, 6000

Beobachtung der partiellen Sonnenfinsternis am 29. April 1976 auf der Archenhold-Sternwarte Berlin-Treptow

Astronomie Interessierten ständig weiter verbessern. In wachsendem Maße findet jeder Bürger in der näheren Umgebung seines Wohnorts eine astronomische Bildungs-einrichtung, die es zu ihren Aufgaben zählt, Wissen über den Kosmos in einer der Vorbildung der Besucher ange-paßten Weise zu vermitteln, den Blick in die Tiefen des Kosmos zu ermöglichen oder Sternfreunde bei eigenen Beobachtungen zu beraten und ihre Tätigkeit zu koordi-nieren. Wie die Besucherstatistiken ausweisen, sind es überwiegend junge Leute, die in die Volkssternwarten kommen, mit Fachleuten über die Geheimnisse des Welt-alls streiten oder selbst aktiv an der Arbeit teilnehmen.

Viele dieser Sternwarten sind den Abteilungen Volksbil-dung der Räte der Kreise oder Bezirke unterstellt. Ihre Aufgabe besteht folglich vor allem in der wirksamen Un-terstützung des Astronomieunterrichts an den allgemein-bildenden polytechnischen Oberschulen sowie in der An-leitung von Arbeitsgemeinschaften nach speziellem Rah-menprogramm. Doch in der Regel werden auch solche Einrichtungen ihre Instrumente der interessierten Öffentlichkeit zur Verfügung stellen und so über ihren besonderen Auftrag hinaus wirken. Freilich sind die Möglichkeiten der einzelnen Sternwarten sehr unterschiedlich. Dennoch bemüht sich jedes Observatorium, den vielfältigen Anliegen der Besucher gerecht zu werden und mit Rat und Tat zu helfen.

Die größten Volks- und Schulsternwarten veranstalten öffentliche Beobachtungs- und Vortragsabende, oft gemeinsam mit der URANIA oder dem Kulturbund, unterhalten Arbeitsgemeinschaften und öffnen auch ihre Bibliotheken für speziell interessierte Besucher.

Eine Volkssternwarte verübelt es niemandem, wenn er nicht mit dem eisernen Vorsatz ihre „heiligen Hallen" betritt, sich ganz und gar der Astronomie zu verschreiben. Im Gegenteil: Sie sieht ihre Aufgabe gerade darin, breitesten Schichten Interessantes aus der Erforschung des Weltalls in Vergangenheit und Gegenwart mitzuteilen. Zu diesem Zweck haben die Mitarbeiter solcher Einrichtungen viele neue Formen der Wissensvermittlung entwickelt, die auch den Allgemeininteressierten ohne Vorbildung zu fesseln vermögen. An der Archenhold-Sternwarte in Berlin-Treptow wurden zum Beispiel in den vergangenen Jahren zunehmend Vorträge erarbeitet, die nicht nur mit wissenschaftlichen Fakten bekannt machen, sondern außerdem kulturgeschichtliche Zusammenhänge aufdekken. Dabei bot sich die Mitwirkung der Künste an. Schauspieler bevölkerten die Hörsäle, die nun als Tonstudios dienten. Aus dem Schatz der griechischen Sagen wurden jene ausgewählt, die unmittelbaren Bezug zur Geschichte der Sternbilder haben. In den Museen fanden sich zahlreiche Werke der bildenden Kunst, in denen diese Sagen mit den Mitteln des Malers oder Bildhauers gestaltet sind. Sie ergänzen den wissenschaftlichen Vortrag und lockern ihn auf. „Die schönsten Sternsagen der Griechen", eine populärwissenschaftliche Darstellung mit künstlerischen Ton- und Bilddokumenten, wurden inzwischen mehr als zweihundertmal wiederholt und haben vielen Menschen Freude und Erkenntnis gebracht, die sich nicht auf die Höhen einer mathematisch durchdrungenen Astronomie

266

erheben wollen, aber tiefes Interesse am Weltbild zeigen.

Die Erwartungen und Ansprüche der Besucher sind – je nach Alter und Vorbildung – sehr verschieden. Ihnen allen gerecht zu werden verlangt sorgfältige Überlegungen und ein vielseitiges Veranstaltungsangebot. Für Kinder der Altersgruppe 10 bis 12 Jahre entstand die Tonbandproduktion „Als der Mond zum Schneider ging", die zur Vorführung im Planetarium bestimmt ist. Ihr liegt das Märchen des bekannten sowjetischen Schriftstellers Samuil Marschak (1887–1964) zugrunde, in dem davon erzählt wird, wie der Mond sich beim Schneider ein Kleid bestellt, das aber niemals recht passen will, weil der Kunde bald schmal, bald wieder umfänglicher beim Schneider erscheint. In dem von Schauspielern gesprochenen Tonbandtext wird erklärt, wodurch dieser Eindruck entsteht, welche physikalischen Eigenschaften der Mond hat, wie weit er von der Erde entfernt steht und was die Menschen durch intensive Forschung über diesen kosmischen Nachbarn alles herausgefunden haben. Für diese Kinderveranstaltung entstand sogar eine spezielle Musik, die inzwischen von zahlreichen Planetarien der DDR übernommen wurde.

Anläßlich des Nationalen Jugendfestivals 1979 wurde an der Archenhold-Sternwarte ein Astronomischer Jugendklub gegründet, dessen Klubrat gemeinsam mit der Leitung der Sternwarte für ein vielfältiges und den Interessen junger Leute entsprechendes Programm sorgt. Schon die Gründungsveranstaltung mit einem Buch- und Posterverkauf fand großen Anklang bei der Berliner Jugend. Eine Sonnenwendfeier im Garten der Sternwarte, Diskussionen mit Wissenschaftlern zu philosophisch-naturwissenschaftlichen Problemen und anderes haben inzwischen viele jugendliche Sternfreunde zu begeisterten Anhängern der Wissenschaft vom Kosmos werden lassen.

Jedes Jahr im Sommer geht es auf „große Fahrt": Mitgliedergruppen des Jugendklubs durchstreifen mit Fernrohren, Kameras und Fahrrädern die Heimat und entdecken dabei nicht nur Erscheinungen des Himmels, sondern auch manche astronomische Denkwürdigkeit hier auf der Erde. Sind die mecklenburgischen Großsteingräber nach den Himmelsrichtungen orientiert? War der „Steintanz von Boitin" im Kreis Bützow eine Sternwarte unserer Altvorderen? Wo gibt es mittelalterliche Sonnenuhren? Diese und zahlreiche andere Fragen interessieren die jungen Astroamateure ebenso wie die Sternschnuppen im August, die sie sorgfältig in der Abgeschiedenheit ländlicher Gegenden registrieren.

Mit solchen Veranstaltungen wollen die Volkssternwarten an die unmittelbaren Interessen der Besucher und an bereits Bekanntes anknüpfen und auf diese Weise zwanglos in das wissenschaftliche Neuland hinüberführen. Vornehmlichstes Anliegen ist es, auf zahlreiche Fragen Antwort zu geben, die unserem Alltag scheinbar so fern liegen und dennoch für unsere Weltanschauung geradezu brennende Aktualität besitzen: Wo kommen die Sterne des Himmels her? Hat das Weltall ein Ende in Raum und Zeit? Läßt sich der Kosmos bis in seine letzten Geheimnisse durchschauen?

Ein neues Kleinod der Wissenschaft für die Bevölkerung entstand mit dem im Oktober 1987 eröffneten Zeiss-Großplanetarium Berlin im Ernst-Thälmann-Park. Kernstück der Einrichtung ist der Zeiss-Jena-Planetariumsprojektor Cosmorama, die modernste Entwicklung einer über sechzigjährigen Tradition auf dem Gebiet des Planetariumsbaus. Mit diesem rechnergesteuerten Gerät und der vielfältigen Zusatztechnik, von diversen Effektprojektoren bis zur Lasershow- und Tonanlage, mit der großzügigen Ausstattung des Foyers mit Ausstellungskomplex, Film- und Vortragssaal, Café, Buch- und Souvenirverkauf, mit einem Zeiss-Sonnenteleskop und einer Astroterrasse zählt das Berliner Planetarium zu den modernsten Einrichtungen der Welt. Dieses „Sternentheater" steht am Beginn einer neuen Etappe der erlebnisbetonten Wissenschaftspopularisierung in der DDR. Bereits das Eröffnungsprogramm „Phantastisches Weltall" läßt die hier angestrebte Einheit von wissenschaftlichem Erkennen und künstlerischem Erleben deutlich werden und trägt gewiß dazu bei, noch mehr Menschen mit dem Ideengut der Wissenschaft und ihrer gesellschaftlichen Rolle in Gegenwart und Zukunft vertraut zu machen.

Der Zustrom zu astronomischen Vorträgen, die Nachfrage nach astronomischer Literatur sind heute stärker denn je. Die Beziehung der Menschen zum gestirnten Himmel ist enger geworden; für die Bürger der DDR besonders, nachdem einer aus ihrer Mitte „zu den Sternen" emporflog. Doch gerade die Schlagzeilen der Tagespresse über Ereignisse der Raumfahrt lassen auch immer neue Fragen auftauchen, die beantwortet sein wollen. Ihre Spannweite ist groß – das hat der Verfasser erlebt, als er in den Tagen des Raumflugs von Sigmund Jähn an zahlreichen Telefonforen des Rundfunks mitwirkte.

All denen, die sich Wissen und Orientierung holen möchten, stehen die Tore der Volkssternwarten offen. Denn sie wurden ja gerade zu dem Zweck geschaffen, den Menschen die Denkweise der Naturwissenschaft, insbesondere der Astronomie, nahezubringen. Daß die Dimensionen dem Besucher dabei unanschaulich bleiben, ist verständlich. Der Fachmann kann sie sich ebensowenig vorstellen wie jeder andere. Er rechnet mit ihnen wie der Atomphysiker mit den gleichfalls unanschaulichen Abmessungen der Mikrowelt. Die innere Beziehung zu diesen Größen ergibt sich nicht aus der Anschaulichkeit, sondern aus dem Verständnis der Prozesse, welche diese Welt beherrschen. Dazu ist sowohl das Bemühen des Vertreters der Wissenschaft als auch die Anstrengung des Interessierten vonnöten.

Wer aber diese Anstrengung nicht scheut und in der reichhaltigen Literatur oder in begeisterten Mitarbeitern der Sternwarten die rechten Sachwalter seines Interesses findet, dem öffnet sich nicht nur das Universum mit seinen Planeten, Nebeln und Sonnen. Ihm öffnet sich zugleich die historische Weite der menschlichen Erkenntnis. Denn durch Mühsal und Irrtum ringt sich der Mensch in einem niemals endenden Prozeß zur Wahrheit empor.

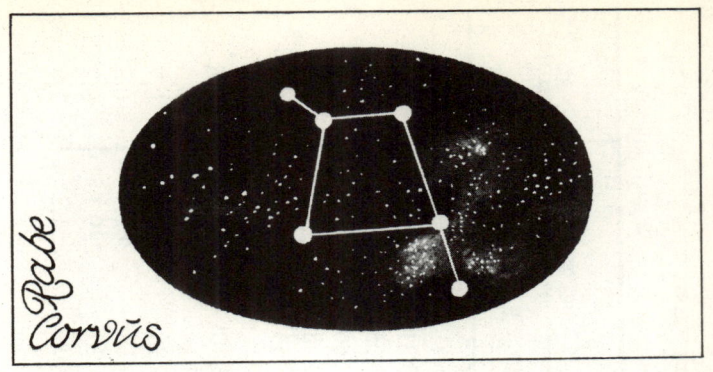

Rabe
Corvus

Anhang

Umrechnung von Größenklassendifferenzen $(m_2 - m_1 = \Delta m)$ in Intensitätsverhältnisse $(I_1 : I_2)$*

Zehntel m	0ᵐ	1ᵐ	2ᵐ	3ᵐ	4ᵐ	5ᵐ	Zehntel m
0,0	1,00	2,51	6,31	15,85	39,81	100,0	0,0
0,1	1,10	2,75	6,92	17,38	43,65	109,6	0,1
0,2	1,20	3,02	7,59	19,05	47,86	120,2	0,2
0,3	1,32	3,31	8,32	20,89	52,48	131,8	0,3
0,4	1,45	3,63	9,12	22,91	57,54	144,5	0,4
0,5	1,58	3,98	10,00	25,12	63,10	158,5	0,5
0,6	1,74	4,37	10,96	27,54	69,18	173,8	0,6
0,7	1,91	4,79	12,02	30,20	75,86	190,5	0,7
0,8	2,09	5,25	13,18	33,11	83,18	208,9	0,8
0,9	2,29	5,75	14,45	36,31	91,20	229,1	0,9
1,0	2,51	6,31	15,85	39,81	100,00	251,2	1,0

Größenklassen

Umrechnung von Intensitätsverhältnissen $(I_1 : I_2)$
in Größenklassendifferenzen $(m_2 - m_1)$*

$I_1 : I_2$	Δm	$I_1 : I_2$	Δm	$I_1 : I_2$	Δm	$I_1 : I_2$	Δm	$I_1 : I_2$	Δm
	m		m		m		m		m
1,0	0,00	2,0	0,75	6	1,95	25	3,50	100	5,00
1,1	0,10	2,2	0,86	7	2,11	30	3,69	200	5,75
1,2	0,20	2,4	0,95	8	2,26	35	3,86	300	6,19
1,3	0,28	2,6	1,04	9	2,39	40	4,01	400	6,50
1,4	0,36	2,8	1,12	10	2,50	45	4,13	500	6,75
1,5	0,44	3,0	1,19	12	2,70	50	4,25	600	6,95
1,6	0,51	3,5	1,36	14	2,87	60	4,45	800	7,26
1,7	0,58	4,0	1,50	16	3,01	70	4,61	1000	7,50
1,8	0,64	4,5	1,63	18	3,14	80	4,76	10000	10,00
1,9	0,70	5,0	1,75	20	3,25	90	4,89	100000	12,50
								1000000	15,00

* Nach Paul Ahnert, Kleine praktische Astronomie, Johann Ambrosius Barth, Leipzig 1974, S. 52. – Hinweise zum Umrechnen größerer Differenzen, als in den Tabellen angegeben, finden sich im vorliegenden Buch auf Seite 30 ff.

Entfernungsmodul m − M und die zugehörige Entfernung r*

m − M	r	r'	m − M	r	r'
m			m		
−5,0	1,00 pc	3,26 Lj	+15,0	10,0 kpc	32600 Lj
4,0	1,58 pc	5,2 Lj	16,0	15,8 kpc	52000 Lj
3,0	2,51 pc	8,2 Lj	17,0	25,1 kpc	82000 Lj
2,0	3,98 pc	13,0 Lj	18,0	39,8 kpc	130000 Lj
1,0	6,31 pc	20,6 Lj	19,0	63,1 kpc	206000 Lj
0,0	10,0 pc	33 Lj	+20,0	100 kpc	326000 Lj
+1,0	15,8 pc	52 Lj	21,0	158 kpc	520000 Lj
2,0	25,1 pc	82 Lj	22,0	251 kpc	820000 Lj
3,0	39,8 pc	130 Lj	23,0	398 kpc	1300000 Lj
4,0	63,1 pc	206 Lj	24,0	631 kpc	2060000 Lj
+5,0	100 pc	326 Lj	+25,0	1,00 mpc	3260000 Lj
6,0	158 pc	520 Lj	26,0	1,58 mpc	5200000 Lj
7,0	251 pc	820 Lj	27,0	2,51 mpc	8200000 Lj
8,0	398 pc	1300 Lj	28,0	3,98 mpc	13000000 Lj
9,0	631 pc	2060 Lj	29,0	6,31 mpc	20600000 Lj
+10,0	1,00 kpc	3260 Lj	+30,0	10,0 mpc	32600000 Lj
11,0	1,58 kpc	5200 Lj	31,0	15,8 mpc	52000000 Lj
12,0	2,51 kpc	8200 Lj	32,0	25,1 mpc	82000 000 Lj
13,0	3,98 kpc	13000 Lj	33,0	39,8 mpc	130000000 Lj
14,0	6,31 kpc	20600 Lj	34,0	63,1 mpc	206000000 Lj

* ebenda, S. 54

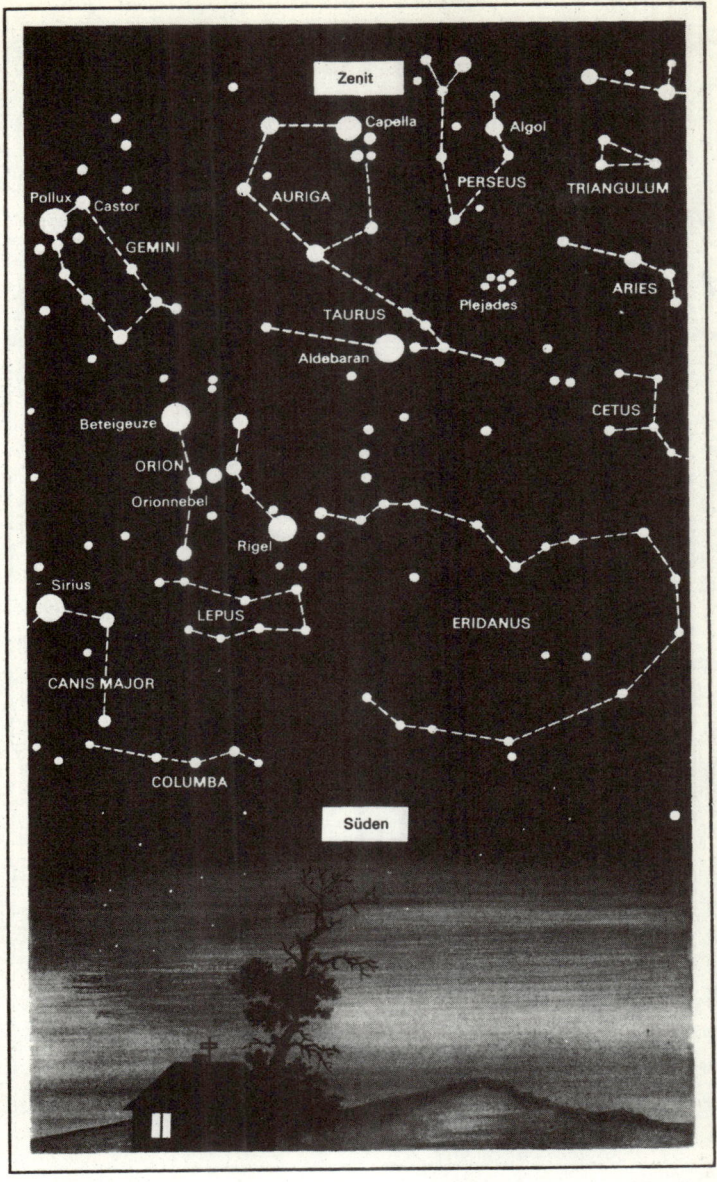

Anblick des Sternhimmels über dem Südhorizont
1. Februar, 20 Uhr; 1. Januar, 22 Uhr; 1. Dezember, 24 Uhr; 1. November, 2 Uhr; 1. Oktober, 4 Uhr

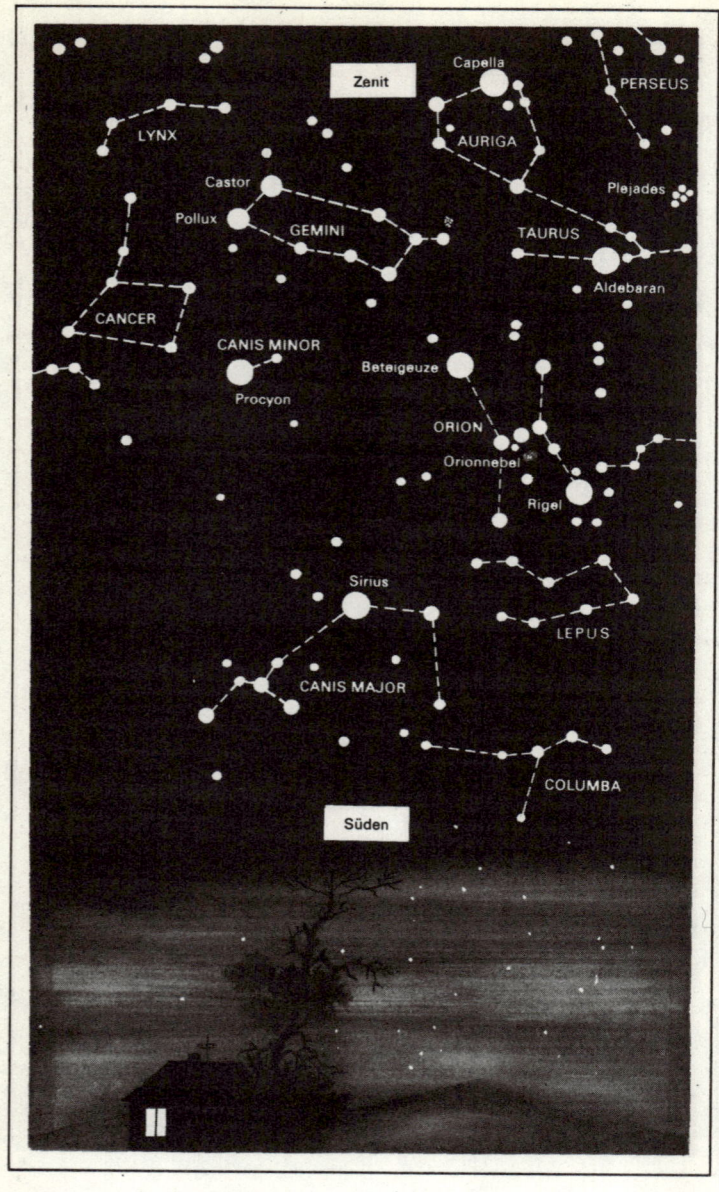

Anblick des Sternhimmels über dem Südhorizont
1. März, 20 Uhr; 1. Februar, 22 Uhr; 1. Januar, 24 Uhr; 1. Dezember, 2 Uhr; 1. November, 4 Uhr; 1. Oktober, 6 Uhr

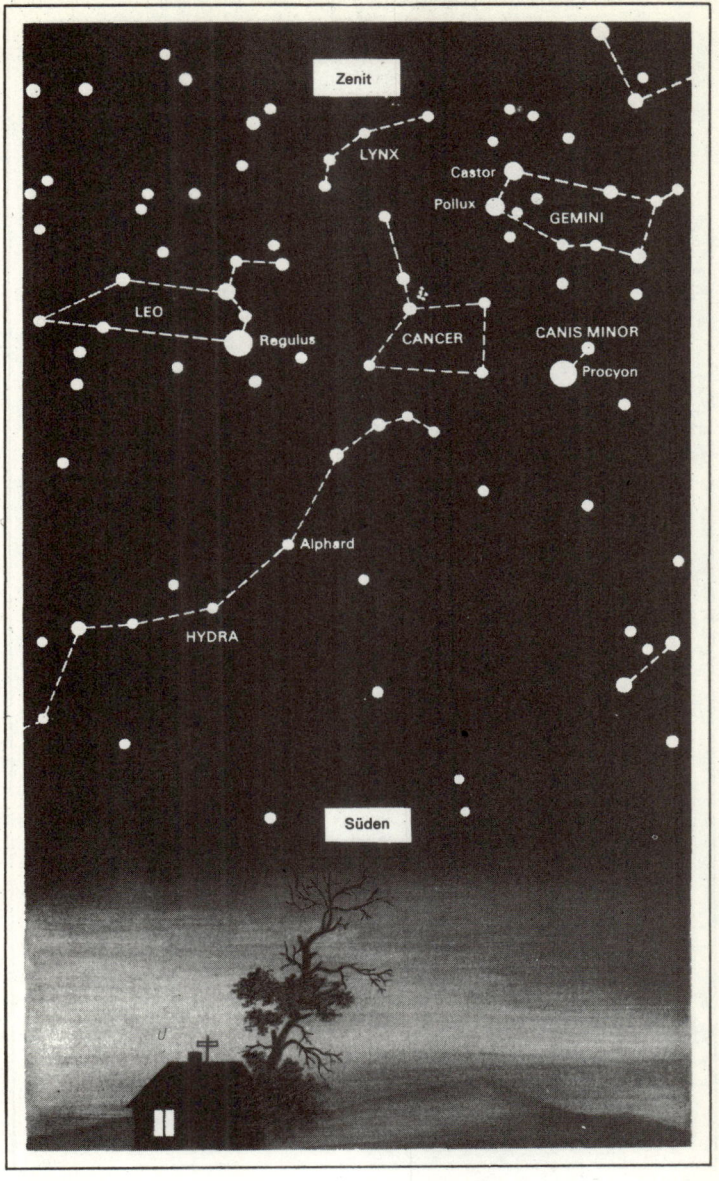

Anblick des Sternhimmels über dem Südhorizont
1. April, 20 Uhr; 1. März, 22 Uhr; 1. Februar 24 Uhr; 1. Januar,
2 Uhr; 1. Dezember, 4 Uhr; 1. November, 6 Uhr

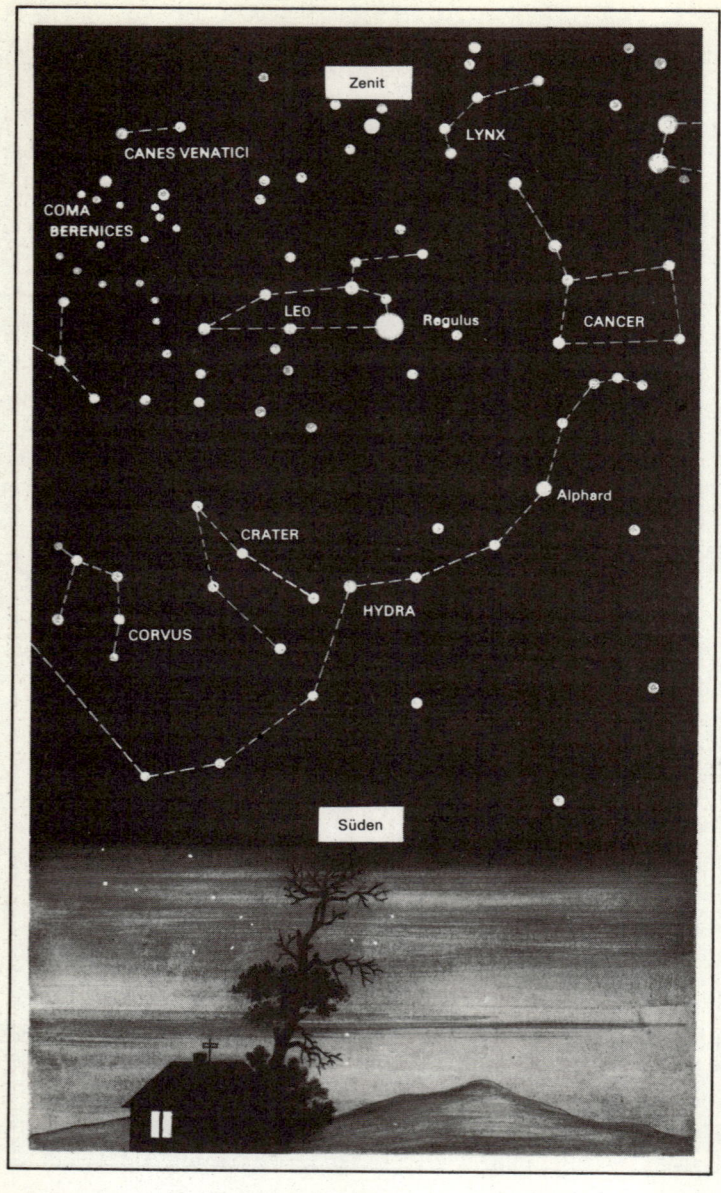

Anblick des Sternhimmels über dem Südhorizont
1. Mai, 20 Uhr; 1. April, 22 Uhr; 1. März, 24 Uhr; 1. Februar,
2 Uhr; 1. Januar, 4 Uhr; 1. Dezember, 6 Uhr

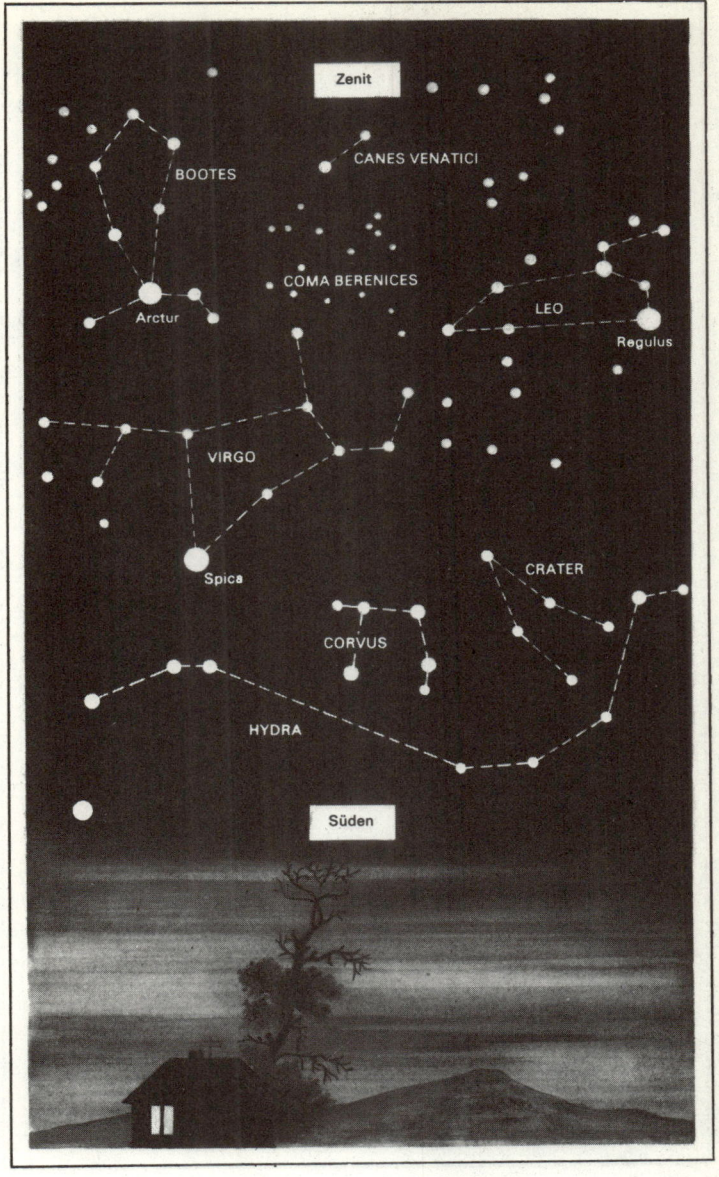

Anblick des Sternhimmels über dem Südhorizont
1. Mai, 22 Uhr; 1. April, 24 Uhr; 1. März, 2 Uhr; 1. Februar, 4 Uhr;
1. Januar, 6 Uhr

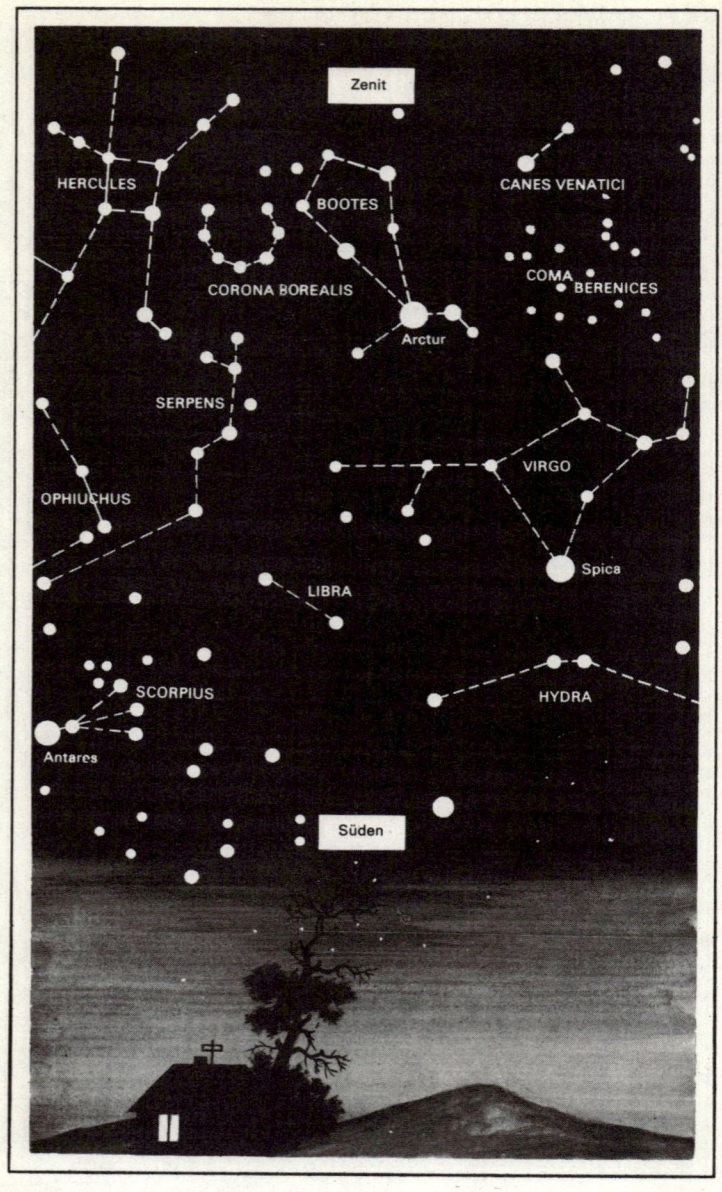

Anblick des Sternhimmels über dem Südhorizont
1. Juni, 22 Uhr; 1. Mai, 24 Uhr; 1. April, 2 Uhr; 1. März, 4 Uhr;
1. Februar, 6 Uhr

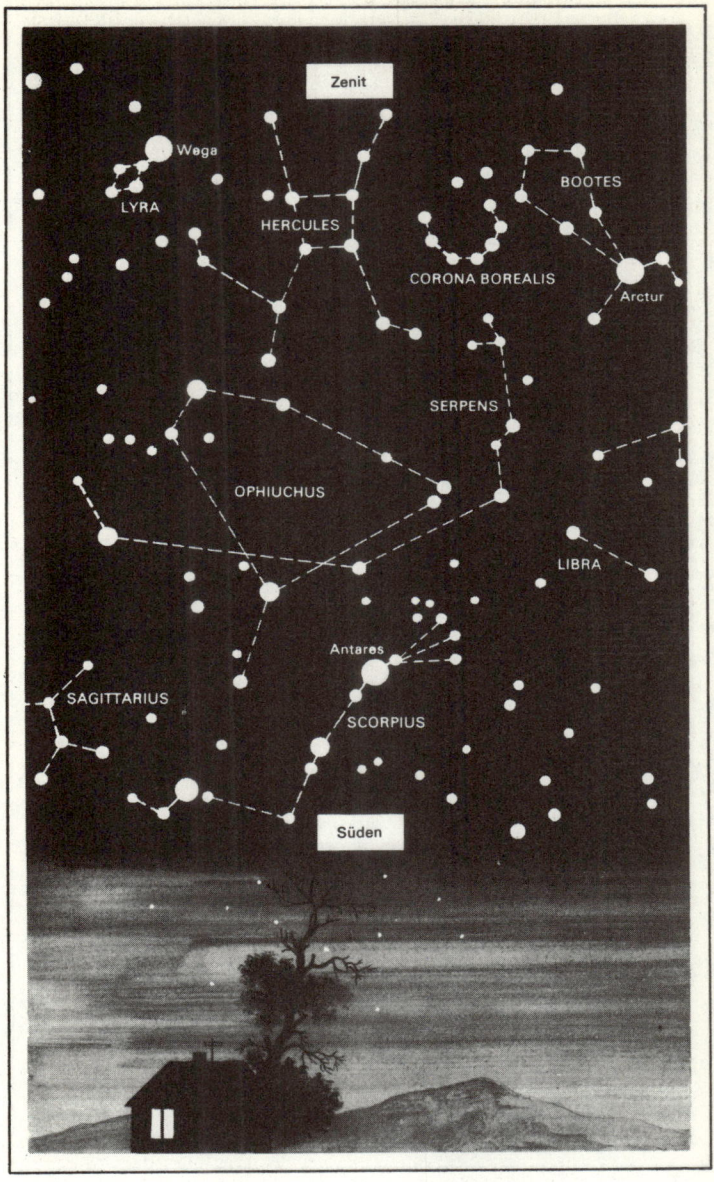

Anblick des Sternhimmels über dem Südhorizont
1. Juli, 22 Uhr; 1. Juni, 24 Uhr; 1. Mai, 2 Uhr; 1. April, 4 Uhr;
1. März, 6 Uhr

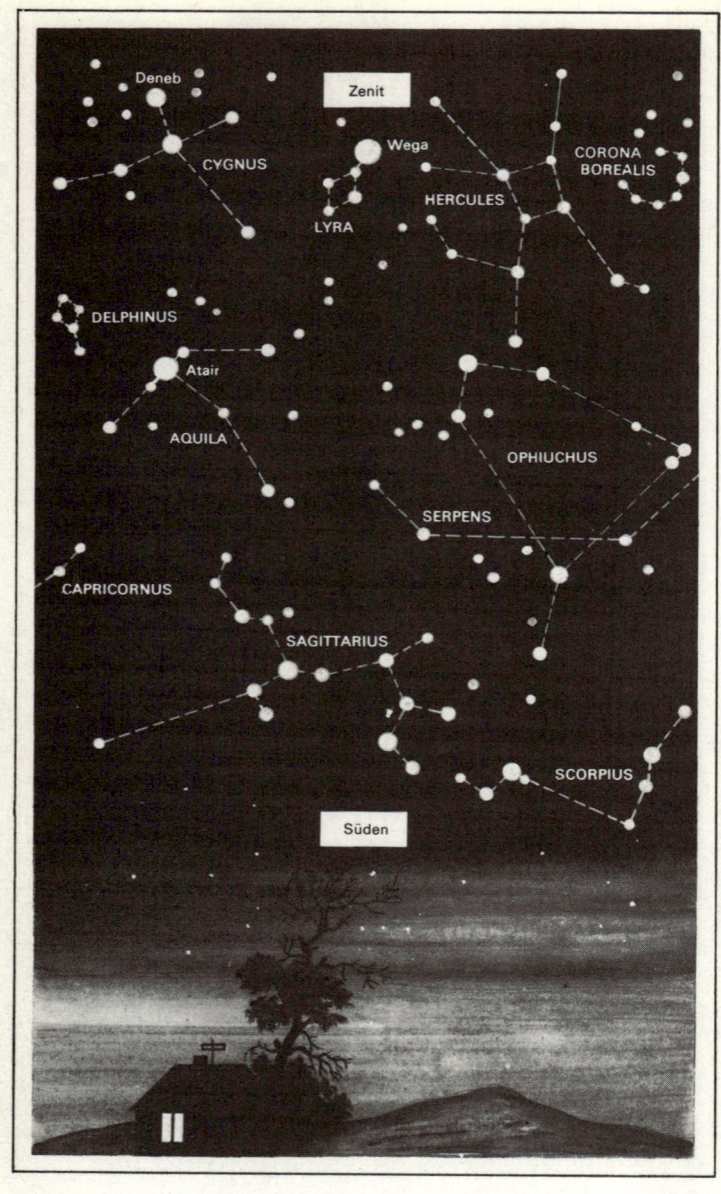

Anblick des Sternhimmels über dem Südhorizont
1. September, 20 Uhr; 1. August, 22 Uhr; 1. Juli, 24 Uhr; 1. Juni,
2 Uhr; 1. Mai, 4 Uhr

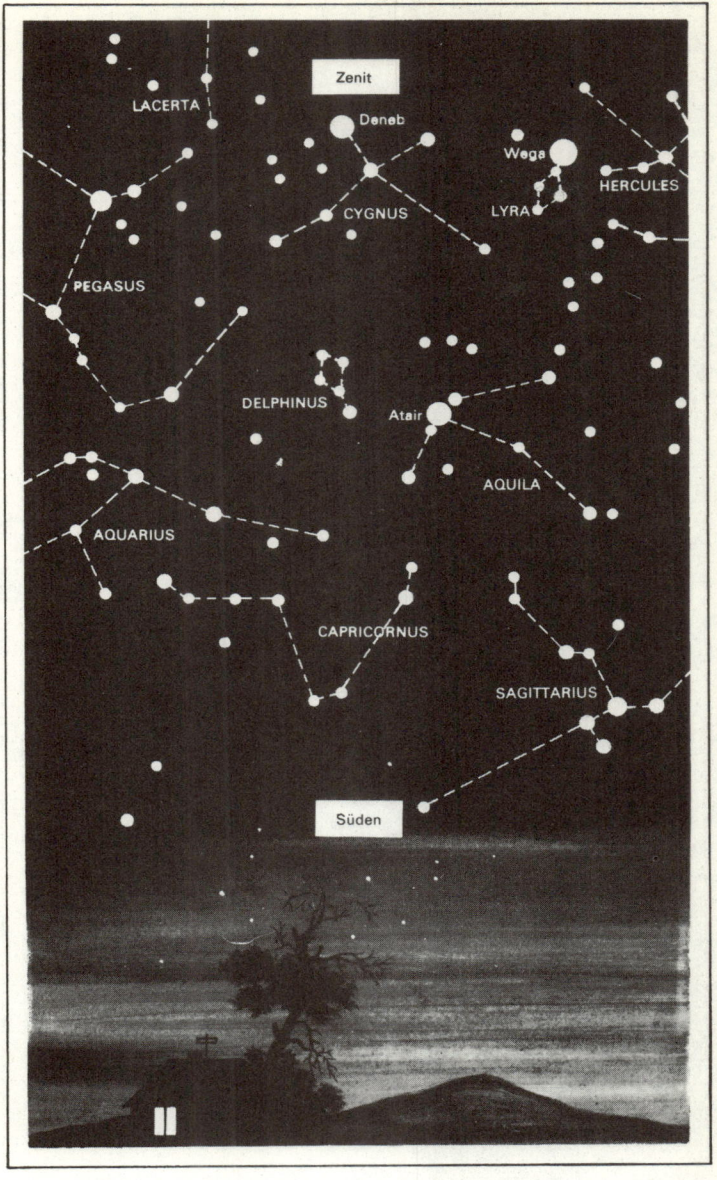

Anblick des Sternhimmels über dem Südhorizont
1. November, 18 Uhr; 1. Oktober, 20 Uhr; 1. September, 22 Uhr;
1. August, 24 Uhr; 1. Juli, 2 Uhr; 1. Juni, 4 Uhr

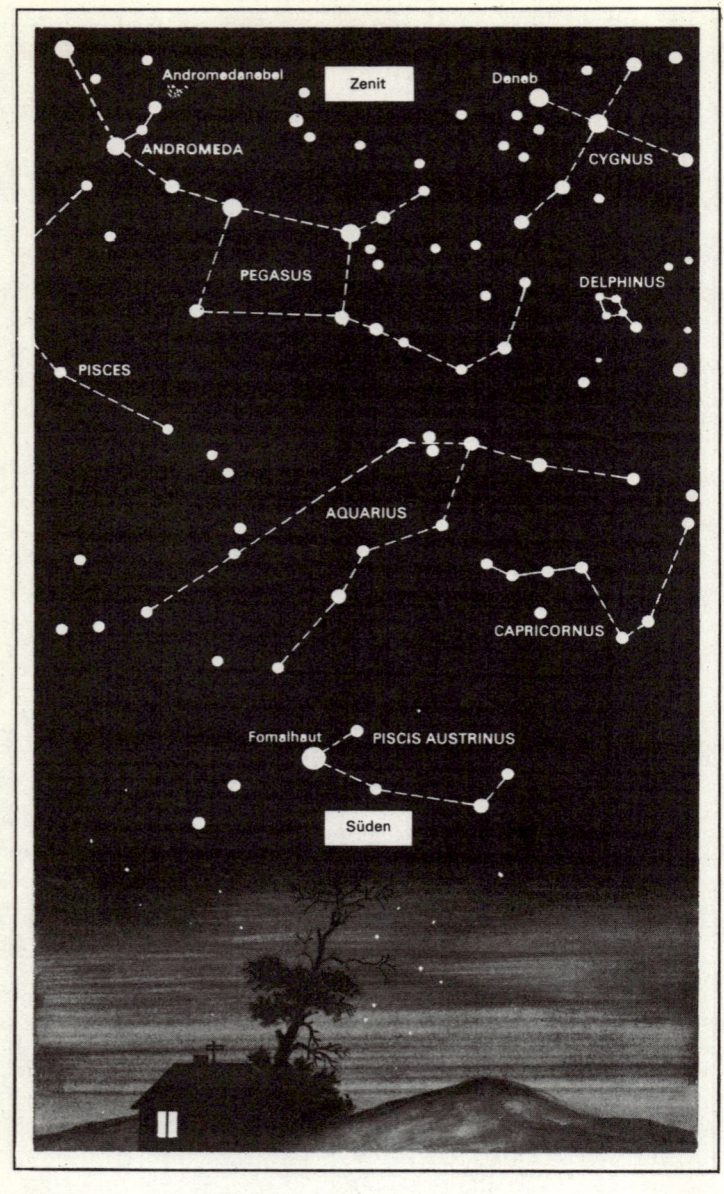

Anblick des Sternhimmels über dem Südhorizont
1. Dezember, 18 Uhr; 1. November, 20 Uhr; 1. Oktober, 22 Uhr;
1. September, 24 Uhr; 1. August, 2 Uhr; 1. Juli, 4 Uhr

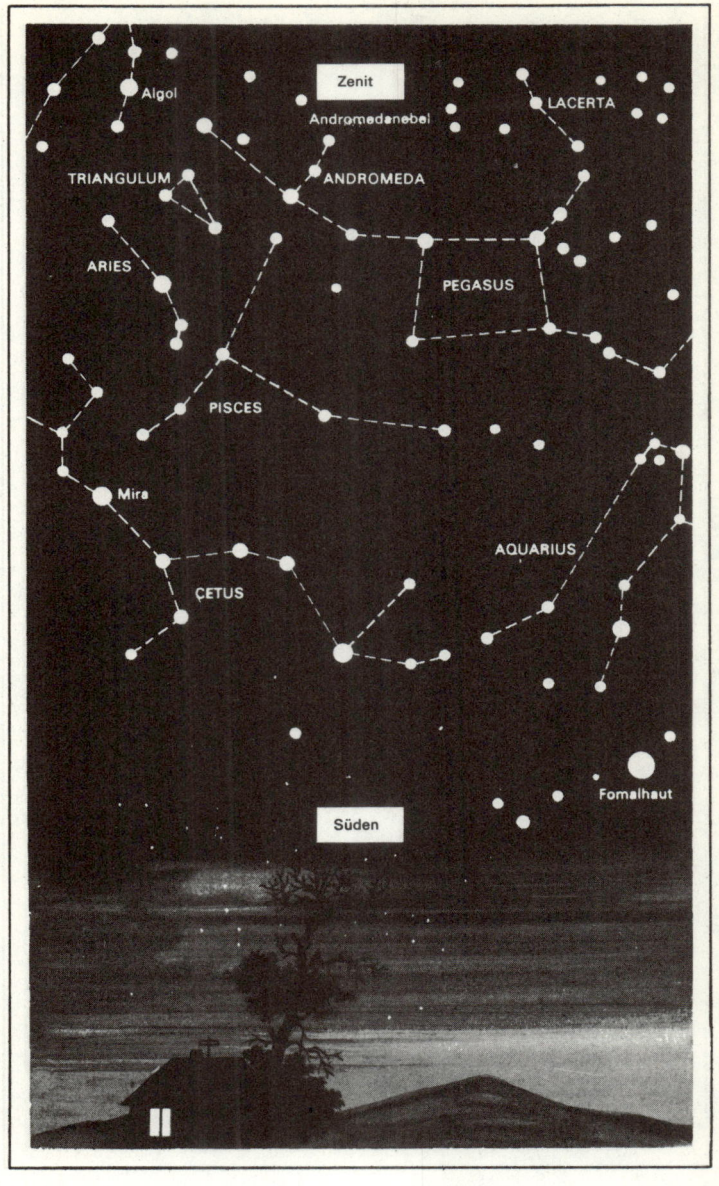

Anblick des Sternhimmels über dem Südhorizont
1. Januar, 18 Uhr; 1. Dezember, 20 Uhr; 1. November, 22 Uhr;
1. Oktober, 24 Uhr; 1. September, 2 Uhr; 1. August, 4 Uhr

Anblick des Sternhimmels über dem Südhorizont
1. Januar, 20 Uhr; 1. Dezember, 22 Uhr; 1. November, 24 Uhr;
1. Oktober, 2 Uhr; 1. September, 4 Uhr

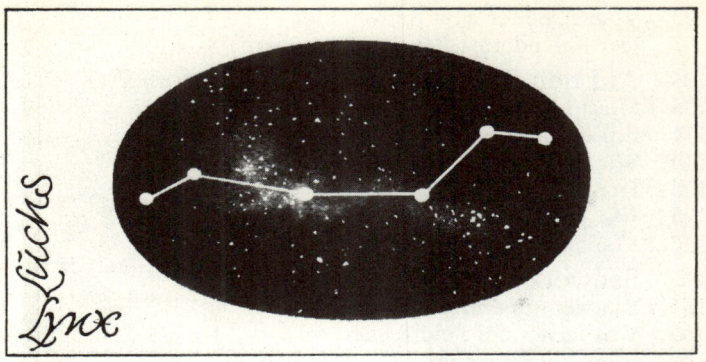

Luchs
Lynx

Inhalt